高等学校电子信息类专业“十二五”规划教材

通信基础网设备与运用

主　编　庄绪春　杜思深

副主编　孟相如　李瑞欣　张晓燕　单　勇

参　编　智英健　蔡　勇　马志强　李　凡

西安电子科技大学出版社

内 容 简 介

本书以培养通信工程建设与维护专业人才为出发点，以通信基础网设备与运用为主线，介绍了通信基础网设备原理知识及运用技能，内容涵盖通信基础网概述、通信基础网机房、综合布线、通信基础网电源与配电、接地与地线以及常用的程控交换、光传输、视频会议、软交换、计算机网络交换及集群移动通信等6类通信设备。

本书内容详实，在编写过程中尽量做到深入浅出，注重实用性和可读性。书中既有装备理论的讲解，又有实际通信装备工程的设计运用。内容丰富，图文并茂，是一本较为实用的技术书，可作为通信工程建设与维护专业教材，亦可作为本科院校通信、信息及电子工程等专业的培训教材或相关技术人员的自学参考书。

图书在版编目(CIP)数据

通信基础网设备与运用/庄绪春，杜思深主编.
—西安：西安电子科技大学出版社，2014.8
高等学校电子信息类专业“十二五”规划教材

ISBN 978-7-5606-3401-2

Ⅰ. ① 通… Ⅱ. ① 庄… ② 杜… Ⅲ. ① 通信网—高等学校—教材 Ⅳ. ① TN915

中国版本图书馆CIP数据核字(2014)第162952号

策　　划　云立实
责任编辑　云立实　陈楚楚
出版发行　西安电子科技大学出版社(西安市太白南路2号)
电　　话　(029)88242885　88201467　　　邮　　编　710071
网　　址　www.xduph.com　　　电子邮箱　xdupfxb001@163.com
经　　销　新华书店
印刷单位　陕西华沐印刷科技有限责任公司
版　　次　2014年8月第1版　2014年8月第1次印刷
开　　本　787毫米×1092毫米　1/16　　印　　张　13
字　　数　304千字
印　　数　1～3000册
定　　价　23.00元
ISBN 978-7-5606-3401-2/TN
XDUP 3693001-1

前　言

随着电子技术、通信技术和计算机技术的飞速发展，当今社会已进入信息时代，承载信息传输和交换的通信网络已成为重要的基础设施，其运行状态也已成为影响社会正常运转的重大因素，而通信网络正常运行的前提是通信基础网设备的良好运行。

本书主要讲解通信基础网设备原理及工程设计方面的内容，对通信设备配套的机房、综合布线、电源配电、接地与地线也进行了系统的介绍。通过本书的学习，读者应能对通信基础网设备原理、接口以及具体的设计原则、依据、规划和方案、计算方法等有所掌握。

本书共分为 11 章。第 1 章介绍了通信基础网的概念、分类、基本结构、设备及发展趋势；第 2 章介绍了通信基础网机房，包括机房要求、工作环境、平面布置；第 3 章介绍了综合布线知识，包括综合布线的概念、标准、工程设计及原则、工程施工知识等；第 4 章介绍了通信基础网电源与配电，包括通信基础网设备对电源的要求、电源设备设计原则、供电方式、电源导线计算，并给出了 4 类通信设备电源设计案例；第 5 章介绍了接地与地线知识，包括接地功能、分类及降低接地电阻的办法，还介绍了接地体的设计并给出相应的案例；第 6 章～第 11 章分别介绍了程控交换设备、光传输设备、视频会议设备、软交换设备、计算机网络交换设备及集群移动通信设备的原理、接口与工程设计。

本书由庄绪春、杜思深任主编，孟相如、李瑞欣、张晓燕、单勇任副主编，智英健、蔡勇、马志强、李凡参编。本书引用了一些通信工程标准及有关文献中的内容，在此对这些文献的作者表示深深的感谢。

由于资料缺乏，作者水平有限，书中难免有不妥之处，敬请读者批评指正！

编　者

2014.4

目　　录

第 1 章　通信基础网概述

1.1　通信基础网基础

1.1.1　通信基础网概念

在任何两地间的任何两个人、两个通信终端设备以及人和通信终端设备之间，利用有线电、无线电、光或其他电磁介质对各种符号、声音、图像、图表、文字、数据、视频等信息按照预先约定的规则(或称协议)进行传输和交换的网络称为通信网络。

通信网络是一个全球性的信息网络综合体，包括所有的交换、传输、终端设备和信令、协议、标准通信规程。通信网络体系结构由基础层和业务层组成：基础层由总体框架、频谱分配、政策、条令、标准、工程和管理等组件构成，包括信息交换、光纤传输、卫星(散射)通信、无线电通信和远程接入等通信设施；业务层又叫业务应用层，包括音频、视频和数据等业务运用，例如电话(固定电话、移动电话)业务、电视电话会议、Web 服务、电子邮件、身份认证等。

通信网络为所有信息源和信息用户提供全球域的连通，是一个“即插即用”网络，任何应用在任何地方、任何时候都可以插入通信基础网络。通信基础网是通信系统发展的核心，具备带宽按需分配、自动信息管理、端到端互连互通以及安全保密等功能。通信基础网主要包括计算、通信、信息表示和网络操作四种具体能力：计算能力主要指信息的处理和存储功能；通信能力指信息的传输功能，是信息和知识在用户、生成者和中间实体之间的流动；信息表示能力指人和通信基础网的交互功能，即人和通信基础网之间的信息输入和输出的表示方法；网络操作能力包括网络管理、信息分发管理和信息保障三种功能。

1.1.2　通信基础网分类

通信网络的垂直分层结构如图 1-1 所示。通信基础网分为传送网、交换网、支撑网和业务应用网四部分，涉及传输媒介、传输复用技术、接入网技术、交换技术以及信令网、同步网和管理网等内容。

1. 传送网

传送网是一个庞大复杂的网络，由许多单元组成，完成将信息从一个点传送到另一个点的功能。另外，不同类型的业务节点可以使用一个公共的用户接入网，实现由业务节点到用户驻地网的信息传送，因此也可将接入网看成是传送网的一个组成部分。

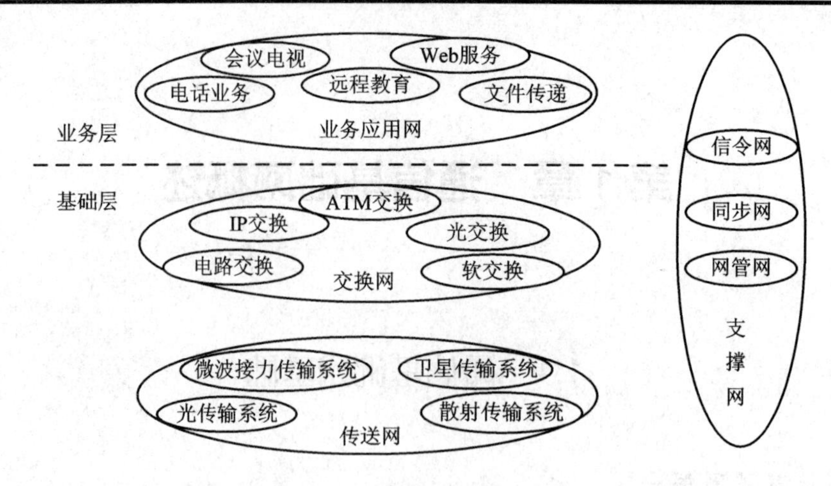

图 1-1　通信网络垂直结构模型

1) 传送网技术基础

从物理实现的角度看，传送网技术包括传输媒质、传输系统和传输节点设备技术(相关内容可参考 7.1.2 节中关于数字交叉连接器的内容)。

(1) 传输媒质。传输媒质是传递信号的通道，提供了两地之间的传输通路。传输方式从大类上划分为两种：一是电磁信号在自由空间中传输，即无线传输；二是电磁信号在某种传输线上传输，即有线传输。传输媒质目前主要有以下几种。

① 电缆。电缆主要包括双绞线电缆、同轴电缆等。

② 微波。微波通信的频率范围为 300 MHz～1000 GHz。微波按直线传播，若要进行远程通信，则需要在高山、铁塔和高层建筑物顶上安装微波转发设备进行中继。微波中继通信是一种重要的传输手段，具有通信频带宽、抗干扰性强、通信灵活性较大、设备体积小、经济可靠等优点，其传输距离可达几千千米，主要用于长途通信、移动通信系统基站与移动业务交换中心之间的信号传输及特殊地形的通信等。

③ 通信卫星。卫星通信是在微波中继通信的基础上发展起来的，它工作在微波波段，与地面的微波中继通信类似，利用人造地球卫星作为中继站来转发无线电波，从而进行两个和多个地面站之间的通信卫星通信，具有传输距离远、覆盖面积大、通信容量大、质量好、用途广、抗破坏能力强等优点。一颗通信卫星可实现上万路双向电话和十几路彩色电视信号的传输。

④ 光纤。光纤是光导纤维的简称。光纤通信是以光波为载波、以光纤为传输媒介的一种通信方式。光波的波长为微米级，紫外线、可见光、红外线都属光波范围。目前光纤通信使用的波长多为近红外区，波长为 1310 nm 和 1550 nm。光纤具有传输容量大、传输损耗低、抗电磁干扰能力强、易于敷设和材料资源丰富等优点，可广泛应用于越洋通信、长途干线通信、市话通信和计算机网络等许多场合。

(2) 传输系统。传输系统包括发送接收设备和传输复用设备。携带信息的基带信号一般不能直接加到传输媒介上进行传输，需要利用发送接收设备将它们转换为适合在传输媒介上进行传输的信号。发送接收设备主要有微波收发信机、卫星地面站收发信机和光端机等。

为了在一定传输媒介中传输多路信息，需要有传输复用设备将多路信息进行复用与解复用。传输复用技术目前可分为三大类，即频分复用、时分复用和码分复用。

① 频分复用。频分复用用频谱搬移的方法使各路基带信号分别占用不同的频率范围，即将多路信号调制在不同载频上进行复用。例如有线电视、无线电广播、光纤的波分复用、频分多址的 TACS 制式模拟移动通信系统等。

② 时分复用。时分复用用脉冲调制的方法使不同路数的信号占据不同的时隙，例如脉冲编码调制复用(PCM)技术、同步数字通信(SDH)技术、时分多址的 GSM 制式数字移动通信技术等。

③ 码分复用。码分复用则用一组正交的脉冲序列来分别携带不同路数的信号，例如码分多址(CDMA)数字移动通信技术。

2) 接入网

(1) 接入网概念。接入网位于用户驻地网和核心网之间。按照ITU-T的定义，接入网(AN)是由业务节点接口(Service Node Interface，SNI)和相关用户网络接口(User Network Interface，UNI)之间的一系列传送实体(诸如线路设施和传输设施)所组成的、为传送电信业务提供所需传送承载能力的实施系统，可以经由 Q3 接口进行配置和管理。通俗地看，接入网可以认为是网络侧 V(或 Z)参考点与用户侧 T(或 Z)参考点之间的机线设施的总和，其主要功能是复用、交叉连接和传输，一般不含交换功能(或含有限交换功能)，而且应独立于交换机。接入网位于市话中继网和用户之间，直接担负用户的信息传递与交换工作。

(2) 接入网分类。目前接入网主要分为有线接入网和无线接入网。有线接入网主要采用的技术有铜线接入技术、混合光纤/同轴电缆接入技术、LAN 接入技术和光纤接入技术；无线接入网包括固定无线接入和移动接入技术。另外还有有线和无线相结合的综合接入方式。

2. 交换网

交换网的基本功能是完成接入交换节点链路的汇集、转接接续和分配，实现一个呼叫终端(用户)和它所要求的另一个或多个用户终端之间的路由选择和连接。交换设备是构成交换网的核心要素。

交换节点完成交换功能时采用的互通技术称为交换方式。从最早应用于电话网的电路交换技术开始至今，已出现多种交换方式，包括典型的电路交换、报文交换、分组交换、快速电路交换、快速分组交换、ATM 交换等，这些交换方式大致可以分为电路交换方式和分组交换方式两大类。

1) 电路交换(Circuit Switching)

如果要在两部话机之间进行通信，只需用一对线将两部话机直接相连即可。如果有成千上万部话机需要相互通话，就需要将每一部话机通过用户线连到电话交换机上，交换机根据用户信号(摘机、挂机、拨号等)自动进行话路的接通与拆除。传统的电话网采用的是电路交换技术。

电路交换的基本过程包括呼叫建立、信息传送和连接释放三个阶段，即在两个通信终端之间，建立起一条端到端的物理链路，在通信的全部时间内用户始终占用端到端的固定传输带宽，通信结束后再释放这条链路。目前电话网中的电路交换基于时分复用方式，采用呼叫损失制进行实时交换。

只要建立起连接，电路交换就可以保证通信质量，传输时延小，实时性好，因此能够很好地满足话音通信的要求。但是电路交换在通信期间不管是否有信息传送，都始终保持连接，因此是固定分配带宽，资源利用率低，灵活性差，且交换机对信息不做存储、分析和处理，也无差错控制措施，在网络过负荷时呼损率增加，因此当电路交换应用于数据通信业务时，线路利用率低，且无法实现不同类型终端之间的通信的缺点就表现得非常明显。因此一般在数据业务中，电路交换只用来满足少量的数据业务需求。

2) 分组交换(Packet Switching)

随着数据通信业务量的增大，要求选择合适的数据交换方式来替代原有的电路交换，因此首先出现了基于存储转发的报文交换(Message Switching)。

报文交换是以报文为单位接收、存储和转发信息的交换方式。一份报文一般包括报头或标题、报文正文、报尾三个部分。当用户的报文到达交换机时，先将报文存储在交换机的存储器中，当所需要的输出电路有空闲时再将该报文发向接收交换机或用户终端。报文交换方式克服了电路交换在数据通信中的种种不足，报文交换机具有存储和处理能力，可以使不同类型的终端设备之间相互进行通信，可以在同一线路上以报文为单位实现时分多路复用，线路利用率高，且不存在呼损，同一报文可以由交换机转发到不同的收信地点。但是以报文为单位进行传递时，由于报文的长度不同，信息传输时延大，时延的变化也大，对于交换机的要求高，交换设备费用也很高。

在报文交换的基础上，人们又发展了分组交换方式，即将需要传送的信息分成长度较短且统一规格的若干分组，每个分组包含用户信息和控制信息，以分组为单位进行存储转发。传统分组交换使用的最典型的协议就是 X. 25。

由于分组较短且规格统一，经过交换机或网络的时间很短，所以与报文交换相比，分组交换大大地缩短了时延，通常一个交换机的平均时延仅为数毫秒或更短。分组交换基于统计时分复用方式，可以实现分组多路通信、共享信道，资源利用率高，经济性较好。同时由于分组交换增加了差错控制和流量控制措施，通信质量也较高。分组交换克服了报文交换的缺点，成为最适合数据通信的交换技术。

但是分组交换采用存储转发方式，存在排队等待时延，在数据量大时实时性较差，最初的分组交换(符合 X.25 协议)并不能适应话音通信的质量要求，而且在传送较长信息时由于增加了较多的开销字节和控制分组，其传输效率较低。

针对 X.25 所存在的不足，多种新型的快速分组交换技术得到了发展和应用。快速分组交换(Fast Packet Switching)的基本思想就是尽量简化协议，只具有核心的网络功能，以提供高速、高吞吐量、低时延的服务。其典型代表有帧中继(Frame Relay)和采用信元中继的 ATM 交换。

传统的分组交换是基于 X.25 协议的，帧中继简化了 X.25 分组协议，只保留了一些核心的功能，如帧的定界、同步、透明性以及帧传输差错检查等，将流量控制、差错重传校正和防止拥塞等处理功能转由终端来实现，从而简化了节点的处理过程，缩短了处理时间。这种协议简化需要有两个支持条件，即优质的线路条件、高性能和智能化的用户终端设备。帧中继能够提供面向连接服务，可适应突发信息的传送，适用于局域网的互联。

异步转移模式(Asynchronous Transfer Mode，ATM)也是一种快速分组交换技术。它将传输的用户信息分割成固定长度的数据块，在每个数据块之前加上一个信头(Head)，从而构成一个信元(Cell)，其中信息字段长度为 48 字节，信头长度为 5 字节，这样就形成 53 字节的信元结构。交换机根据网络容量和用户需求，对全体信元进行统一处理，使信道有序地、动态地被占用。ATM 采用面向连接的工作方式，即在传送信息之前，先要有连接建立过程，在信息传送结束后，再拆除连接。当然这一连接并不是物理连接而是虚连接，即逻辑连接。ATM 交换技术兼具了电路交换与分组交换的优点，可以实现高速、高吞吐量和高服务质量的信元交换，提供灵活的带宽分配，适应从很低速率到很高速率的宽带业务要求。

3. 支撑网

支撑网是为保证通信业务网正常运行、增强网络功能和提高全网服务质量而形成的网络。支撑网中传递的主要是相应的监测、控制及信令等信号。按照支撑网所具有的不同功能，可将其分为信令网、同步网和管理网。

1) 信令网

信令指用户和网络节点(局)、网络节点与网络节点之间、网络与网络之间的对话语言，是电信网中的控制指令。

信令的传送必须遵循一定的规定，即信令方式，包括信令的结构形式、信令在多段路由上的传送方式及控制方式。No.7 信令方式是最适合数字环境的公共信道信令方式。公共信道信令方式的主要特点是将信令通路与话音通路分开，在专用的信令通道上传递信令，其优点是信令传送速度快，信令容量大，具有提供大量信令的潜力及改变和增加信令的灵活性，避免了话音对信令的干扰，可靠性高、适应性强。

在采用公共信道信令系统之后，形成了一个除原有的用户业务网之外的、专门传送信令的网络——信令网。信令网本质上是一个载送信令消息的数据传送系统，它可以在电话网、电路交换的数据网、ISDN 网和智能网中传送有关呼叫建立、释放的信令，是具有多种功能的业务支撑网。

2) 同步网

在数字通信网中传递的是对信息进行编码后得到的离散脉冲，如果任何两个数字设备之间的时钟频率或相位不一致，又或者由于数字比特流在传输中受到相位漂移和抖动的影响，会在系统的缓冲存储器中产生上溢或下溢，导致在传输的比特流中出现误码，即滑动损伤。为了满足在网中传输各类信息的要求，应有效地控制或减少滑动，使网络中所有局、站的设备同步工作在相同的平均频率上，故需要向网络中的设备统一提供同步基准参考信号。

同步网是为通信网中所有通信设备的时钟提供同步控制信号，以使它们同步工作在共同速率上的一个同步基准参考信号的分配网络。同步网的功能是准确地将同步信息从基准时钟传递给同步网的各节点，从而调节网中的各时钟以建立并保持信号同步。同步网可分为数字同步网和模拟同步网。目前，多使用由基准时钟源、基准信号传送链路、大楼综合定时供给系统(BITS)和同步节点(时钟)等组成的数字同步网。

3) 管理网

管理网是对通信网络实施管理的网络。它是建立在业务网之上的管理网络，是实现通信网业务管理的载体，是通信支撑网的一个重要组成部分。为此，国际电信联盟(ITU-T)专门制定了管理网的国际标准电信管理网(TMN)的M.30建议。

电信管理网是收集、处理、传送和存储有关电信网维护、操作和管理信息的支撑网，可以提供一系列的管理功能，如故障管理、性能管理、配置管理、计费管理以及安全管理，并能使各种类型的操作系统之间通过标准接口进行通信联络，还能够使操作系统与电信网络各部分之间通过标准接口进行通信联络。

4. 业务应用网

在通信系统中，不管采用什么样的传送网结构以及什么样的业务网承载，最后真正的目的是要为用户提供他们所需的各类通信业务，业务应用层网就是最直接面向用户的。

业务应用层网主要包括模拟与数字视音频业务(如普通电话业务、智能网业务、IP电话业务、广播电视业务等)、数据通信业务(如网络商务、电子邮件)和多媒体通信业务(分配型业务和交互型业务)等，这些种类的业务中，又可以根据业务属性和特征的不同划分出多种具体的应用，满足用户的不同需求。

1.2 通信基础网结构

1.2.1 通信基础网基本结构形式

如果把网络中的主机或终端看成节点，把连接主机或终端的通信线路看成链路，则网络拓扑结构是指一个网络的节点和通信链路的物理布局图形。网络拓扑是通过网络中的各个节点与通信线路之间的几何关系来表示网络结构，并反映网络中各实体之间的结构关系的。常见网络拓扑结构有五种类型，分别是总线形拓扑、环形拓扑、星形拓扑、树形拓扑和网形拓扑。

1. 总线形拓扑

总线形拓扑使用一根称为总线的电缆连接网络中的所有节点。所有节点共享全部带宽。总线形拓扑结构如图1-2所示。

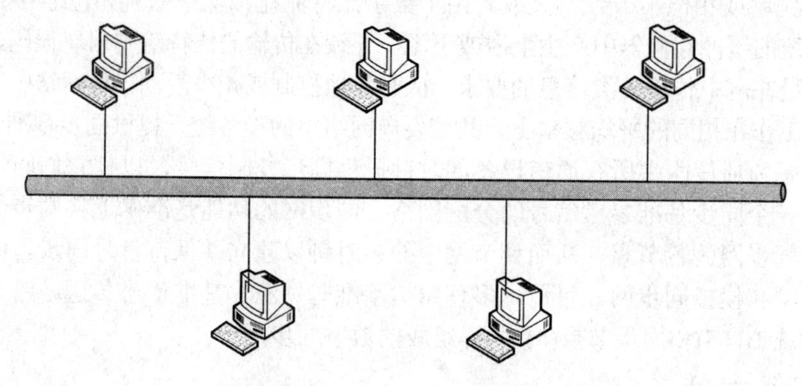

图1-2 总线形拓扑结构图

在总线形网络中，当一个节点向另一个节点发送数据时，所有节点都可以收到数据，只有目标节点可以收到并处理数据，其他节点则不处理数据，这种网络也称为广播式网络。

总线形网络的特点是：结构简单灵活，可靠性高，安装使用方便，但网络节点增加时，网络性能将下降，且信道若失效，将影响全网工作。

2. 环形拓扑

在环形拓扑中，各个节点通过环路接口连在一条闭合的环形通信线路中，如图 1-3 所示。数据沿着环向一个方向传送，环中的每个节点收到数据后再将数据转发，直到数据回到发送节点才由发送节点去除。只有数据的目的地址与环上的某一节点地址一致时，该节点才接收并处理该数据。

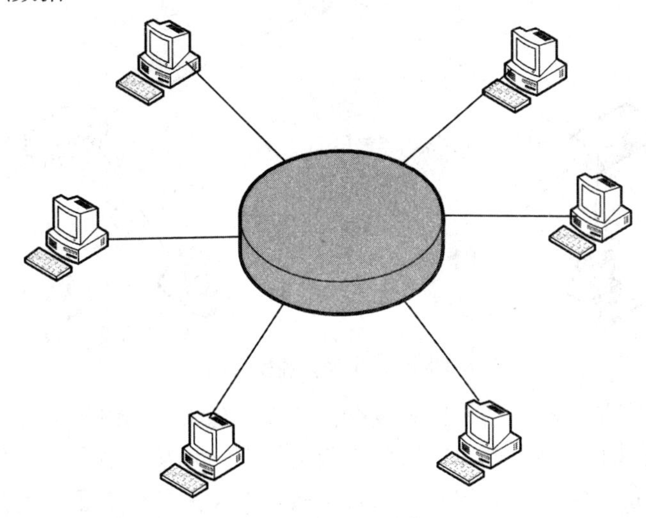

图 1-3　环形拓扑结构图

环形拓扑的特点是：网络结构简单，时延固定，适合实时通信要求，公平性强，但是由于网络环路结构使其不易扩展，一旦某一节点或某一段信道失效，就会造成整个网络故障。实际应用中常设置备份的第二环路，以旁路故障节点。

3. 星形拓扑

在星形拓扑中，网络中的每个节点都通过链路与中心节点连接在一起，如图 1-4 所示。全网由中心节点执行交换和控制功能，数据传输时，每个节点都将数据发送到中心节点，再由中心节点转发到目的节点。

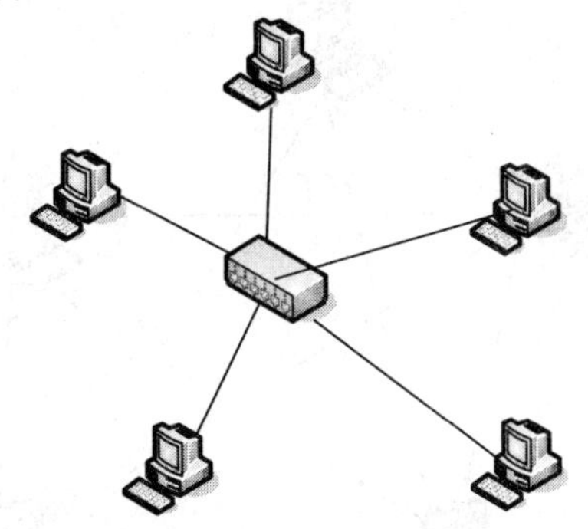

图 1-4　星形拓扑结构图

星形拓扑的特点是：网络结构简单，需要的连接线路数少，便于管理和集中控制，网络时延短，线路利用率高，故障容易隔离和定位。但存在的问题是“瓶颈”效应，即当中心节点发生故障时会造成全网瘫痪。实际应用中常设立备用中心以提高其可靠性。

4. 树形拓扑

树形拓扑是星形网络的扩展，树形拓扑像树一样逐层分支，越往下，树枝越多，如图1-5 所示。从任何一个节点发出的数据都可以传送到整个网络，所以这种网络也是一种广播式网络。树形网络采用分层结构，便于管理和排除故障。

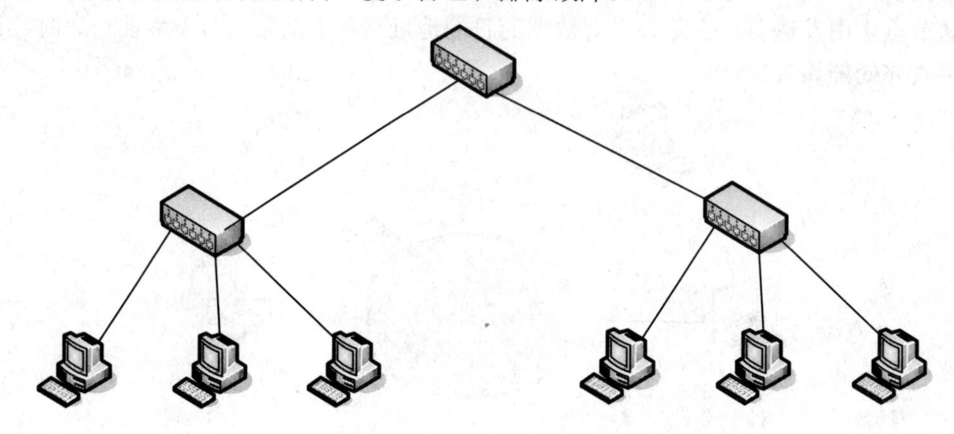

图 1-5　树形拓扑结构图

树形拓扑的特点是：网络结构较为复杂，传播时延大，网络扩展容易，适用于分级管理和控制系统。但树形网络也存在“瓶颈”效应，即一旦某一节点发生故障，将波及其下层节点，致使其不能正常工作。如若顶点发生故障，又无备用设备，就会使全网瘫痪。但是由于树形网增减节点方便，随着技术的不断提高和可靠性增加，树形结构已成为大型通信网的常选结构。

5. 网形拓扑

在网形拓扑中，任何两个节点都直接相连，所以又将网形网络称为全互连网络，如图1-6 所示。网形网络常用于广域网，处于不同地点的节点都是互连的，数据可以直接传送到目的端。当一个连接发生故障时，网络可以容易地通过其他线路传送数据，因此网形网络具有很强的容错能力。

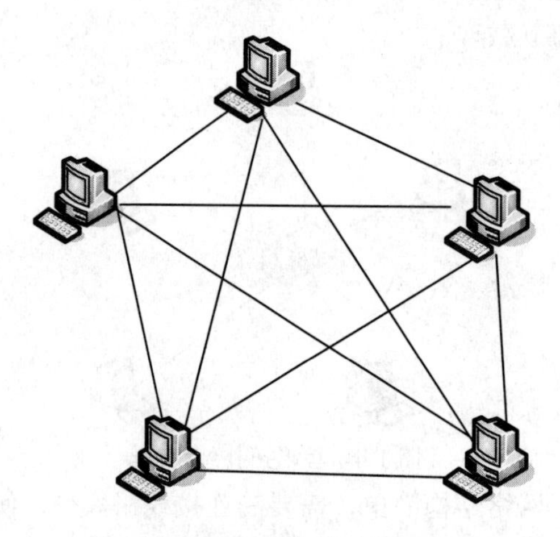

图 1-6　网形拓扑结构图

网形拓扑的特点是：信息传递迅速，质量好，可靠性高，不存在“瓶颈”效应和局部失效的影响。但它需要的链路多，电路利用率低，网络建设投资和维护费用比较高，且其网络协议在逻辑上相当复杂。常用于各地之间交换量较大的情况。

1.2.2　分级网与无级网

不同的网络拓扑结构，将对网络的路由组织有决定性的影响。根据结构与路由组织的不同，通信基础网可以有分级网和无级网两种形式。

1. 分级网

在分级网中，网络节点间存在等级划分，设置有端局和各级汇接中心，每一汇接中心负责一定区域的通信，网络的拓扑结构一般为逐级辐射的星形网或复合网。分级网中的路由也要划分等级，路由选择有其严格的规则。分级网是为尽量集中业务量、提高全网传输系统利用率所采用的结构形式。例如传统的电话网即为典型的分级网。在传统电话网中，交换中心分为初级、二级等若干等级，电路分为基干电路、低呼损直达电路、高效直达电路等，路由分为发话区路由和受话区路由，发话区路由选择方向自下而上，受话区路由选择方向自上而下。

图 1-7 显示了 A 处的初级交换中心到 B 处的收端局的路由选择顺序，设话机 A 呼叫话机 B，则有：

直达路由：$C4_A \to C4_B$。

迂回路由：$C4_A \to C3_B \to C4_B$，$C4_A \to C2_B \to C3_B \to C4_B$ 等。

基干路由：$C4_A \to C3_A \to C2_A \to C2_B \to C3_B \to C4_B$。

分级网的网络组织简单，但灵活性较差，无法根据业务量的变化调整路由选择，适应网络故障的能力差，不便于带宽共享。

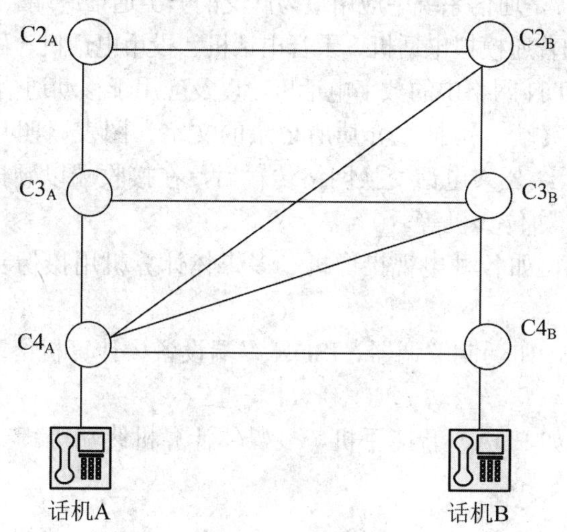

图 1-7　路由种类及选择顺序示意图

2. 无级网

无级网打破了交换中心分上下级的网络组织原则，各交换中心完全平等，任何两个交换中心之间均可以组成发话-受话对，按收信地址和路由表规定选择出局局向。无级网对应的拓扑结构一般为所有节点基本同级的栅格形网。

在无级网中路由也没有明确的等级划分，路由选择顺序没有严格的规定，其路由选择方案可以采取静态的固定选路，也可以采用随时间或状态变化的动态选路。

静态的固定路由选择方式，指路由组的路由选择模式总是不变的，即交换机的路由表一旦制定后，在相当长的一段时间内交换机都按照表内指定的路由进行选择，具体做法一般是给出几条迂回路由的选择，按照直达路由→第一迂回路由→第二迂回路由等顺序选路，直到最终路由。但是此方式也可对某些特定种类的呼叫进行人工干预，改变路由表。

动态路由选择方式，指路由选择方案是随时间、状态或事件而变化的，即路由表可以根据需要进行动态更新，具体来说可以具有流量优化功能的动态路由策略、实时随状态变动的路由策略、周期性随状态变动的路由策略和自学习随机路由策略等。在传统电话网中的应用实践表明，采用动态选路的无级网与采用固定路由策略的分级网相比，在网络性能、经济效益和对发展新业务的适应能力方面都有很大程度的提高。

1.3 通信基础网设备

根据通信基础网通信手段可将通信基础网设备分为有线通信设备、无线通信设备及附属通信设备。

1.3.1 有线通信设备

1. 终端设备

(1) 音频通信终端，是通信系统中应用最为广泛的一类通信终端。它可以是应用于普通电话交换网络 PSTN 中的普通模拟电话机、录音电话机、投币电话机、磁卡电话机、IC 卡电话机，也可以是应用于 ISDN 网络中的数字电话机，以及应用于移动通信网中的无线手机。

(2) 图形图像通信终端，可把纸介质所记录的文字、图表、照片等信息，通过光电扫描的方法变为电信号，经公共电话交换网络传输后，在接收端以硬拷贝的方式得到与发端相类似的纸介质信息，如传真机等。

(3) 视频通信终端，如各种电视摄像机、多媒体计算机用摄像头、视频监视器以及计算机显示器等。

(4) 数据通信终端，如调制解调器、ISDN 终端设备、计算机终端、机顶盒、可视电话终端等。

(5) 多媒体终端，如 PDA、智能手机、多媒体计算机终端等。

2. 交换设备

根据交换技术分类，交换设备分为程控交换设备、ATM 交换设备、IP 交换设备、软交换设备等。

1) 程控交换设备

程控交换设备是电话通信网的核心，其主要功能就是在程序控制下，根据用户发出的信息所表达的要求，把主叫用户连接到所需要的被叫用户上，实现用户间的电话通信。交换机需要包含控制部分和接续交换部分。控制部分的主要功能是接收主叫用户发出的信息，了解用户的要求，然后按设计好的程序做出选择并通过接口电路来控制交换网的接续。接续交换部分的主要功能是，在控制部分的控制下，交换接续指定的话路。程控交换设备主要实现话音的交换功能，也可以实现低速的数据业务。

2) ATM 交换设备

ATM 交换系统可完成路由选择、排队和信元头翻译三种基本功能。实现三种基本功能的方法和功能之间的组合方式构成了不同的交换系统。一个交换系统的最小组成单位称为基本交换单元，基本交换单元是用于构造 ATM 交换结构的通用模块。相同的基本交换单元按照特定的拓扑结构互连可以构成交换机构。不同的交换结构具有不同的基本交换单元和拓扑结构。基本交换单元主要完成 ATM 交换中的排队功能，交换机构完成 ATM 交换中的路由选择功能。一般地，ATM 交换系统或 ATM 交换机可以由相同或不同的 ATM 交换单元或 ATM 交换机构构成。

3) IP 交换设备

IP 交换是 Ipsilon 公司于 1996 年提出和定义的，以 ATM 技术来提高 IP 选路性能的一个创新方法，它简单高效地将 ATM 交换机与 IP 选路功能结合在一起实现交换，专门用于在 ATM 网上传送 IP 分组。IP 交换设备本质上是连接到 ATM 交换机上的路由器，并完全去掉 ATM 控制平面，由 IP 直接控制 ATM 硬件。它克服了 ATM 上传送 IP 的某些缺陷，提高了 ATM 上传送 IP 分组的效率。实际上，IP 交换设备就是由连接到 ATM 交换机上的 IP 交换控制器(即路由器)构成。IP 交换控制器执行标准的 IP 选路协议和标准的 IP 转发机制，包括数据流分类器和 GSMP 主控制点，其中数据流分类器与邻接交换机交换 IFMP 信息，GSMP 主控制点与 ATM 交换机中的 GSMP 辅控制点进行通信；ATM 交换机受控于 IP 交换控制器，提供 ATM 直接 VC 连接。

4) 软交换设备

软交换设备主要包括位于控制层的软交换设备和信令网关、接入层的各种媒体网关、核心层的路由器骨干传输设备以及业务层的应用服务器。接入层中的媒体网关包括中继媒体网关、综合接入媒体网关、媒体服务器、综合接入设备(IAD)和各种智能终端。

软交换控制设备曾被称为呼叫服务器(Call Server)或者媒体网关控制器(Media Gateway Controler，MGC)，是 VOIP 体系中呼叫控制功能从媒体网关中分离后的产物，通过软件实现基本呼叫控制功能。软交换控制设备主要完成呼叫控制、媒体网关接入控制、资源分配、协议处理、路由、认证、计费等功能。

信令网关(SG)实现 No.7 信令系统和 NGN 之间消息的互通，主要完成信令格式的转换。信令网关的协议包含两部分：信令网侧协议和 IP 网络侧协议。信令网关可以是独立的通信设备，也可以嵌入其他设备(软交换机或媒体网关)之中。

媒体网关(Media Gateway)是软交换网络中接入层的主要设备，其主要功能是将一种网络中的媒体格式转换成另一种网络所要求的媒体格式。按照媒体网关所在位置的不同，媒体网关可分为中继媒体网关和接入媒体网关。中继媒体网关是在电路交换网和 IP 分组网络之间的网关，主要完成电路交换网的承载通道和分组网的媒体流之间的转换，可以处理音频、视频或者数据文件传输协议 T.120，也具备处理这三者的任意组合的能力，能够进行全双工的媒体翻译，可以演示视频和音频消息，实现交互式语音应答(简称为 IVR)功能，也可以进行媒体会议等。综合接入媒体网关(Integrated Access Media Gateway)是用户终端设备和核心分组网之间的接入设备，用于为各种用户提供多种类型的业务接入，如模拟用户接入、ISDN 接入、VS 接入、XDSL 接入、LAN 接入等，并至少支持接入到 IP 网或 ATM 网之一。

综合接入设备(IAD)是小容量的综合接入网关，提供语音、数据和视频的综合接入能力。IAD 支持以太网接入、ADSL 接入、HFC 接入等多种接入方式以满足用户的不同需求，主要面向小区用户、商业楼宇等。

移动媒体网关(Mobile Media Gateway)位于移动电路交换网和分组交换网之间，用来终结与采用电路交换方式的移动通信网中的中继电路；也可位于移动网的基站子系统和分组交换网之间，为移动用户提供业务接入。

媒体服务器用于提供专用媒体资源所需的功能，包括音频和视频信号的播放、混合及格式转换和处理功能，同时还完成通信功能和管理维护功能；在软交换实现多方多媒体会议呼叫时，媒体服务器还提供多点处理功能。

应用服务器是在软交换网络中向用户提供各类增强业务的设备，负责增强业务逻辑的执行、业务数据和用户数据的访问、业务的计费和管理等，它能通过 SIP 控制软交换设备完成业务请求，通过 SIP/H.248(可选)/MGCP(可选)协议控制媒体资源服务器设备提供各种媒体资源。

路由器服务器为软交换提供路由消息查询功能。路由服务器可以支持相互之间的信息交互，可以支持 E.164、IP 地址和 URI 等多种路由信息。

AAA 服务器(Authentication，Authorization and Accounting Server)主要完成用户的认证、授权和鉴权等功能。

3. 传输节点设备

传输节点设备包括配线架、电分插复用器(ADM)、数字交叉连接器(DXC)、光分插复用器(OADM)、光交叉连接器(OXC)等。

1.3.2 无线通信设备

常见的无线通信设备有短波、超短波、卫星、微波(扩频)接力、集群等通信设备。

1. 短波通信设备

短波通信是指利用波长为 100～10 m(频率为 3～30 MHz)的电磁波进行的无线电通信。短波通信具有通信距离远、组网灵活、抗毁能力强的特点。

短波通信设备主要包括短波电台及其它附属设备，其工作频率为 1.6～29.999 9 MHz，功率为 125/400/1000 W，工作于只收/单工/半双工方式，工作模式为 SSB/USB/AM/CW，通常具有斜/双极/鞭状/三环天线，具有音频/RS 232/数据接口，数据速率为 150 b/s～19.2 kb/s，通信距离可达 1500 km 以上。

小功率短波通信系统设备一般都是收发信机一体的，便于车载或背负；高功率、大型短波通信系统一般情况下由独立的接收机和发射机(含激励器和功率放大器等)设备、自适应控制器和天线等设备组成，根据使用方式和硬件本身状态，有的系统还配备天线调谐器、遥控器等设备；根据业务不同，有些短波通信系统还配置其他相关终端设备如计算机、调制解调器等。

2. 超短波通信设备

超短波通信主要利用直射波进行，可进行视距(LOS)通信，多用于陆地、海上、空中以及三者之间的相互通信。超短波通信设备主要包括超短波电台及其它设备，使用甚高频(VHF)和特高频(UHF)两个频段，常用工作频率为 30～300 MHz，信道间隔功率为 25 kHz，发射功率为 5/10/50 W，工作方式为单工/半双工，工作模式为调频/定频/跳频，多利用 10 米盘锥天线，具有音频/RS 232/数据接口，通信距离可达 250 km 以上。

3. 卫星通信设备

卫星通信就是利用人造地球卫星作为中继站的两个或多个地球站相互之间的无线电通信。一个卫星通信系统由空间分系统、通信地球站、监控管理分系统、跟踪遥测及指令分系统四大分系统组成。其中空间分系统的转发器与通信地球站用于通信，跟踪遥测及指令分系统、监控管理分系统和空间分系统的一部分用于保障通信的正常运转。

空间分系统是指通信卫星，由天线系统、通信系统、遥测指令系统、控制系统和电源系统五部分组成。其中，通信系统是通信卫星的主体，在整个卫星通信系统中，它主要起无线电中继站的作用。一个卫星通信系统由多个(几个或几十个)转发器和天线组成。每一个转发器能同时接收和转发多个地球站的无线电信号。遥测指令系统、控制系统和电源系统是保障通信系统正常工作的设备。

通信地球站是卫星通信系统中的重要组成部分。它的作用是将用户的基带信号调制到微波信号上，通过卫星传输至另一个地球站，同时接收卫星的下行微波信号，并处理后进行解调，最后将解调的基带信号送至用户。

卫星通信工作在 C/Ku 波段，可以实现话音、数据、图像、传真、数字视频等业务的传输，带宽为 2.4～2048 kb/s，具有二线/LAN/E1 接口，可以远距离接入通信网。

4. 微波(扩频)接力通信设备

微波(扩频)接力通信设备工作于 610～5100 MHz，视距传播，可以实现话音、数据、图像、传真、数字视频等业务的传输，传输带宽为 256～8048 kb/s。

5. 集群通信设备

集群移动通信系统是多个用户(部门、群体)共用一组无线电信道，具有自动选择、动态使用信道，采用资源共享、费用分担，并向用户提供优良服务的多用途、高效能和先进的高级无线电指挥调度通信系统，是一种专用的移动通信系统。一般由基站、集群交换机、移动台、网管、有线调度台等设备或单元组成。集群移动通信系统按照技术体制可分为模拟集群移动通信系统和数字集群移动通信系统两大类。

集群移动通信设备工作在 400～420 MHz 频段，信道间隔为 25 kHz，无线信令采用 MPT1327 信令，具有语音数字加密功能，可通模拟明话和数字密话以及数据业务。当天线升至 15 m 时，通信覆盖半径不小于 8 km，通过有线接口单元，可以完成基站内部有线电话、外部中继的 PCM 编译码及有线电话与基站控制交换网络的连接。

1.3.3 附属通信设备

1. 时统设备

时统设备是向测量、控制等设备提供标准时间信号和标准频率信号的设备。完整的时统设备应包括定时校频设备、频率标准和时间信号产生器。定时校频设备接收标准时间频率信号，用于校准本地标准的频率、同步时间信号产生器；频率标准向时间信号产生器提供参考时钟信号、向用户提供标准频率信号；时间信号产生器由参考时钟信号驱动产生本地时间，并通过同步信号接口实现本地时间与世界协调时间同步。

2. 电源设备

电源设备为通信设备提供能量支持。通信设备的供电特点是要求供电可靠、保证不间断供电。根据电信局(站)的不同建设规模及电信设备的供电要求，新型电信电源的交流供电包括如下几种：交流市电供电、备用油机发电机组或燃气轮发电机组供电、交流不间断电源(UPS)设备供电、应用风力发电作为交流电源供电。

在通信机房中，各种通信设备多需直流电源工作。一般把交流市电或发电机产生的电力作为输入，经整流后向各种通信设备和二次变换电源设备或装置提供直流电的电源称为直流电源。组成直流电源的设备包括整流器、蓄电池组、直流配电屏等。除直流电源外，电信电源还有二次变换电源，即用 DC/DC 变换器把直流基础电源的电压变换为交换机或其他电信设备适用的各种电压(如+24 V、±12 V、±5 V、±3 V 等)。另外，直流交流逆变器给电信设备提供多种交流电源。

1.4 通信基础网发展趋势

1.4.1 技术发展趋势

通信技术与计算机技术、控制技术、数字信号处理技术等的相互结合，已成为现代通信技术的典型标志。目前，通信网的发展趋势可概括为以下“六化”：数字化、综合化、融合化、宽带化、智能化和个人化。

1. 通信技术数字化

通信技术数字化是实现其他“五化”的基础。数字通信具有抗干扰能力强、失真不积累、便于纠错、易于加密、适合于集成化、有利于传输与交换的综合等优点，特别是它可以兼容电话、数据和图像等多种信息的传输，比模拟通信更加通用和灵活，同时为实现通信网的计算机管理创造了条件。现代各种信息系统的建设与发展也充分表明，数字化是信息化的基础。因此，数字化是现代通信技术和通信网的基本特征和最突出的发展趋势。

2. 通信业务综合化

通信业务综合化是现代通信网的另一个显著特点。随着社会的发展，人们对通信业务种类的需求不断增长，早期的电报、电话业务难以满足这种需求。目前，移动电话、电子邮件、可视图文、数据通信以及各种增值业务正在迅速发展。如果每出现一种通信业务就建立一个专用通信网，必然是投资大、效率低、各个独立网络的资源不能共享，而且多网并存的局面也不利于统一管理。通信业务综合化，就是把各种通信业务以数字方式统一，并综合到一个网络中进行传输、交换和处理，以达到一网多用的目的。

3. 网络互通融合化

网络互通融合化是指以电话网为代表的电信网和以因特网为代表的数据网之间的互通融合，其进程将不断加快。在数据业务为主导时，现有电信网业务将融合到下一代数据网中去。有三个方面的问题值得注意：一是网络与业务的分离化，旨在适应网络与业务在发展速度上的不平衡，因为网络是演进的，而业务是快速发展的；二是网络结构的简捷化(扁平化)，其目的是通过减少网络层次来提高网络的效率和适应能力；三是电信网、计算机网和广播电视网之间的“三网融合”，该问题日益受到人们的广泛关注。

4. 通信网络宽带化

通信网络宽带化就是要为用户提供高速的信息服务。近年来，通信网络的各个层面(如接入层、边缘层和核心交换层)都在开发高速技术，如宽带接入技术、高速光传输技术和高速选路与交换技术等。

5. 网络管理智能化

在传统电话网中，交换接续(呼叫处理)和业务提供(业务处理)均由交换机完成，开辟一种新业务和对某种业务进行修改都需要增加和改动交换机的软件，有时甚至要增加和改动交换机的硬件，要消耗许多人力、物力和时间。网络管理智能化的基本思想，是将传统电话网中交换机的功能进行分解，交换机只完成呼叫处理，而把各种业务处理(如新业务的提供、修改和管理等)交给具有业务控制功能的计算机系统来完成。

6. 通信服务个人化

通信服务个人化是指通信网要向个人通信的方向发展。所谓个人通信，是指任何人在任何时间和任何地点，与任何其他地点的任何人进行任何业务的通信方式。个人通信概念的核心，是强调通信对个人(而不是终端)移动的适应性。在个人通信方式中，用户无论何时何地、无论移动或停止、无论使用何种终端，都可以通过一个唯一的个人通信号码来发出和接收呼叫，并完成通信。

1.4.2　下一代网络

1. 下一代网络的定义

2004 年 2 月 ITU-T SG13 会议给出的下一代网络(Next Generation Network，NGN)的基本定义：NGN 是基于分组技术的网络；能够提供包括电信业务在内的多种业务；能够利用多种宽带和具有 QoS(Quality of Service)支持能力的传送技术；业务相关功能与底层传送技术相互独立；能够使用户自由接入不同的业务提供商；能够支持通用移动性，从而向用户提供一致和无处不在的业务。

广义上下一代网络是一个非常宽泛的概念，涉及的内容十分广泛，涵盖了现代电信新技术和新思想的方方面面。从传输网络层面看，NGN 是下一代智能光传输网络 ASON；从承载网层面看，NGN 是下一代因特网 NGI；从接入网层面看，NGN 是各种宽带接入网；从移动通信网络层面看，NGN 是 3G 与 B3G；从网络控制层面看，NGN 是软交换网络；从业务层面看，NGN 是支持话音、数据和多媒体业务，满足移动和固定通信，具有开放性和智能化的多业务网络。总之，下一代网络包含了从用户驻地网、接入网、城域网及干线网到各种业务网的所有层面，涉及了所有的新一代网络技术，是端到端的、演进的、融合的整体解决方案，是通信新技术的集大成。

2. 下一代网络的特点

下一代网络可以提供包括语音、数据和多媒体等各种业务的综合开放的网络构架，它有如下特点：

(1) 将传统交换机的功能模块分离成为独立的网络部件，各个部件可以按相应的功能划分各自独立发展。部件间的协议接口基于相应的标准。部件化使得原有的电信网络逐步走向开放，运营商可以根据业务的需要自由组合各部分的功能产品来组建网络。部件间协议接口的标准化可以实现各种异构网的互通。

(2) 下一代网络是业务驱动的网络，应实现业务控制与呼叫控制分离、呼叫控制与承载分离。分离的目标是使业务真正独立于网络，以便灵活有效地实现各种业务。用户可以自行配置和定义自己的业务特征和接入方式，不必关心承载业务的网络形式以及终端类型。下一代网络同时能够支持固定用户和移动用户，使得业务和应用的提供有较大的灵活性。

(3) 下一代网络是基于统一协议的分组的网络。利用多种宽带能力和有服务质量保证的传送技术，使 NGN 能够提供通信的安全性、可靠性并保证服务质量。

1.4.3 软件定义网络

传统的网络设备(交换机、路由器)的固件是由设备制造商锁定和控制的，所以用户希望将网络控制与物理网络拓扑分离，从而摆脱硬件对网络架构的限制。这样企业便可以像升级、安装软件一样对网络架构进行修改，满足企业对整个网络架构进行调整、扩容或升级的需求。而底层的交换机、路由器等硬件则无需替换，这在节省大量成本的同时，也将大大缩短网络架构迭代周期。

1. 软件定义网络概念

软件定义网络(Software Defined Networking，SDN)指网络的控制平面与实际的物理上的拓扑结构互相分离，这种分离可以使控制平面用一种不同的方式实现，比如分布式的实现方式，另外它还可以改变控制平面的运行环境，比如不再运行在传统的交换机上的那种低功耗 CPU 上。

简单地说，SDN 位于系统顶部的软件层之上, 进行网络资源控制工作，其下为路由器、交换机和其他的物理和虚拟网络设备。SDN 能够解决必须为每个单独的装置安装控制面板的问题，这样能够更加简便地对网络、程序和其他管理任务进行配置。

2. 软件定义网络结构

如 1-8 图所示为美国斯坦福大学 clean slate 研究组提出的一种新型软件定义网络结构。软件定义网络结构分为应用层、控制层与基础设施层三部分。

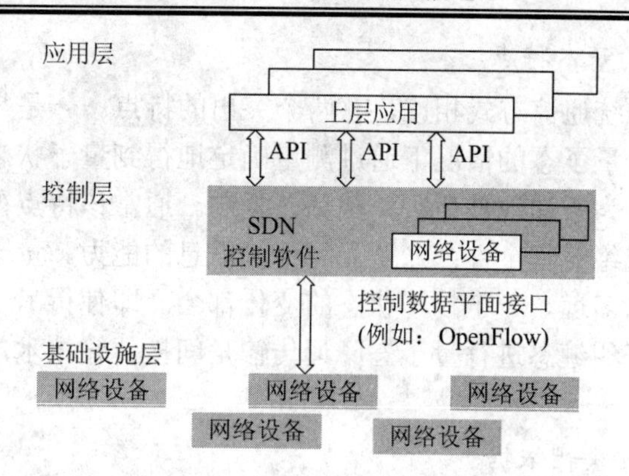

图 1-8　软件定义网络结构示意图

① 在应用层中，不同的应用逻辑通过控制开放的 API 管理能力来控制设备的报文转发。

② 控制层由 SDN 控制软件组成，与下层采用 OpenFlow 协议通信。

③ 基础设施层由转发设备组成。

3. 软件定义网络的特点

(1) 控制转发分离：支持第三方控制面设备通过 OpenFlow 等开放式的协议远程控制通用硬件的交换/路由功能。

(2) 控制平面集中化：提高路由管理灵活性，加快业务开通速度，简化运维。

(3) 转发平面通用化：多种交换、路由功能共享通用硬件设备。

(4) 控制器软件可编程：可通过软件编程方式满足客户化定制需求。

1.4.4　量子通信

1. 量子通信的定义

目前，量子通信尚无严格的定义。物理上，量子通信可以被理解为在物理极限下，利用量子效应实现的高性能通信；信息学上，则认为量子通信是利用量子力学的基本原理(如量子态不可克隆原理和量子态的测量塌缩性质等)或者利用量子态隐形传输等量子系统特有属性，以及量子测量的方法来完成两地之间的信息传递的。

2. 理想量子通信

1) 理想量子通信系统模型

理想化的量子通信系统模型与经典的通信系统模型一样，由信源、变换器、信道、反变换器、信宿组成，如图 1-9 所示。变换器将经典信息转化为量子信息，在量子信道中进行传递，反变换器将接收到的量子信息还原为经典信息。

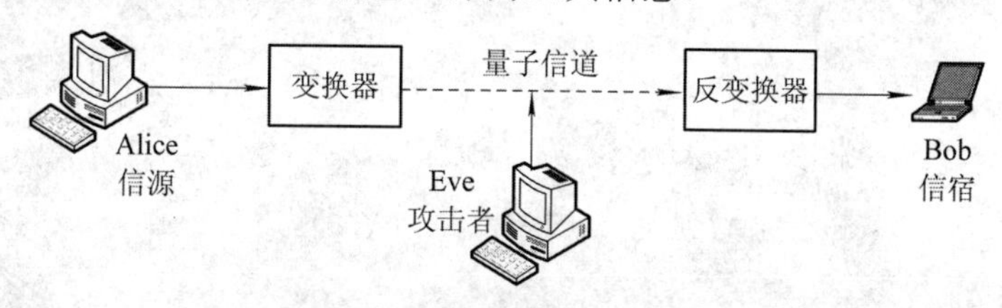

图 1-9　理想量子通信系统模型

2) 理想量子通信的基本特点

理想量子通信与传统通信方式相比，有两个突出的特点。一是与生俱来的安全特性。无法在不破坏或不改变量子态的情况下通过测量确定地得到量子状态。因此，在量子信道上传送的信息不可能不为所知地被窃听、截获、复制。通常该特点被称为无条件安全性、被严格证明的安全性或绝对安全性；二是无障传输信息的能力。量子纠缠态是指相互纠缠的两个粒子无论被分离多远，一个粒子状态的变化都会立即使得另一个粒子状态发生相应变化的现象。利用量子纠缠态进行量子态隐形传输是间接传输技术，具有极好的实现无障碍通信的能力。

3) 理想量子通信安全性依据

量子通信的安全性源于量子力学的基本原理：一是不确定性原理，也称测不准原理，即不可能同时精确测量两个非对易的物理量，如量子的坐标和动量；二是测量塌缩原理，即对量子态进行测量会不可避免地使该量子态塌缩到某一个本征态上，这意味着对量子态进行测量都会留下痕迹；三是不可克隆定理，即一个未知的量子态是无法被精确克隆的。

习　题

1. 简述通信基础网的分类。
2. 通信基础网的基本结构形式有哪些？
3. 常见的有线通信设备有哪些？
4. 常见的无线通信设备有哪些？
5. 软件定义网络的含义是什么？
6. 说说你对通信基础网发展趋势的理解。

第 2 章　通信基础网机房

2.1　机 房 要 求

2.1.1　机房规范

通信机房是通信系统或信息网络的心脏，机房内设备的安装是通信工程施工的一个重要项目，可靠的安装质量是通信设备良好运行的基础，高水平的设备安装技术是提高安装质量的根本保证，设备的高质量运作是通信工程施工的目标。

通信机房的设计和施工是一个整体工程，机房通信设备、机房监控设备、强电与弱电供电系统等作为一个完整的系统，要从技术先进性、运行可靠性、经济合理性等各个方面尽量发挥各系统的联动、互动作用。

通信机房工程也是项专业性很强的综合性工程，要求对装修、配电、空调、通风、监控、防雷、接地、综合布线、消防等各个子系统的建设规划、方案设计、施工安装等过程进行严密的统筹管理，以保证工程的质量和工期。

为了规范通信机房工程设计、施工、监理等，国家原邮电部和信息产业部等部委，相继出台了一些针对通信机房的设计和施工的技术规范和标准，例如《通信机房建筑设计规范》、《通信机房静电防护通则》、《建筑物防雷设计规范》等规范性文件。通信机房应能适应通信设备的安装，保证设备正常工作与维护的需要。

通信工程的设计、施工以及工程管理的专业队伍发展十分迅猛，为了保证通信质量、规范工程施工，就要求制定通信工程各环节的共同的标准。1981 年 5 月，原国家基本建设委员会和邮电部联合发布的《工业企业通信设计规范》，代号为 GBJ 42-81，随后，全国通信工程标准技术委员会组织编写的《工业企业程控用户交换机工业设计规范》、《工业企业调度电话和会议电话工程设计规范》以及《工业企业电信工程设计图形和文字符号标准》等，都是我国早期较全面的通信工程规范和行业标准。

2001 年 7 月，原信息产业部发布了《通信工程质量监督管理规定》，进一步规范了通信工程市场。通信工程行业要有一个统一的技术标准，完全是客观形势的需要。不论是公众通信网还是专用通信网的建设，各个单位在通信工程建设、设计和施工时，都应严格遵守和执行通信工程的国家规范和行业标准。

由于通信的方式和类型等的不同，需要遵守的规范和标准也不完全相同。通信工程设计中常用的标准规范名称见附录 1。

2.1.2 机房要求

1. 机房选址要求

通信设备应处于良好的运行环境中。通信机房选址不宜在温度高、有灰尘、有有害气体、易爆及电压不稳的环境中；应避开经常有大震动或强噪声的地方；应远离变电所。因此，在进行工程设计时，应根据通信网络规划和通信设备的技术要求，综合考虑水文、地质、地震、电力、交通等因素，选择符合通信设备工程环境设计要求的地址。

通信机房的房屋建筑、结构、采暖通风、供电、照明、消防等项目的工程设计一般由建筑专业设计人员承担，但必须严格依据通信设备的环境设计要求设计。通信机房设计还应符合工企、环保、消防、人防等有关规定，符合国家现行标准、规范，以及特殊工艺设计中有关房屋建筑设计的规定和要求。

机房选址的具体要求如下：

(1) 要远离污染源，对于冶炼厂、煤矿等重污染源，应距离至少 5 km；对化工、橡胶、电镀等中等污染源应距离至少 3.7 km；对食品、皮革加工厂等轻污染源应距离至少 2 km。如果无法避开这些污染源，则机房一定要选在污染源的常年上风向，使用高等级机房或选择高等级防护产品。

(2) 机房进行空气交换的采风口一定要远离城市污水管的出气口、大型化粪池和污水处理池，并且保持机房处于正压状态，避免腐蚀性气体进入机房，腐蚀元器件和电路板。

(3) 机房应避免选在禽畜饲养场附近，如果无法避开，则应选建于禽畜饲养场的常年上风向。

(4) 机房不宜选在尘土飞扬的路边或沙石场，如无法避免，则门窗一定要背离污染源。

(5) 机房要远离工业锅炉和采暖锅炉。

(6) 机房最好位于二楼以上的楼层，如果无法满足，则机房的安装地面应该比当地历史记录的最高洪水水位高 600 mm 以上。

(7) 避免在距离海边或盐湖边 3.7 km 之内建设机房，如果无法避免，则应该建设密闭机房，空调降温，并且不可取盐渍土壤为建筑材料。

(8) 机房一定不能选择过去的禽畜饲养用房，也不能选用过去曾存放化肥的化肥仓库。

2. 机房建筑要求

1) 面积

机房的最小面积应能容纳相应的通信设备。机房的面积应考虑终局容量是否能容下通信设备的主体设备和辅助设备。

第一排机柜前至少留出 1.5 m 的距离，便于开门及维护。多排布置机柜时，第一排机柜的正面对着操作维护台，两排机柜同向布置，前排机柜的后边缘与后排机柜的前边缘之间距离不小于 1.2 m，每排机柜的左右侧与墙壁的距离不小于 1 m，最后一排机柜的后边缘与墙壁的距离不小于 1.2 m，如图 2-1 所示。

2) 净高度

净高度指机房顶部最低点到机房底部最高点的距离，要求净高度不低于 3 m(无架空地板时为 3 m，有架空地板时为 2.7 m)。

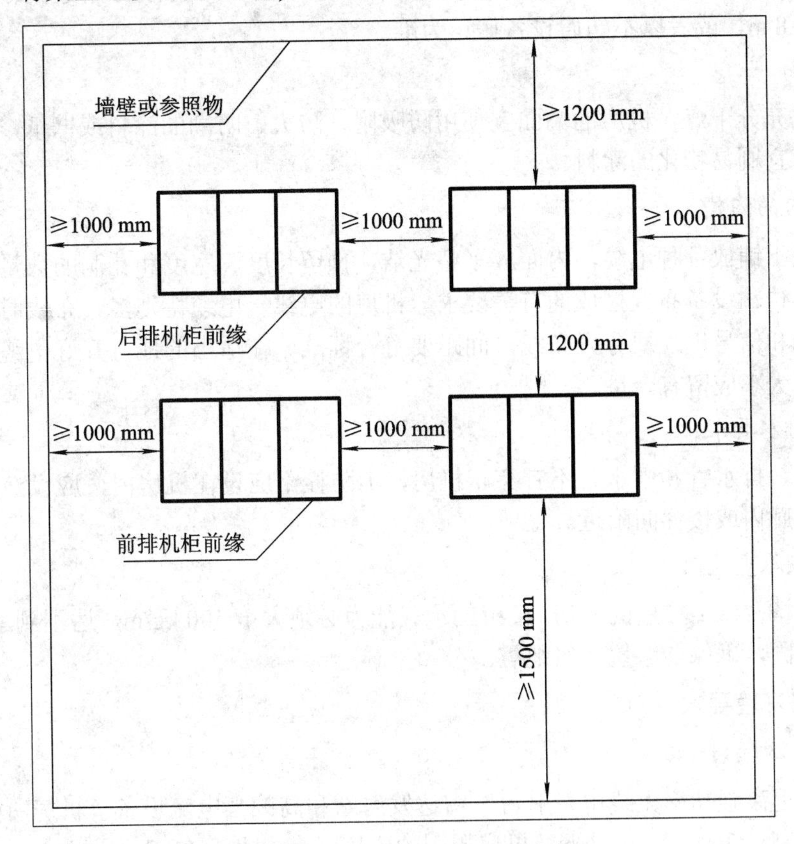

图 2-1　机房布置要求示意图

3) 房内地板

机房地板一般要求铺防静电活动地板以使机房不起尘。地板板块铺设应严密坚固，每平方米水平误差应不大于 2 mm。没有活动地板时，应铺设导静电地面材料(体积电阻率应为 $1.0 \times 10^{7} \sim 1.0 \times 10^{10}$)。导静电地面材料或活动地板必须进行静电接地，可以经限流电阻及连接线与接地装置相连，限流电阻的阻值为 1 MΩ。

主机房地板的承载能力大于 450 kg/m^2，辅助机房的地板承载能力大于 300 kg/m^2。地板的铺设和支撑必须平整、坚固、稳定，地板应平整光洁，板块之间间隙小于 2 mm。

机房用地板一定要选用防静电地板，且进行静电接地，方法是用导电良好的导线通过 1 MΩ 的限流电阻与接地装置相连。

地板高度以 300 mm 或 330 mm 为宜，避免花哨的图案，地板表面涂料要求无反光、无有害气体的挥发，地板下面要采取防潮、防鼠和防蛀措施。

当采取下走线方式时，地板下面预留的暗管、地槽和孔洞，其数量、位置和尺寸均应满足布放各种线缆的要求，且便于维修和扩容时的线缆布放。

4) 门窗

机房门窗布局要合理，建议门和窗采用双层玻璃，加防尘橡胶条密封，并应经常清除灰尘。门窗要具备安全防盗功能，推荐安装防盗报警装置。门的有效高度不低于 2.2 m，宽度不小于 1.8 m，或者以不妨碍设备搬运为准。

5) 墙面

墙壁已充分干燥，机房的墙面宜使用防吸附、防火、防潮的涂料或壁纸，也可以刷无光漆，但不宜刷易粉化的涂料。

6) 房内的沟槽

沟槽用于铺放各种电缆，内面应平整光洁，预留长度、宽度和孔洞的数量、位置、尺寸均应符合传输设备布置摆放的有关要求。机房的电线、电缆特别多，布线时必须全盘考虑。电源线和信号电缆要分开布线，间距要符合标准。在适当的地方开好电缆进出机房的墙孔，墙孔大小应留有余量。

7) 给排水要求

给水管、排水管和雨水管不宜穿越机房，消防栓不应设在机房内，应设在明显而又易于取用的走廊内或楼梯间附近。

8) 楼板承重及防震

对于 2 楼及以上楼层的机房，楼板的承载能力必须大于 500 kg/m^2，达不到承重要求的，必须进行加固，确保能够抗 7 级地震。

3. 电磁环境要求

1) 防电磁辐射干扰

机房应远离强功率无线电发射台、雷达发射站和高频大电流设备，机房所受的辐射电场强度应控制在 300 mV/m 以下，机房周围的磁场强度应小于 11 Gs。

2) 防静电

(1) 机房使用的地面材料、天花板材料和墙壁面料要符合防静电要求。

(2) 地面材料要求使用导(静)电地板，并接地良好。禁止直接使用木质地板或铺设毛、麻、化纤地毯及普通地板革。

(3) 天花板材料应选用抗静电型材料制品，一般情况下允许使用石膏板，禁止使用普通塑料制品。

(4) 墙壁面料应使用抗静电型墙纸，一般情况下允许使用石膏涂料或石灰涂料粉刷墙面，禁止使用普通墙纸及塑料墙纸。

(5) 机房应有防静电标志。

4. 消防要求

根据当地有关部门消防法规，配备相应的消防器材和预留足够的消防通道，在适当位置悬挂“重点防火单位”的标牌。机房和辅助机房内严禁存放易燃、易爆等危险品，并在显著位置张贴“禁止吸烟”或“严禁烟火”的告示牌。

消防器材应放置在便于取用的位置，消防栓不应设在机房内。要安装烟雾、高温等告警装置，并经常检查，确保其性能良好。

5. 照明要求

在机架间合适的位置安装白炽灯(或配置应急照明设备)，应避免灯光和阳光长期照射设备，以防电路板和元器件因处于高温状态而引起的老化、变形。

建议窗户使用有色玻璃并安装非浅色透明窗帘。机房主体照明采用镶入天花板的日光灯，平均照度以 150～200 lx 为宜。

6. 电气要求

(1) 机房电源引线入室，以满足施工需要。最好安装交直流分配柜，电源功率应保证设备对功率大小的要求，并留有余量，分配柜上还需配备足够的接线端子。

(2) 必须配备 UPS 或逆变器以及发电设备。

(3) 机房内不同的电源插座应有明显标志。

(4) 接地采用联合接地方式要保证接地电阻达到设备安装要求标准。

2.1.3 程控交换机房要求实例

1. 机房环境要求

(1) 温湿度要求。

① 长期工作条件为温度 15℃～30℃，湿度 30%～70%；

② 短期允许条件为温度 0℃～45℃，湿度 20%～90%。短期工作条件是指连续不能超过 48 小时和全年累计不得超过 15 天。

(2) 机房地面要求。对相对湿度较低的地区，尤其是 RH 值在 20%以下的地区，建议采用抗静电地板，加强防静电措施。

(3) 机房防尘及有害气体要求(如 SO_2、H_2S 等)。机房内要求不得有爆炸性、导电性、导磁性及带腐蚀的尘埃，更不能有有害全局的腐蚀性气体和损害绝缘性的气体。

(4) 交换机房应配备安装防震设施，使交换机能达到抗抵 7 级地震能力。

(5) 防火要求。机房内涂料及装饰材料应具备防火性能，过墙电缆孔填充阻燃材料，同时在必要部位配备消防器材和自动火警系统。

(6) 机房内不同电压的电源插座应标有明显的标志。

(7) 配备足够的空调设备，使机房保持正常温湿度。

(8) 机房高度应符合有关标准(不低于 3 m)，并应配备独立空调或中央空调。

2. 机房平面设计要求

在机器安装之前，应首先进行机房的平面设计。在进行机房平面设计时应考虑以下因素：

(1) 机柜排列的合理性，充分考虑到机架之间连线最短。

(2) 机柜列之间的空间，包括机柜与空调设备、墙壁以及门窗之间的空间，要便于维护和空气流通。

(3) 机柜接地线合理性，即电缆至 MDF 走线的合理性。

(4) 与话务台连接的合理性，与电源室(柜)连接的合理性。

(5) 充分考虑光纤走线合理。

3. 电源与接地要求

1) 直流电源要求

(1) 电压、幅度、机房电源设备供给交换的电压标称值为−48V，允许变动范围为−57 V～−40 V。

(2) 直流电源电压所含杂音电平指标应满足总技术规范要求。

(3) 直流电源应具有过压/过流保护及指示。

2) 交流电源要求

(1) 三相电源：380 V±10%，50 Hz±5%，波形失真<5%。

(2) 单相电源：220 V±10%，50 Hz±5%，波形失真<5%。

(3) 备用发电机电压波形失真为 5%～10%。

3) 接地要求

机房地线布置要采用辐射式或平面式，并独立布放接地线，不能通过建筑钢筋连接形成电气通路或通过机架形成通路。

机器的工作地、保护地、防雷地尽可能分别接地，接地电阻一般为 3 Ω～5 Ω，万门以上程控机房的接地电阻要求小于 1 Ω。

如果采用综合接地方式，接地电阻应低于 1 Ω。接地线的截面应按承受的最大电流值来确定，最好采用铜制护套线，不能使用裸铜线。

2.2 机房工作环境

2.2.1 通信机房对空调的要求

1. 温湿度对设备的影响

根据其性能要求，通信设备在机房内需维持一定的温湿度。温湿度过高或过低，对通话质量和设备寿命都会带来不良后果。

室内相对湿度长期过高，对设备危害很大。有些绝缘材料，当相对湿度超过 75%时，单位体积所吸收的水分显著增加，相对湿度超过 80%时，单位体积所吸收的水分急剧增加，易造成绝缘不良、串话、甚至漏电等障碍。绝缘材料长期处在相对湿质高的环境中，容易发生材料机械性能的变化，如线圈会从空气中吸附水分，在表面上形成水膜，引起漆皮皱裂，使导线金属表层直接接触潮气，而发生断线或短路等障碍；此外，设备的各种金属在潮湿环境下易发生锈蚀，晶体管器件接插件生锈会增大接触电阻等。

室内相对温度过低，有时绝缘垫片会干缩引起紧固螺丝松动。

室内温度过高，也会引起一些问题。例如，当室温超过晶体管电路允许限度时，晶体管电路工作不稳定，影响交换机的正常工作。过高的室温将加速绝缘材料的老化。室温过高还影响维护人员的劳动条件。按照卫生要求，当室外温度为 29℃~32℃时，工作地点温度不超过室外 3℃；当室外温度为 33℃ 或 33℃以上时，工作地点温度不超过室外 2℃。实际上，由于机房很少开窗，往往室内尚未超过卫生要求的温度时，维护人员已感到热得非常难受。

2. 通信机房的负荷特点

通信设备的精密性和集成化程度不断提高，使通信机房的空调负荷特点越发显著，主要表现为热负荷大、湿负荷小。热负荷主要来自通信设备的集成电路板等电子元件的不断集中发热，而且发热量极大，即使在冬季，机房热负荷仍相对较大。相反，通信机房内几乎没有湿负荷源，即使很小的湿负荷也是来自机房工作人员以及由于机房密封不严而与外界空气交换产生的。

3. 通信机房对空调的要求

1) 大风量、小焓差

通信机房热湿负荷的特点，既要求空调机制冷能力较强，以便在单位时间内消除机房余热，又要求空调机的蒸发温度相对较高，以免降温的同时进行不必要的除湿，因此，空调机必须具备冷风比相对较小的特性。也就是说，在制冷量一定的情况下，要求空调机循环风量大，进出口空气温差小。而且较大的循环风量有利于稳定机房的温湿度指标。另外，大风量同时能保证机房温湿度的均衡，达到大面积机房气流分布合理的效果，避免机房局部的热量聚积。

2) 湿度控制

通信设备对环境的相对湿度同样有较高的要求。湿度过低，易使不同点位元件之间放静电，造成误差甚至击穿；湿度过高，易使设备表面结露而出现冷凝水，发生漏电或者元器件触点发霉，无法正常工作。因此，通信机房要求空调机具备加湿和除湿功能，并能将相对湿度控制在允许范围内。

3) 全年制冷运行

由于散热量大，几乎所有的通信设备都要求空调机全年制冷运行。而冬季的制冷运行要解决稳定冷凝压力和其他相关的问题。因此要求空调机在室外气温降至零下 15℃时仍能制冷运行。

4) 空气过滤性好

通信机房对洁净度有一定的要求。由于机房内的灰尘会影响设备的正常工作，灰尘积在电子元件上易引起金属材料被化学腐蚀、电子元件性能参数的改变、绝缘性能下降和散热能力变差等，因此要求空调机空气过滤器的除尘效率必须高于 90%。

5) 可靠性高

基于环境对通信畅通的保障作用，要求机房空调的运行必须可靠稳定。因此，空调机完善而精密的控制系统必不可少。控制系统不仅能自动对机组运行状态进行诊断、控制，还能及时对已经出现或将要出现的故障发出警报，自动用后备机组或后备控制单元切换故障机组或故障单元等。

2.2.2　空调的设置

1. 通信机房热量来源

通信机房的热量主要来自两个方面：一是机房内部产生的热量，包括机房内通信设备的发热量、机房辅助设施发热量(包括供电电源自身发热)、照明发热、工作人员身体散发的热量；二是机房外部产生的热量，包括通过建筑物本体侵入的热量，如从墙壁、屋顶、隔断和地面传入机房的热量(传导热)，由于太阳照射从玻璃窗直接进入房间的热量即放射热(也称辐射热)，从门窗等缝隙侵入的高温室外空气(也包含水蒸气)所产生的热量即对流产生的热量，为了使室内工作人员减少疲劳和有利于人体健康而引入的新鲜空气所产生的热量等。

2. 空调设置要求

根据机房环境要求，机房空调系统应具有恒温恒湿和空气净化能力，建议采用恒温恒湿专用空调，并且需要 24h 连续工作，以满足机房环境要求。在主机房应设置常年运转的空调装置，在其它辅助机房也要根据条件(包括气候条件和设备运营商的经济条件)设置季节性空调装置。

空调通风系统容量要计算系统主设备的发热量并加上外部热源的热量(如阳光透过窗户和墙壁进入机房的热量、维护人员在机房内的发热量及进出机房内带进的热量)。机房空调应考虑主、备用，每套系统的容量至少大于总空调需求容量的一半。

机房的密封不能因安装空调设备而破坏，同时送入机房的新鲜空气的含量比率不得少于 5%，以保证空气适当的新鲜程度。机房内还应防止有害气体如 SO_2、H_2S 等的侵入。

安装集中式中央空调系统时，宜采用下送上回的通风方式。进风口在活动地板下，这样有利于设备散热。送风管不在高处安装，保证在任何情况下不会产生结露现象。大型机房应安装带湿度调节的空调机，而小型机房安装一般的柜式或窗式空调机即可。

空调装置的基本要求是：空调湿度为 30%～70%，空调温度为 15℃～25℃。空调安装位置应避免空调出风直接吹向设备。

3. 空调容量计算

机房空调负荷主要来自通信设备及附属设备的发热量，大约占总热量的 80%以上，其次是照明热、传导热、辐射热等。通信设备通常根据耗电量计算其发热量，空调机的制冷量要略大于机房总热量。而机房总热量估算由以下经验公式推导。

通信设备发热量：

$$Q_{机} = 0.86 \times U \times I \times h_1 \times h_2 \times h_3(\text{kcal/h}) \tag{2-1}$$

式中：U——直流电源电压(取 53.5 V)；

I——平均耗电电流(A)；

h_1——同时使用系数；

h_2——利用系数；

h_3——负荷工作均匀系数。

机房内通信设备的总功率，应以机房内各种设备的最大功耗之和为准，但这些功耗并未全部转换成热量，需要用以上三种系数来修正，这些系数又与通信设备的系统结构、功能有关，总系数一般取 0.6～0.8 之间为好。

机房总热量的计算公式为：

$$Q = Q_{机} \div 80\%$$

精确一点的计算包括机房中工作人员人体发出的热负荷以 120 W/人计，机房内使用的传输电缆的发热量以每米 10.03 W 计，照明用白炽灯的热量以 1.2 W 计，日光灯的热量以 1.0 W 计，墙壁、玻璃散热量以 30 W/m^2 计等。但一般简单的冷量估算以 300W/m^2 作为通信机房空调配置的标准参考值。

2.3　机房平面布置

2.3.1　机房布置顺序

1. 布置原则

通信机房一般采取功能分区布置原则，分主机房和辅助机房。主机房用于安装主体通信设备，辅助机房用来安装操作维护后台、人工座席、不间断电源和蓄电池组等配套设备。要求主机房和辅助机房分开，但必须安排紧凑，使连线尽量缩短。

机房最好设计成套间，里间装机器，外间为控制室，里外间的隔墙可做成铝型材玻璃墙或普通砖墙安装宽幅玻璃窗；操作维护台的布置应该使操作维护人员面对主体设备的正面，便于维护人员在外屋隔着玻璃观察机器的工作状况。

机房内设备布放一般包括多种形式，即矩阵形式布放、面对面形式布放和背靠背形式布放等，通常以矩阵形式布放居多。

设备应随机房格局，采用统一的列柜或承载机台(柜)布置，设备侧间距应根据使用、维护要求确定，保证设备距墙应不小于 0.8 m，室内走道净宽应不小于 1.2 m。

安装设备列柜时，设备上下间应留有空隙，特别是南方地区，应充分考虑设备的通风、散热、防潮和除湿等问题。

机房的电线电缆特别多，布线时必须全盘考虑。电源线、网线和中继电缆要分开布线，间距要符合标准。在适当的地方开好电缆进出机房的墙孔，墙孔大小应留有余量。

2. 机房平面设计要求

在安装机器之前，应首先进行机房的平面设计。在进行机房平面设计时应考虑以下因素。

(1) 机框排列的合理性，充分考虑到机架之间连线最短。

(2) 机框列之间的空间，包括机框与空调设备、墙壁以及门窗之间的空间应是多大，便于维护和空气流通。

(3) 机柜走线合理性，包括地线、电源线、网线、光纤和电话电缆的合理性。

2.3.2　程控机房布置

程控机房选用 ZXJ10B 程控交换设备，机柜排列及机房布置如图 2-2 所示，机柜名称及设备安装如表 2-1、2-2 所示。图 2-2 中各操作维护终端说明如下：A 为服务器终端；B 为操作维护终端；C 为计费终端；D 为故障申告终端。

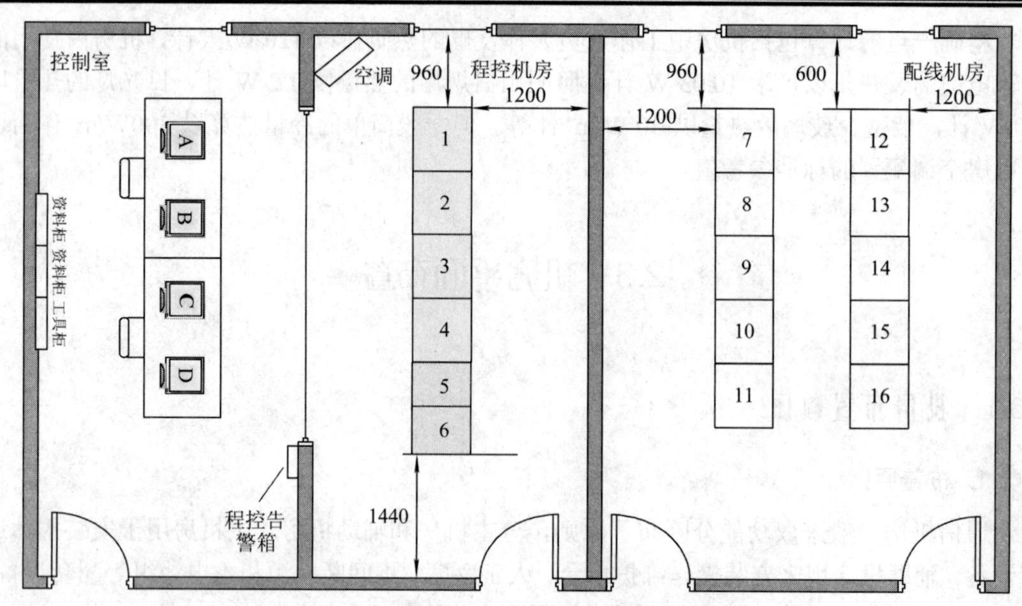

图 2-2 程控机房布置示意图

表 2-1 ZXJ10B 程控交换设备机柜名称表

序号	名　称	序号	名　称
1	ZXJ10B 机控制机柜	9	语音配线架 1
2	ZXJ10B 机用户机柜	10	语音配线架 2
3	ZXJ10B 机用户机柜	11	语音配线架 3
4	扩容机柜(备用)	12	语音配线架 4
5	网络配线架	13	语音配线架 5
6	直流分配柜	14	语音配线架 6
7	数字配线架 1	15	光配线架 1
8	数字配线架 2	16	光配线架 2

表 2-2 ZXJ10B 程控交换设备安装器材表

序号	名　称	规格型号	单位	数量	备注
1	程控电话交换机	ZXJ10B(W×D×H)：800×600×2000/mm^3	架	1	7680L+960DT
2	服务器	DELL	台	1	
3	网络交换机	H3C	台	1	
4	维护终端	DELL	台	1	
5	计费终端	DELL	台	1	
6	112 终端	DELL	台	1	
7	告警箱		个	1	
8	用户电缆 BY1	SBVV-32×2×0.4sn	根	240	
9	用户电缆 BY2	SBVV-32×2×0.4sn	根	240	
10	用户电缆 BY3	SBVV-32×2×0.4sn	根	240	
11	数字中继电缆	SYV75-2-2×8	对	8	

2.3.3　光传输机房布置

光传输机房中选用中兴 ZXM800、ZXMP-S390/380、ZXSM-150 和华为 Optix-2500+等光传输设备，机柜排列及机房布置如图 2-3 所示，机柜名称及设备安装如表 2-3 所示。操作维护终端说明如下：A 为中兴光传输设备网管系统 1；B 为中兴光传输设备网管系统 2；C 为华为光传输设备网管系统 1；D 为华为光传输设备网管系统 2。

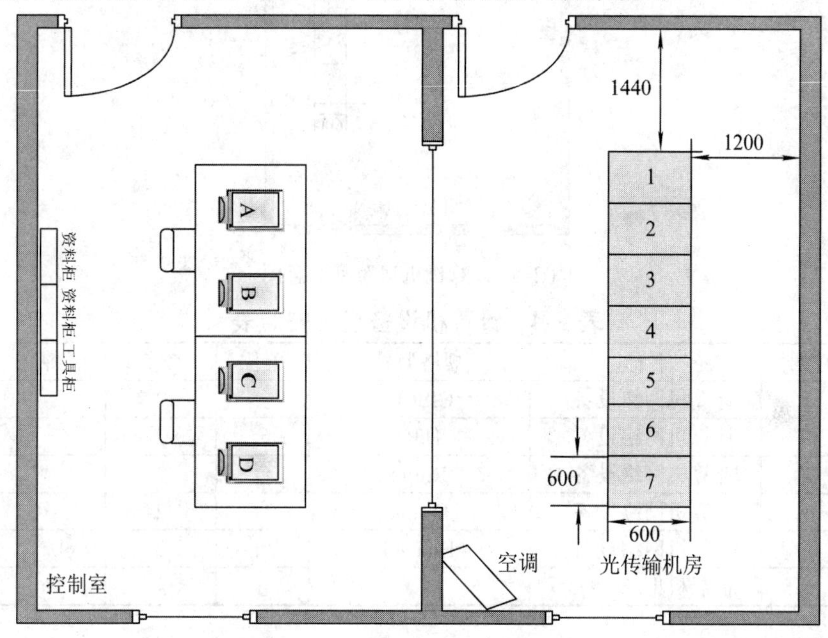

图 2-3　光传输机房布置示意图

表 2-3　光传输设备机柜安装表

序号	名　称	规格型号	单位	数量	备　注
1	光传输设备	ZXMP-S390	架	1	2.5G 光口 1 个， 622M 光口 4 个
2	光传输设备	ZXMP-S380	台	1	
3	光传输设备	ZXM800	台	1	
4	光传输设备	ZXSM-150	台	1	155M 光口 1 个
5	光传输设备	Optix-2500+	台	1	2.5G 光口 1 个，
6	扩展机柜(备用)		台	1	
7	直流电源分配柜	ZXDU3000/DC48V/200A	架	1	

2.3.4　计算机机房布置

计算机机房中选用 CISCO、H3C、Ruijie 等计算机网络设备，机柜排列及机房布置如图 2-4 所示，机柜名称及设备安装如表 2-4 所示。

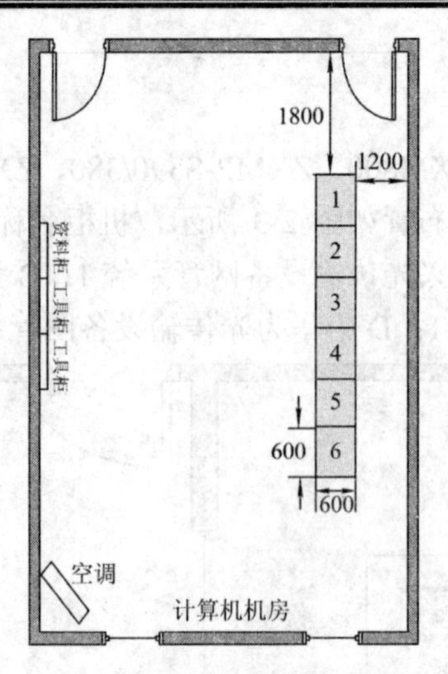

图 2-4　计算机机房布置示意图

表 2-4　计算机设备机柜安装表

序号	名称	规格型号	单位	数量	备注
1	计算机网络设备	CISCO	台	2	
2	计算机网络设备	H3C	台	2	
3	计算机网络设备	Ruijie	台	2	
4	计算机网络设备	D-link	台	2	
5	计算机网络设备	Huawei	台	2	
6	扩展机柜(备用)				

2.3.5　电源室布置

电源室负责机房集中供电，有交直流切换柜、整流电源机柜、蓄电池机柜等。电源设备选用中兴 ZXDU500 整流设备等，机柜排列及机房布置如图 2-5 所示，机柜名称及设备安装如表 2-5 所示。电源室操作维护终端说明如下：A 为直流电源维护终端。

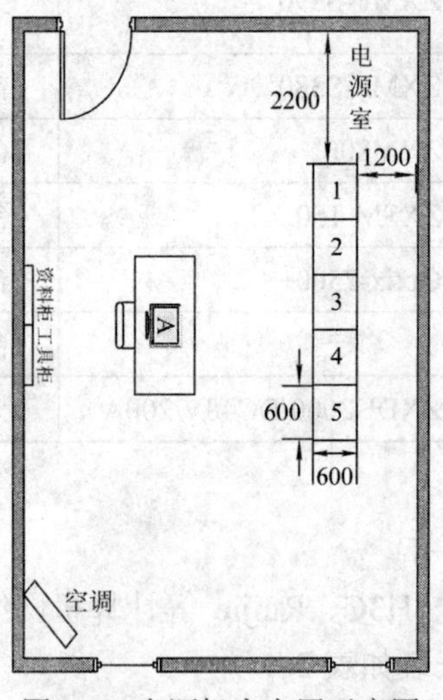

图 2-5　电源机房布置示意图

表 2-5　电源室设备机柜名称表

序号	名　称	规格型号	单位	数量	备注
1	交流切换柜		架	1	
2	整流电源机柜	ZXDU500	台	1	
3	直流输出柜		台	1	
4	蓄电池机柜		台	1	
5	空机柜		台	1	

习　　题

1. 简述通信机房地址选择要求。

2. 温湿度环境对通信设备有哪些影响？

3. 机房设备布放原则是什么？

4. 某程控交换设备机房容量为 2000 门，设备工作电流约为 15A，请你估算该机房需要配置多大容量的空调。

5. 某光传输设备机房中光传输设备的工作功率为 1000 W，机房面积为 40 m^2，维护人员 10 人，请你估算该机房需要配置多大容量的空调。

第3章 综 合 布 线

3.1 综合布线概述

3.1.1 综合布线概念

将建筑物或建筑群内部的语音、数据通信设备，信息交换设备，安防监控设备，建筑自动化管理设备及物业管理等系统的线缆进行统一管理、标准设计、综合布置的过程，称为综合布线。将彼此之间相连所构成的标准的、通用的、按一定秩序和内部关系构成的统一整体，称为综合布线系统。

因此，综合布线系统(Premises Distribution System，PDS)又称开放式布线系统(Open Cabling System)，是一种模块化的、灵活性极高的建筑物内或建筑群之间的信息传输通道或传输网络。

综合布线系统也能使建筑物内的信息通信设备与外部的信息通信网络相连接，以达到共享信息资源及更高的需求。

通常，综合布线系统由以下六个子系统组合而成：工作区子系统(WORK AREA SUBSYSTEM)、水平子系统(HORIZONTAL SUBSYSTEM)、垂直子系统(BACKBONE/RISER SUBSYSTEM)、设备间子系统(EQUIPMENT SUBSYSTEM)、管理子系统(ADMINISTRATION SUBSYSTEM)、建筑群子系统(CAMPUS SUBSYSTEM)。综合布线各子系统如图3-1所示。

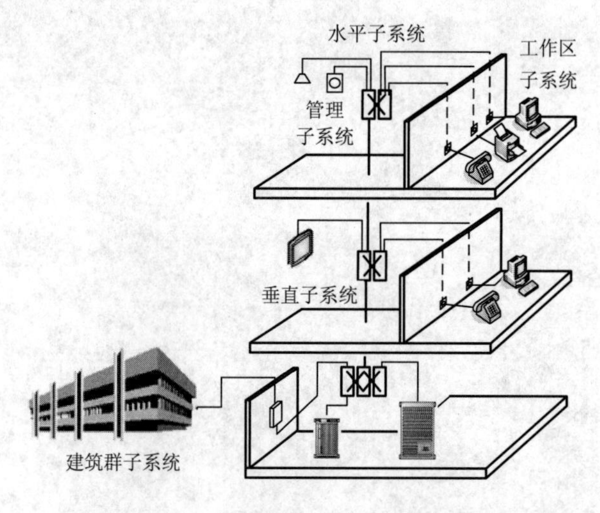

图3-1 综合布线各子系统示意图

总之，综合布线系统是建筑物智能化必备的基础设施，是一种开放式星型拓扑结构的预布线，不仅易于实施，而且能随需求的变化而平稳升级，并能够适应较长时间的需求。

3.1.2 综合布线发展

综合布线的起源与发展，与建筑物自动化系统密切相关，是在计算机技术和通信技术发展的基础上进一步适应社会信息化和经济国际化的需要，也是办公自动化进一步发展的结果。综合布线是建筑技术与信息技术相结合的产物，是计算机网络工程的基础。

传统布线，如电话线缆、有线电视线缆和计算机网络线缆都是各自独立的，各系统分别由不同的厂商设计和安装，布线采用不同的线缆和不同的终端插座。由于各个系统的终端插座、终端插头和配线架等设备都无法兼容，所以当办公布局及环境改变时和设备移动或新技术的发展需要更换设备时，就必须重新布线。这样既增加了新电缆资金的投入，而留下不用的旧电缆，天长日久，导致建筑物内出现一堆堆杂乱的线缆，造成很大的隐患，并且维护不便，改造十分困难。

早在50年代初期，一些发达国家就在高层建筑中采用电子器件组成控制系统，各种仪表、信号灯以及操作按键通过各种线路分散接至在现场各处的机电设备上，以用来集中监控设备的运行情况，并对各种机电系统实现手动或自动控制。由于电子器件较多，线路又多又长，因此控制点数目受到很大的限制。随着微电子技术的发展，建筑物功能的日益复杂化，到了60年代，开始出现数字式自动化系统。70年代，建筑物自动化系统迅速发展，采用专用计算机系统进行管理、控制和显示。80年代中期开始，随着超大规模集成电路技术和信息技术的发展，出现了智能化建筑物。1984年首座智能建筑在美国出现后，传统布线的不足就更加暴露出来。

随着全球社会信息化与经济国际化的深入发展，人们对信息共享的需求日趋迫切，因此需要一个适合信息时代的布线方案。美国康普(前身为Lucent、Avaya和AT&T)的贝尔(Bell)实验室的专家经过多年的研究，在办公楼和工厂试验成功的基础上，于20世纪80年代末率先推出建筑与建筑群综合布线系统(SYSTIMAXTMPDS)，并于1986年通过了美国电子工业协会(EIA)和通信工业协会(TIA)的认证，于是综合布线系统很快得到世界的广泛认同并在全球范围内推广。此后，美国安普(AMP)公司、美国西蒙(SIEMON)公司、，加拿大NORDX(原北方电讯 Northern Telecom)公司、法国耐克森(Nexans)(原 Alcatel 的电缆及部件公司)、德国科隆 KRONE 公司等也都相继推出了各自的综合布线产品。

我国在80年代末期，也开始引入综合布线系统，随着综合布线系统在国内的普及，国内厂家如成都大唐、南京普天、TCL、深圳日海通讯、上海天诚线缆集团等也大量生产综合布线产品，国内综合布线产品在技术上虽然还与国外著名厂商有些差距，但基本上达到综合布线系统的标准和要求，因此在性能指标和价格都满足要求的情况下，可以优先选择国内的综合布线产品。

现代建筑物和综合办公楼的信息传输通道系统(布线系统)已不仅仅要求能支持一般的语音传输，还应能够支持多种计算机网络协议及多种厂商设备的信息互联，并可适应各种灵活的、容错的组网方案，因此一套开放的、能全面支持各种系统应用(如语音系统、数据通信系统、建筑自控和保安监控等)的综合布线系统，是现代化建筑中必不可少的。所以，综合布线系统是跨学科跨行业的系统工程，随着 Internet 网络和信息高速公路的发展，各国的政府、教育、国防、交通、能源、电子、建筑、通信和金融等行业也都在针对自己的建筑特点，进行综合布线，以适应新的需要。搞智能化大厦、智能化小区已成为新世纪的主要内容。

3.1.3 综合布线标准

综合布线系统的标准很多，按照标准及范畴不同可分为元件标准、应用标准和测试标准。按照制定标准的组织团体不同来分，主要有美国 ANSI TIA\EIA-568A\B\C、国际 ISO\IEC ISO 11801-2002、欧共体 CENELEC NE 50173、加拿大 CSA T529、中国 GB T50312-2007 和 GB T50311-2007 等。

综合布线系统标准为布线电缆和连接硬件提供了最基本的元件标准，使得不同厂家生产的产品具有相同的规格和性能。这一方面有利于行业的发展，另一方面使消费者有更多的选择余地以提供更高的质量保证。如果没有这些标准，电缆系统和网络通信系统将会无序地、混乱地发展。无规矩不成方圆，这就是标准的作用，而标准只是对我们所要做的，提出一个最基本、最低的要求。在所有标准中一般都会分为强制性标准和建议性标准两类。所谓强制性标准是指所有要求必须完全遵守，而建议性标准是也许、可能或希望达到的。强制性标准通常适于保护、生产、管理和兼容，它强调了绝对的最小限度可接受的要求，建议性标准通常针对最终产品，用来在产品的制造中提高生产率。建议性的标准还为未来的设计要努力达到特殊的兼容性或实施的先进性提供方向。

在对布线系统布线的设计、硬件、安装和现场测试时，无论是强制性的要求还是建议性的要求，都应是同一标准的技术规范，否则就会出现差异。

我国综合布线系统常用的标准及规范如下：

(1) 美国电子工业协会/通信工业协会 EIA/TIA568 工业标准及国际商务建筑布线标准；

(2) 建筑通用布线标准 ISO/IEC11801；

(3) 建筑布线安装规范 CENELECEN50174；

(4) 电器及电子工程师学会 IEEE802 标准；

(5) 中华人民共和国邮电部标准：建筑与建筑群综合布线系统设计要求与规范 YD/T 926.1，926.2；

(6) 中华人民共和国国家标准《综合布线系统工程设计规范》 GB 50311—2007；

(7) 中华人民共和国国家标准《综合布线系统工程验收规范》 GB 50312—2007；

(8) 市内电信网光纤数字传输工程设计技术规范；

(9) 中华人民共和国保密指南《涉及国家秘密的计算机信息系统保密技术要求》 BMZ1-2000。

3.2 综合布线工程设计

3.2.1 综合布线设计原则

综合布线系统是随着信息交换的需求而出现的一种产业，而国际信息通信标准是随着科学技术的发展，逐步修订、完善的。综合布线这个产业也是随着新技术的发展和新产品的问世，逐步完善而趋向成熟，所以在设计智能化建筑的综合布线系统时，提出并研究近期和长远的需求是非常必要的。

目前，国际上各综合布线产品都只提出多少年质量保证体系，并没有提出多少年投资保证，为了保护投资者的利益，应采取“总体规划，分布实施，水平布线一步到位”的设计原则，以保护投资者的前期投资。

从图3.1可以看出，建筑物中的主干线大多数都设置在建筑物弱电井中的垂直桥架内，更换或扩充比较容易，而水平布线是在建筑物的吊顶内或预埋管道里，施工费用高于初始投资的材料费，而且若要更换水平线缆，就有可能损坏建筑结构，影响整体美观。

因此，在设计水平子系统布线时，尽量选用档次较高的线缆及连接件(如选用1000 Mb/s的水平双绞线)，以保证用户在需要高速通信的时候不需要更换更高性能的水平布线系统，进而保护了投资者的前期投资。

但是，在设计综合布线系统时，也一定要从实际出发不可盲目追求过高的标准，以免造成浪费，使系统的性价比降低。虽然科学技术的发展日新月异，很难预料今后科学发展的水平，但是只要管道、线槽设计合理，更换线缆就相对比较容易。

设计一个合理的综合布线系统工程一般有以下七个步骤。

(1) 分析用户需求。

(2) 获取建筑物平面图。

(3) 系统结构设计。

(4) 布线路由设计。

(5) 可行性论证。

(6) 绘制综合布线施工图。

(7) 编制综合布线材料清单。

具体设计中的细节，可用图3-2设计流程图来描述(仅供参考)。

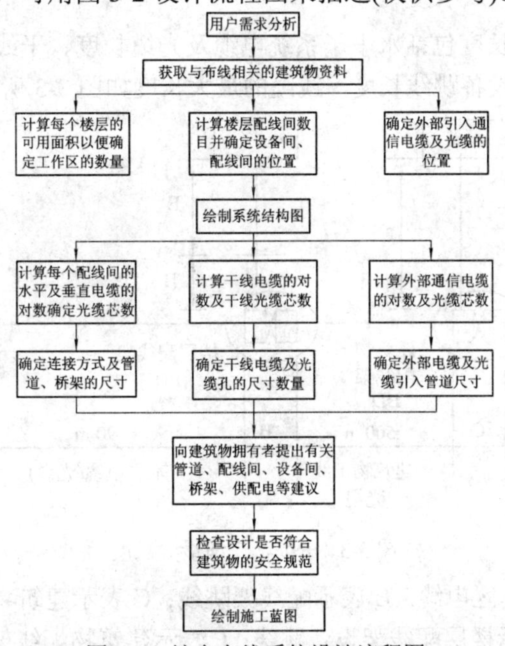

图3-2　综合布线系统设计流程图

3.2.2 综合布线系统设计

1. 布线系统的配置

1) 电缆

综合布线的电缆分为水平铜缆、干线铜缆、软跳线、设备连接线缆五种。以上所有线缆及连接硬件都应符合有关产品标准的要求，以及构成的通道符合通道测试标准的有关要求。

根据双绞线电缆的特性阻抗(100 Ω)及性能，综合布线的电缆可分为以下几类：

(1) 三类双绞线电缆：其传输性能支持 16 MHz 以下的应用。一般使用在语音信息传输及低速数据传输的应用中。

(2) 四类双绞线电缆：其传输性能支持 20 MHz 以下的应用。目前已不采用。

(3) 五类双绞线电缆：其传输性能支持 100 MHz 以下的应用。一般使用在语音信息传输及数据传输的应用中。

(4) 超五类双绞线电缆：其传输性能支持 100 MHz 及 622 MHz 的 ATM 应用。一般使用在语音信息传输及高速数据传输的应用中。

(5) 六类双绞线电缆：其传输性能支持 1000 MHz 以下的应用。一般使用在视频信息传输及超高速数据传输的应用中。

(6) 七类双绞电缆：其传输性能支持支持万兆以太网及未来 40 G 或 100 G 以太网的应用。一般使用在视频信息传输及密集型高速数据传输的应用中。

在综合布线的设计中，设计工程师需要牢记的一点是，在一个布线通道中严禁使用不同类型的线缆及连接部件，因为标准规定在同一布线通道中使用不同类别的部件，该通道的传输特性由最低类别的部件决定。

2) 布线系统光(电)缆及长度

综合布线系统线缆长度包括水平子系统电缆及光缆长度、干线子系统的电缆及光缆长度、工作区电缆长度和设备跳线长度。线缆的最大长度如图 3-3 所示。

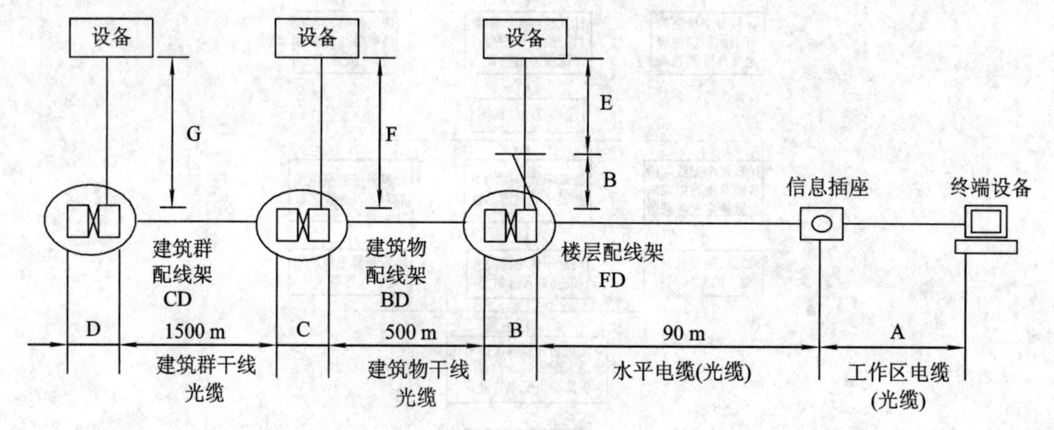

图 3-3 电缆、光缆最大长度

注：① A 表示工作区电缆；B 表示配线架跳线；C 表示建筑物配线架跳线；D 表示建筑群配线架跳线；E 表示楼层配线架设备跳线；F 表示建筑物配线架设备跳线；G 表示建筑群配线架设备跳线。

② A+B+E≤10 m，即工作区线缆、配线架跳线和设备跳接软线的总长度小于等于10 m。

③ C+D≤20 m，即建筑物配线架和建筑群配线架中的跳线总长度小于等于20 m。

④ F+G≤30 m，即建筑物配线架和建筑群配线架中的设备软跳线总长度小于等于30 m。

在设计综合布线干线子系统时(包括建筑群干线子系统和建筑物干线子系统)，应根据以太网传输协议及用户对网络干线的传输需求，确定采用的干线子系统的传输介质。表3-1列出了铜缆水平子系统的传输带宽与传输距离的对照，表3-2列出了光缆干线子系统的传输带宽与传输距离的对照(供设计参考)。

表3-1 铜缆水平子系统的传输带宽与传输距离的对照

序号	铜缆类型	传输带宽/(Mb/s)	最大传输距离/m
1	三类双绞线	10	90
2	超五类双绞线	100	90
3	六类双绞线	1000	90
4	七类双绞线	10000	90

表3-2 光缆干线子系统的传输带宽与传输距离的对照

序号	光缆类型	传输带宽(Mb/s)	波长/nm	最大传输距离/m
1	62.5/125 多模	100	850	2000
2	62.5/125 多模	1000	850	275
3	50/125 多模	1000	850	550
4	8.3/125 单模	100	1550	40000
5	8.3/125 单模	1000	1550	5000

3) 配线架

综合布线系统的配线架是用来端接双绞线的一种布线部件，一般情况下，建筑物的每层楼设一组楼层配线架，当楼层的面积超过1000 m^2时，可增加一组楼层配线架，当某一层的信息点很少时(例如宾馆的大厅、标准客房、会议室等)，可不单独设置楼层配线架，与相邻楼层的配线架合并使用。

4) 信息插座

信息插座应按照综合布线设计等级和用户需求设置，从目前综合布线的普及与使用情况来看，每个工作区宜设两个或两个以上信息插座。信息插座的安装方式一般为墙壁暗装、墙壁明装、地面暗装和静电地板下明装，无论那种安装方式，其安装的位置要便于使用。

5) 配线间和设备间

配线间内安装有配线架和必要的有源设备(例如网络交换机)，配线间的位置应设置在建筑物的弱电竖井内或靠近弱电竖井的房间内。

设备间内应放置电信设备(例如用户程控交换机)及应用设备(例如网络核心交换机、应用服务器等)，需安装配线架(例如光缆配线架、通信干线电缆配线架等)。设备间的面积应大于配线间的面积，应有保证设备正常运行的环境。

6) 线缆保护

建筑群干线电缆，干线光缆以及公用网和专用网的电缆、光缆，在进入建筑物时，都应引入保护设备或装置。这些引入电缆、光缆在经过保护设备或装置后，转换为室内电缆、光缆。引入设备或装置的设计与施工应符合国家、邮电、建筑等部门的有关标准。

7) 接地及其连接

综合布线系统的接地及其连接应符合邮电部 GBJ79-85《工业企业通信接地设计规范》、国家标准 GB50311－2007《综合布线系统工程设计规范》的要求。在应用系统有特殊要求时，还要符合设备生产厂商的要求。

2. 工作区子系统设计

在综合布线系统中，将一个独立的需要设置终端设备的区域称为一个工作区。综合布线系统中工作区是由终端设备及连接到水平子系统信息插座的连接线(或软跳线)等组成。工作区的终端设备可以是电话机、计算机、网络打印机和数字摄像机等，也可以是控制仪表、测量传感器、电视机及监控主机等设备终端。工作区的连接线缆是非永久性的，是随终端设备的移动而移动的。图 3-4 为工作区子系统的示意图。

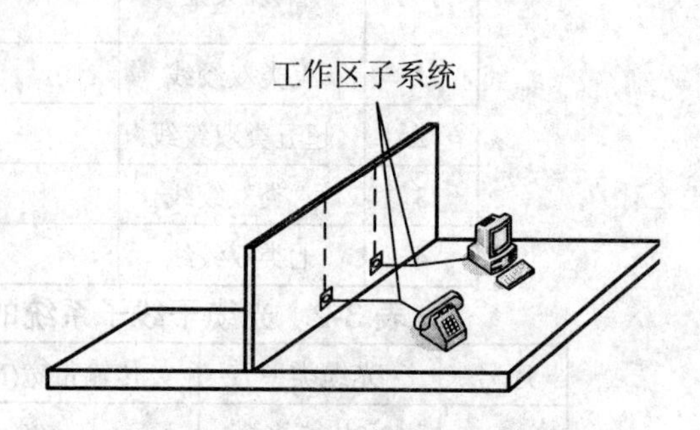

图 3-4　工作区子系统示意图

工作区信息点的数量，主要涉及到综合布线系统的设计等级问题，如果按基本型设计等级配置，那么每个工作区只有一个信息插座，即单点结构。如果按增强型或综合型设计等级配置，那么每个工作区就有两个或两个以上的信息插座。

另外，一栋大中型建筑从土建施工到交付使用一般需要 1～2 年的时间，在这段时间里新技术新应用还会不断出现，考虑到这种因素的存在以及我们所完成的布线项目的实际情况，建议在确定工作区信息点数量后增加 2%～3%的余量。

在确定设计等级和工作区的数量之后，建筑物信息点的数量就不难计算了。以下为信息点数量的估算公式：

$$M = Z \times N + (Z \times N) \times R \tag{3-1}$$

式中：M 为建筑物总信息点数；Z 为工作区总数量；N 为单个工作区配置的信息插座个数，其取值可为 1、2、3 或 4；R 为余量百分数，其取值可为 2%～3%。

3. 水平布线子系统设计

水平子系统由连接各工作区的信息插座模块、信息插座模块至各楼层配线架之间的电缆和光缆、配线间的配线设备和跳线等组成，水平子系统示意图 3-5 所示。水平子系统的设计涉及到水平布线子系统的传输介质及组件的集成，水平布线子系统的传输介质包括铜缆和光缆，组件包括 8 针脚模块插座以及光纤插座，它们被用来端接工作区的铜缆和光缆。

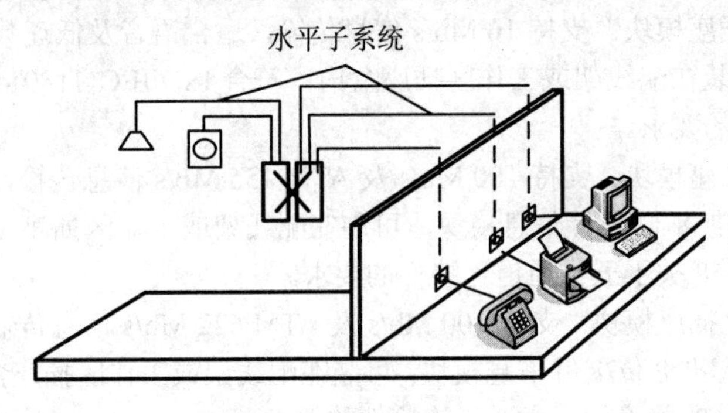

图 3-5 水平子系统示意图

1) 水平子系统的设计步骤

(1) 根据用户对建筑物综合布线系统提出的近期和远期的设备需求。

(2) 根据建筑物建筑平面图，确定建筑物信息插座的数量、类型及安装位置。

(3) 确定每个布线区的电缆类型及计算电缆长度。

(4) 确定每个布线区的布线方式及布线路由图。

(5) 为确认的水平布线子系统订购电缆和其他材料。

水平子系统的电缆宜采用 4 对双绞线作为传输介质，包括非屏蔽双绞线和屏蔽双绞线(在干扰源很强及保密要求极高的场合中使用)。但在某些需要高速率数据交换(如设计部门、企业服务器等)的地方，可采用光纤作为传输介质，也就是通常所说的光纤到桌面(FTTD)。

根据综合布线系统的要求，水平子系统的电缆(或光缆)应在配线间或设备间的配线装置上进行连接，以构成语音、数据、图像、建筑物监控等系统，并通过配线管理子系统进行管理。

为适应新技术的发展，建议水平子系统的传输介质双绞线，采用超五类或六类以上铜缆及相应的信息模块，把光缆到桌面作为选项。

2) 典型的水平子系统布线子系统

典型的水平子系统布线和工作区终端设备的连接如图 3-6 所示。

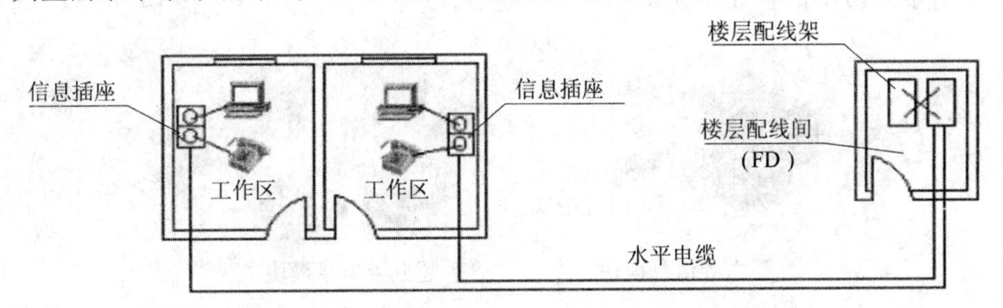

图 3-6 终端设备与水平布线的连接

(1) 信息插座。每个工作区至少要配置一个安装信息插座的插座盒，以便安装单孔或双孔信息插座，对于工作区信息流量较大的工作区，应增加信息插座的插座盒。信息插座的类型有多种，其安装方式也各不相同，按安装方式分，有嵌入式(暗装)和表面安装式(明装)两种。通常在新建筑物采用嵌入式信息插座，而已有的建筑物宜采用表面安装式信息插座，也可采用嵌入式信息插座。按信息插座的性能差别，又有以下类型可供选择。

① 三类信息插座模块。支持 16 Mb/s 信息传输，适合语音及低速数据应用；标准 8 位/8 针信息模块，可装在配线架或工作区插座盒内；符合 ISO/IEC 11801 及 TIA/EIA 568 关于三类通道连接件的要求。

② 五类信息插座模块。支持 100 Mb/s 及 ATM 155 Mb/s 信息传输，适合语音、视频及中速数据应用；标准 8 位/8 针信息模块，可装在配线架或工作区插座盒内；符合 ISO/IEC 11801 及 TIA/EIA 568 关于五类通道连接件的要求。

③ 超五类信息插座模块。支持 100 Mb/s 及 ATM 622 Mb/s 信息传输，适合语音、视频及高速数据应用；标准 8 位/8 针信息模块，可装在配线架或工作区插座盒内；符合 ISO/IEC 11801 及 TIA/EIA 568 关于超五类通道连接件的要求。

④ 六类信息插座模块。支持 1000 Mb/s 信息传输，适合语音、视频及高速数据应用；标准 8 位/8 针信息模块，可装在配线架或工作区插座盒内；安装方式有 45º 或 90º；符合 ISO/IEC 11801 及 TIA/EIA 568 关于六类通道连接件的要求。

⑤ 七类信息插座模块。支持 10 Gb/s 信息传输，适合视频及高速数据应用；标准 8 位/8 针信息模块，可装在配线架或工作区插座盒内；安装方式有 45º 或 90º；符合 ISO/IEC 11801 及 TIA/EIA 568 关于七类通道连接件的要求。

⑥ 屏蔽插座信息模块。屏蔽插座信息模块分为超五类及六类两种；支持 100 Mb/s 及 1000 Mb/s 信息传输，适合语音、视频及高速数据应用；标准 8 位/8 针信息模块，可装在配线架或工作区插座盒内；符合 ISO/IEC 11801 及 TIA/EIA 568 关于屏蔽通道连接件的要求。

⑦ 光纤插座(FJ)模块。支持 100 Mb/s 及 1000 Mb/s 信息传输，适合高速数据及视频应用；光纤信息插座有单工、双工两种，连接头类型有 ST、SC 及 LC 三种；可装在配线架或工作区插座盒内；符合 ISO/IEC 11801 及 TIA/EIA 568 关于光纤通道连接件的要求；现场端接或熔接。

⑧ 多媒体信息插座。支持 100 Mb/s 及 1000 Mb/s 信息传输，适合高速数据及视频应用；可安装 RJ-45 插座或 SC、ST、LC 和 MIC 型等耦合器；带铰链的面板底座，满足光纤弯曲半径要求；符合 ISO/IEC 11801 及 TIA/EIA 568 关于铜缆及光纤通道连接件的要求。

图 3-7 所示为常用信息插座模块。

六类信息模块

超五类信息模块

六类屏蔽模块

多媒体信息模块

图 3-7　常用信息插座模块

(2) 水平子系统的线缆。水平子系统的线缆是信息传输的介质，按类型可分为铜缆和光缆两类。铜缆可分为4对铜缆、大对数铜缆(25对、50对、100对)，光缆可分为多模光缆(62.5/125 μm、50/125 μm)和单模(9/125 μm)。

选择水平子系统的线缆，要依据建筑物信息的类型、容量、带宽、传输速率和用户的需求来确定。在水平子系统中推荐采用的铜缆及光缆的类型有如下几种。

① 100 Ω 双绞线，其中4对双绞线、25、50和100对双绞线。

② 62.5/125 μm 多模光纤(Multi Mode Fiber)。

③ 50/125 μm 多模光纤(Multi Mode Fiber)。

④ 9/125 μm 单模光纤(Single Mode Fiber)。

在水平子系统中采用双绞线电缆时，根据需求可选用非屏蔽双绞线电缆或屏蔽双绞线电缆，也可以采用铜缆和光缆混合方式。随着电子技术的发展，应用系统的设备输出端口都已使用标准接口，如RJ-45插座。下面推荐几种水平子系统传输介质选用的解决方案。

① 三类解决方案。三类双绞线的带宽为16 MHz以下，这样就限制了三类铜缆只能使用在低速的应用中，三类铜缆不能保证高速的数据应用，所以一般只用在电话信息传输中。

② 超五类解决方案。超五类双绞线的带宽为100 MHz以下，是在1996年推出的产品。超五类铜缆能够提供高性能的传输和将来发展的需要。所以一般用在数据、视频信息传输中。

③ 六类解决方案。六类双绞线的带宽为1000 MHz，所以可组成高性能的布线系统，并能提供最高电气传输性能，同时也能提高布线系统的灵活性和保证将来的应用。所以用在高速数据应用、视频应用、数字监控系统等信息量较大的应用中。目前六类铜缆水平布线子系统将成为综合布线系统的主流传输介质。

④ 七类解决方案。七类双绞线是ISO 7类/F级标准的一种双绞线，主要为了适应万兆位以太网技术的应用和发展，而且是一种屏蔽双绞线，可提供至少500 MHz的综合衰减对串扰比和600 MHz的整体带宽，传输速率可达10 Gb/s，适用于高速数据、视频传输应用。

⑤ 屏蔽解决方案。屏蔽双绞线铜缆，一般使用在电磁干扰较大以及数据保密要求比较高的应用中。如政府部门、部队指挥中心、航空航天监测控制以及国防科研等单位。

⑥ 多模光缆解决方案。多模光缆可分为两种，一种是62.5/125 μm的光缆，可支持高达2 Gb/s～5 Gb/s的应用，其支持的速率和距离有关，是保证目前及未来应用的光纤到桌面解决方案，在光纤单点管理系统中，这种类型的光缆水平布线距离不要超过300米；另一种是50/125 μm的光缆，它的模式带宽比普通62.5/125 μm光缆的高，可以支持10 Gb/s的应用，虽然主要用在楼内主干，也可用在水平子系统中。多模光缆作为水平子系统的传输介质，主要是为了很好的支持一些诸如CAD/CAM或图像等高速应用。

⑦ 单模光缆解决方案。9/125 μm单模光纤可以支持更为高速的应用，因为支持单模光纤的有源设备价格较高，所以较少应用在水平子系统中的光纤到桌面。

另外，在水平子系统电缆的选型时，应针对建筑物的不同防火法规，选择相应等级的水平子系统电缆。

(3) 水平布线电缆用量的估算。设建筑物中服务区域的信息插座数：H = 200个，水平子系统的布线路由及参数如图3-8所示。

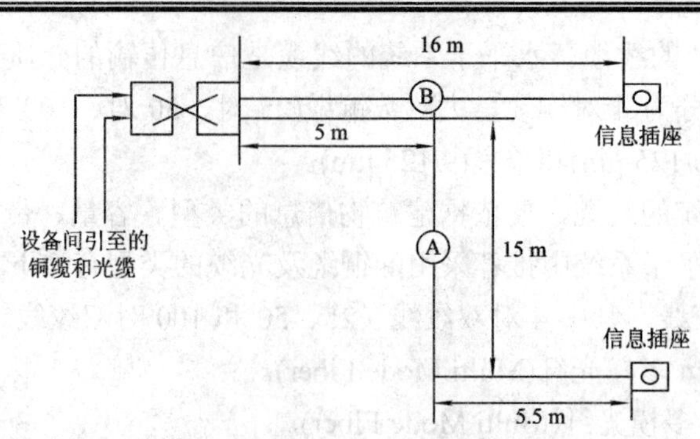

图 3-8　水平子系统布线用量估算方法

图中：A = 5 m + 15 m + 5.5 m = 25.5 m，B = 16 m；平均长度为 AL = (A + B)/2 = 20.75 m；10%浮动电缆为 S = AL × 10% = 2.75 m；端接容差为 C = 6 m；工作区落差为 D = 4.5 m；总平均长度为 T = AL + S + C + D = 34 m；每箱电缆走线数为 N = 305 m ÷ T = 8.9 (箱)(取 9 个信息点)；服务区域信息点数为 H = 200(个)；服务区域电缆用量为 M = H ÷ N = 22.2(箱)；取整为该服务区域水平子系统用双绞电缆量为 22 箱。

(4) 水平子系统的布线方式。水平布线是将电缆从配线间连接到工作区的信息插座上，这对于综合布线系统设计工程师来说，就是要根据建筑物的结构特点、用户的需求、布线路由最短、工程造价最低、施工方便以及布线规范等诸多方面考虑，才能设计出合理的、实用的布线系统。

在新的建筑物中，所有的管道和电缆都是预埋的(包括强电电缆、建筑控制电缆、消防电缆、保安监控电缆、有线电视电缆等)，所以建筑物中的预埋管道就比较多，往往要遇到一些具体问题，因此在综合布线系统设计时应考虑到这些问题，并与相应的专业设计人员配合，选取最佳的水平布线方式。

水平子系统的布线方式一般可分为三种，即直接埋管方式、吊顶内线槽和支管方式以及适合大开间的地面线槽方式。其它布线方式都是这三种方式的改良型或综合型。

4. 垂直子系统的设计

垂直子系统是建筑物内综合布线的主馈电缆，是用于楼层之间垂直线缆的统称，垂直子系统布线方式为星型物理拓扑结构。图 3-9 是垂直子系统的示意图。

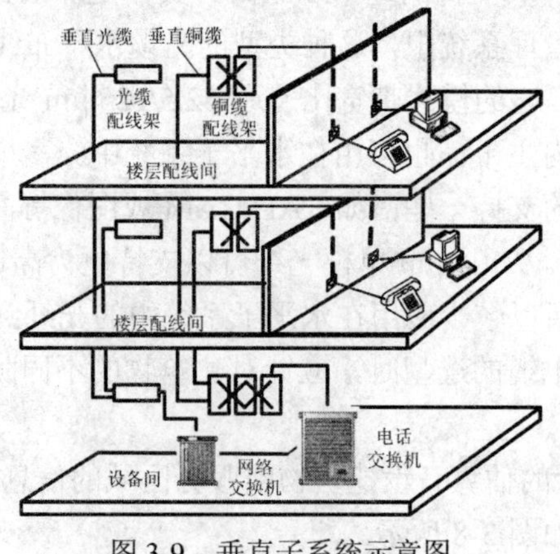

图 3-9　垂直子系统示意图

在垂直干线子系统的设计中，应符合以下要求。

(1) 垂直布线走向应选择最短、最安全的路由。

(2) 语音和数据的主干电缆应分开设计。建议设计铜缆传输语音信号，光缆传输数据信号。

(3) 主干铜缆、主干光缆的设计应按星型物理拓扑结构。

(4) 垂直子系统不允许有转接点。

(5) 干线电缆可采用点对点端接，也可采用分支递减连接。

(6) 建筑物主干线缆(含光缆)的最大长度不应超过500 m。

垂直子系统的设计有以下几个步骤。

(1) 确定垂直子系统的规模。

(2) 计算每个配线间的干线。

(3) 估算整个建筑物的干线。

(4) 确定从每个楼层配线间到设备间的干线电缆路由。

(5) 确定干线电缆的结合方法。

5. 设备间子系统设计

设备间是每座建筑物用于安装进出口设备、进行应用系统管理和维护的场所。设备间可放置综合布线系统的进出线连接件(配线架)并提供管理语音、数据、监控图像、建筑控制等应用系统设备的场所。

设备间的位置及大小应根据建筑物的结构、综合布线规模和管理方式以及应用系统设备的数量等进行综合考虑，择优选取。在高层建筑物内，设备间宜设在第二或第三层，高度为3～18 m。典型的设备间如图3-10所示。

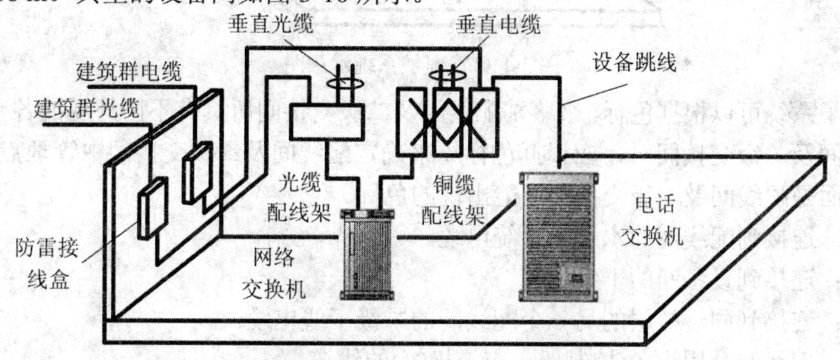

图3-10 设备间子系统示意图

设备间的主要设备，如电话用户程控交换机、数据处理及应用服务器，网络核心交换机等设备，它们可以放在一起，也可分别设置。在较大型的综合布线中，一般将计算机主机、用户程控交换机、建筑物自动化控制设备分别设置机房，把与综合布线密切相关的硬件或设备放在设备间，但计算机网络系统中的互连设备，如路由器、交换机等，距设备间的距离不宜太远。

6. 管理子系统的设计

管理子系统通常由配线架和相应的跳线组成，它一般位于一栋建筑物的中心设备机房和各楼层的配线间，在这里用户可以在配线架上灵活地改变、增加、转换和扩展线路。

管理线缆和连接件的区域称为管理区。管理子系统包括配线架(包括设备间、二级交换间)和工作区的线缆、配线架及相关接插件等连接硬件以及交接方式、标记和记录。

管理区提供了子系统之间连接的手段，使整个综合布线系统及其连接的系统设备、器件等构成了一个有机的应用系统。综合布线管理人员可以通过在配线架区域调整交接方式，使整个应用系统有可能安排或重新安排线路路由，使传输线路延伸到建筑物的各个工作区。所以说，只要在配线连接区域调整交接方式，就可以管理整个应用系统终端设备，从而实现了综合布线系统的灵活性、开放性和扩展性。管理子系统示意如图 3-11 所示。

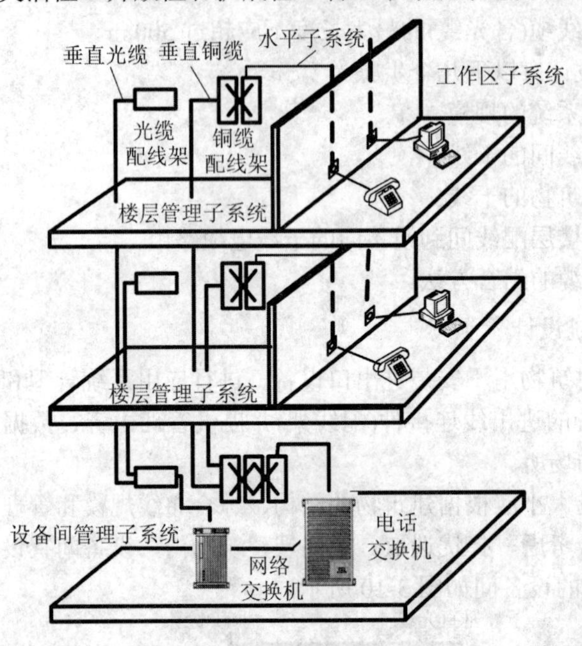

图 3-11　管理子系统示意图

管理子系统可以根据色标，来鉴别配线间及二级交接间所具有不同外观的各个子系统。设计配线间及二级交接间时，应根据色标场来确定配线间及二级交接间中管理点所要求的规模。下面是配线间及二级交接间可能出现的色标。

蓝色：连接到配线间的水平子系统电缆。

白色：连接到设备间的干线电缆。

灰色：连接到同一楼层的另一个配线间的二级干线电缆。

紫色：配线间公用设备(控制器、交换机等)的线缆。

7. 建筑群子系统设计

一个企业或一所学校，园区内一般都有几栋相邻的建筑群或不相邻的建筑物，它们彼此间有相关的语言、数据、视频图像和监控等应用系统，而这些系统的传输介质和各种支持设备(硬件)连接在一起，组成相关的信息传输通道，其连接各建筑物之间的传输介质和各种支持设备(硬件)组合成综合布线系统建筑群子系统。

建筑群之间可以通过其他的通讯方式进行连接，如无线通信系统、微波通信系统等，但因这些应用系统的传输速率、带宽限制以及易受到干扰等原因，应用面比较小，而利用有线传输的方法可以解决传输速率及带宽限制，是目前使用最广的一种方式，尤其是以太网的应用，其主干可达到 10 Gb/s。

3.2.3 综合布线产品选用

国际综合布线产品厂商主要有：康普公司、AMP(安普)、NORDX/CDT(丽特)、SIEMON(西蒙)、Nexans(耐克森)、3M(明尼苏达矿业及制造有限公司)、Krone(科龙)、Datwyle(德特威勒)、PANDUIT(泛达)、Corning(康宁)、Rosenberger(罗森伯格)等。

国内综合布线产品厂商主要有：中国普天、TCL－罗格朗、大唐电信、Wonderful(万泰)、DINTEK(鼎志)等。

为用户选型方便，下面简单介绍几种常见产品特点。

1. 康普公司

2004 年 1 月收购了 Avaya 连接解决方案业务，即 SYSTIMAX(R)的解决方案，而在 2001 年就收购了其光纤解决方案的业务，在企业综合布线系统作为世界领先的、全球公认的解决方案，成为了康普公司的一部分。

作为产品供应商，康普公司严格挑选具有一流信誉和实力的分销商及系统集成商，他们分布于全国各省市。各分销商除确保客户随时有充足货源外，还提供完善的技术支援；各分销商除提供技术培训课程，还交流最新的产品与技术资料。

典型应用如下：

(1) SYSTIMAX GigaSPEED X10D 万兆铜缆解决方案；

(2) SYSTIMAX GigaSPEED XL 千兆铜缆解决方案；

(3) SYSTIMAX PowerSUM 超五类铜缆解决方案；

(4) SYSTIMAX FTP 屏蔽铜缆解决方案；

(5) SYSTIMAX OptiSPEED 光纤解决方案；

(6) SYSTIMAX LazrSPEED 万兆光纤解决方案；

(7) SYSTIMAX iPatch 电子配线架；

(8) SYSTIMAX TeraSPEED 全波光纤及其方案；

(9) SYSTIMAX Cable Manager 布线管理软件。

综合布线系统分布在国内的大型项目、邮电、政府和商业大厦。如上海金茂大厦、中央电视台、上海证券大厦、珠海机场、新上海国际大厦、云南省保险大楼和四川国际金融大厦等。

2. AMP(安普)

美国安普公司号称当今世界上生产电子/电气连接器的领导企业，它创立于 1941 年，总部位于美国宾夕法尼亚州的哈里斯堡，美资安普公司于 1979 年在香港成立，是安普公司的全资附属机构，对于中国的发展非常积极，在上海、广州、深圳、北京、长春、武汉、重庆及西安均设有办事处，以确保提供更快更新的产品给用户。

在系统保证方面，安普公司提供 25 年的保证期，即保证所有的布线连接系统在 25 年内满足 TIA/EIA 568A 和 ISO/IEC 关于衰减、近端串扰(即衰减/串扰比取值)的要求。

典型应用如下：

(1) NETCONNECT 六类、七类布线系统；

(2) NETCONNECT 超五类布线系统；

(3) NETCONNECT XG 10G 以太网系统；

(4) NETCONNECT 光缆布线系统。

安普公司的 NETCONNECT 综合布线系统已遍及东南西北，如中国三峡工程建设管理指挥中心、北京月坛大厦、上海净安花园、上海万人体育馆、青岛市人民政府等。

3. NORDX/CDT(丽特)

丽特网络科技公司总部设在加拿大蒙特利尔市，业务遍及全球 35 个国家。公司在北美、拉丁美洲、欧洲、中东和亚太地区设有技术支持、销售、市场及客户服务部，并在美国、加拿大和其它地方共设有 21 处工厂，进行生产、研究、开发及质量管理。CDT 公司作为全球最有实力的线缆设计制造集团，在光缆和铜缆、结构化布线系统和线缆管理方案的设计、开发和生产方面的实力雄厚，并以先进的数据传输技术在业界享有盛誉。作为 CDT 大家族的一员，丽特已跻身于世界最大的结构化布线解决方案供应商的前列。公司的产品系列多达 2000 种，其中丰富的产品可满足用户对高带宽和多种服务功能的需求，如先进超群的 IBDN 布线解决方案和品质卓绝的其他多种解决方案。

典型应用如下：

(1) IBDN GigaFlex 4800LX 水平线缆 超六类；

(2) IBDN GigaFlex 2400 水平线缆 六类；

(3) IBDN 水平线缆超五类；

(4) GigaFlex PS6+ 模块六类；

(5) GigaFlex PS6+ 模块配线架六类；

(6) GigaBIX 交叉连接系统。

4. SIEMON(西蒙)

美国西蒙公司(The Siemon Company) 1903 年创立于美国康州水城，是全球著名的通信布线领导厂商之一。西蒙公司 100 年来所获得的 300 多项世界专利、8000 余种全系列布线产品，凝聚了西蒙人的勤劳与智慧。西蒙公司的销售及服务网络遍及全球，在美国、英国、南美、加拿大、澳大利亚、新加坡和中国(北京、上海、广州、成都)等地均设有分支机构。当今世界前 500 强企业很多都是西蒙公司的用户。西蒙公司自 1996 年进入中国市场以来，在政府、通信、金融、电力、医疗和教育等各行各业拥有众多重要用户。

典型应用如下：

(1) SYSTEM 西蒙超五类、六类及七类布线系统；

(2) HOMESYS 智能住宅布线系统；

(3) OOSYS 开放办公布线系统；

(4) SHIELDSYS 屏蔽布线系统；

(5) TBIIC 宽带互联集成布线解决方案；

(6) BIAS 宽带社区布线解决方案。

西蒙的综合布线产品应用在中国的政府、通信、金融证券、商业大厦、电力和教育等行业。如中华人民共和国铁道部、国家工商行政管理局、总参谋部、上海商品交易所、国家电力调度中心、清华大学、兰州大学和西安交通大学等。

5. 中国普天

中国普天建筑智能有限公司在全国率先推出“普天结构化综合布线”系列产品，被誉为国内首创，填补了中国企业在该领域的空白。该产品顺利通过信息产业部数据通信产品质量监督检验中心、国家数据通信工程中心网络实验室及邮电部有线传输机线产品监督检验中心的检测，产品性能完全满足国际标准ISO/IEC11801、TIA/EIA 586及YD/T926等国内外标准要求，达到了国际同类产品的水平。

典型应用如下：普天布线产品现已在国内外包括中南海、北京二炮综合指挥大楼，上海松江电信大楼，南京电信局宽带小区工程等在内的几百处工程得到应用，并受到了用户的广泛好评。普天布线产品具有良好的性能价格比，可以为用户提供全方位的布线解决方案。

6. TCL－罗格朗

TC－罗格朗国际电工(惠州)有限公司是法国罗格朗旗下的成员，以综合布线的开发、生产、销售及系统解决方案为基础，致力于成为信息网络领域布线产品的专业供应商。TCL－罗格朗已经成功研制生产出综合布线产品以人性化的外观、智能化的设计、集成化的理念在同类产品中占据领先地位。通过渠道合作商、系统集成商的共同努力，为最终用户提供卓越的技术、优质的产品、完善的解决方案及服务。

典型应用如下：TCL－罗格朗(惠州)有限公司有六类布线系统产品，超五类布线系统产品、家庭布线解决方案、光系列产品 、其它配套布线产品等。主要项目应用有办公大楼项目、校园网项目、智能小区等。

7. 大唐电信

大唐电信科技股份有限公司电缆厂(原邮电部第五研究所电缆厂)作为大唐电信科技股份有限公司生产厂，于1987年成立，2000年改制为大唐电信电缆厂。大唐电信电缆厂是大唐电信线缆产品生产基地之一，主要从事5类/超5类/6类数字电缆、市内通信电缆、程控交换局用电缆、数字局用对称电缆等各类线缆产品的研发、生产和经营，综合布线配件生产和经营，以及综合布线工程设计施工。

目前，大唐电信科技股份有限公司下设光通信、无线通信两个分公司，西安大唐、大唐软件、大唐微电子等六家控股子公司、一个研发中心和三个事业部，全国共有25个办事处。

典型应用如下：大唐电信科技股份有限公司电缆厂主要以生产、销售五类/超五类/六类数字电缆、市内通信电缆、程控交换局用电缆、数字局用对称电缆等各类线缆。已有中国电信四川省眉山分公司、聚友网络西南技术物理研究所等项目。

3.3 综合布线工程施工

综合布线项目的施工，从大的方面可分为施工准备、正式施工和工程移交三个阶段，其每个阶段都有着不同的工作内容。综合布线系统基本施工流程如图3-12所示(仅供参考)。

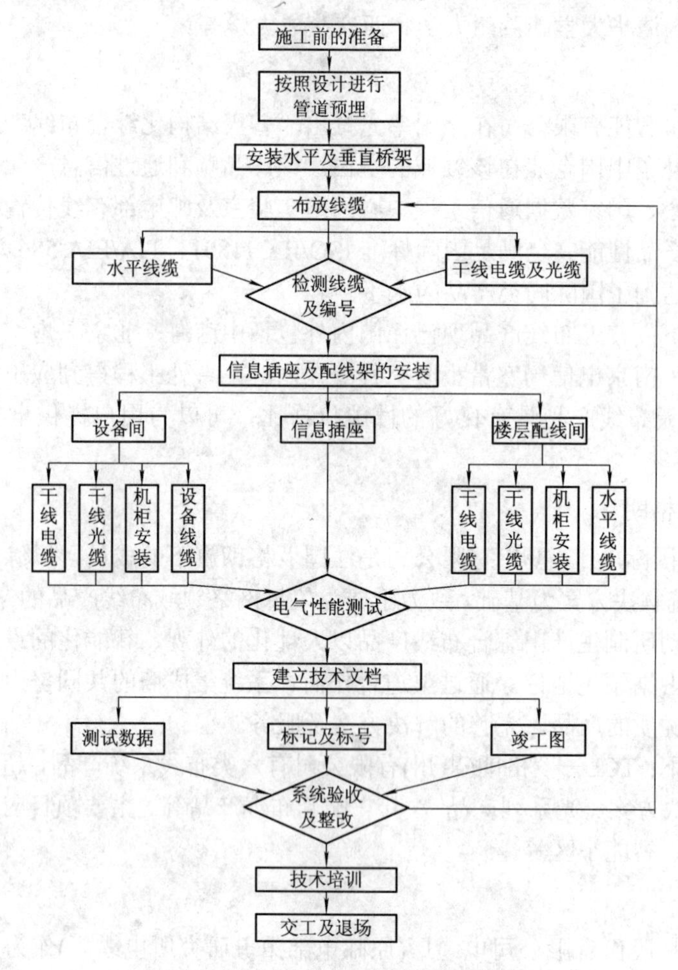

图 3-12　综合布线系统施工流程图

3.3.1　施工准备

为了保证工程项目顺利施工，必须做好施工前的准备工作。施工准备工作是对拟建工程目标、资源供应和施工方案的选择、空间布置和时间安排等诸方面进行施工决策的依据。

1. 建立施工准备的技术条件

建立施工准备的技术条件主要包括：研究和熟悉设计文件并进行现场核对、补充调查资料、设计技术交底、编制施工组织设计和编制施工预算。

2. 建立施工的物资条件

建立施工的物资条件主要包括：组织材料订货、加工和调试；设置施工临时设施。

3. 组织施工力量

组织施工力量主要包括：组建施工队伍，成立项目管理机构；组织特殊工种、新技术工种的培训；落实协调配合条件，组织专用施工班组；对临时工的教育和培训。施工组织机构如图 3-13 所示(仅供参考)。

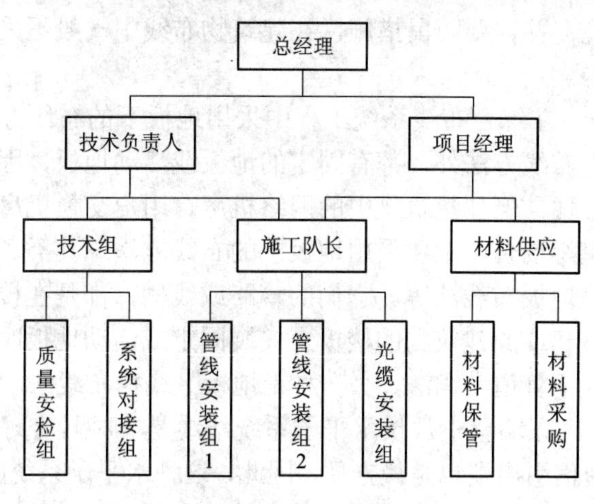

图 3-13 施工组织机构

4. 建立规章制度

建立规章制度主要包括：岗位责任制度；经济管理制度。

5. 建立施工的现场准备

建立施工的现场准备主要包括：工地临时用水；工地临时用电；安全设施；临时库房。

3.3.2 工程施工

1. 建筑物主干线缆施工

建筑物主干布线子系统的线缆施工范围，主要是从建筑物的设备间配线架(BD)到建筑物的各个楼层配线间配线架(FD)之间的主干路由上的所有线缆的施工。它的施工环境全部是在室内进行，并且建筑物内已有电缆竖井或专用的干线接线间等条件，因此，现场的施工环境条件比室外的要好，而且牵涉的面不广。但由于它与建筑物内部的各种管线有着密切关系，所以在施工中应加强与有关单位的协作配合，以便建筑物主干布线子系统的所有电缆能顺利敷设，且保证施工质量。

2. 水平子系统线缆施工

水平布线子系统的线缆是建筑物布线系统中，具有涉及面最广、数量最大、具体情况较多和环境复杂等特点。其线缆敷设方式有预埋、明装管道和槽道三种，在线缆的敷设中应按这三种敷设方式的具体要求进行施工。安装方法又有吊顶内、地板下、墙壁中以及三种的组合方式。

(1) 吊顶内的布线。在吊顶内的布线方法有安装槽道或桥架和不安装槽道或桥架两种方法。

① 装设槽道或桥架方法，在吊顶内利用悬吊支撑物装置槽道或桥架，线缆可以直接放在槽道或桥架中，然后分别通过暗敷的管道引入信息点的位置，采用这种方法布放线缆，有利于施工和维护。槽道或桥架一般安装在走廊的吊顶内，是目前工程施工中使用最多的一种方式。

② 不安装槽道或桥架方法，在吊顶内安装支撑电缆的构件，例如T型钩、吊索的支撑物来固定电缆，这种施工方法不需要装设槽道或桥架，它一般使用在线缆较少的场合。这

种方法应使用阻燃电缆，并需要防鼠措施，在建筑物布线中一般不采用这种方法进行线缆的布放。

(2) 地板下的布线。在综合布线系统工程中采用地板下的布线方法较多，除原有建筑在楼板上直接敷设导管布线方法外，都有固定的地板或活动地板，因此，这些布线方法都比较隐蔽美观、安全方便。例如建筑物中的网络机房、用户交换机房、大中院校的多媒体教室、研究所的设计室等场合，主要采用地板下的布线方法，其类型有地板预埋管道法、蜂窝地板布线法和线槽地板布线法等。它们的管路或线槽，都是在楼层的楼板中且与建筑同时建成。此外，在新建或原建筑物的楼板上安装固定或活动地板时，地板下敷设线缆有两种方式，一种是地板下管道布线法，另一种是地板下线槽布线法。

(3) 墙壁中的布线。在墙壁中敷设水平子系统线缆是一种较合理的布线方法，它既隐蔽又安全可靠，连接通信引出端也是最方便，因此，这种水平子系统的布线方式应用较多，应在布放线缆前所有管道预埋完成在已建成的建筑物中，因没有预埋管道，一般采用明敷管、槽方式布放电缆。目前，采用较多的是 PVC 线槽明敷方式。其常用规格与布放电缆容量如表 3-3 所示。

表 3-3　PVC 线槽常用规格与电缆容量

电缆数量/根 线槽规格/mm	电缆直径/mm						
	1	1.5	2.5	4	6	8	10
15 × 10	4	3	2	2			
24 × 14	10	9	6	5	4	3	
39 × 18	23	20	14	11	9	4	3
60 × 22	42	37	26	20	16	8	6
60 × 40	81	72	50	41	31	18	12
80 × 40	109	96	67	54	42	21	17
100 × 40	165	146	103	81	66	32	24

3. 光缆敷设

在新建的建筑物内部的光缆，一般在暗敷的管道或桥架中敷设，不采用明敷的方式敷设光缆。如果条件不允许而必须采用明敷方式安装光缆时，应在光缆的外面加套塑料管或其它器材进行保护，以免受到损坏。

在已建或扩建的建筑物中增加光缆传输系统时，应根据建筑结构的具体条件，在不破坏建筑结构的情况下，尽量采用管道暗敷或在桥架敷设方式。如果建设单位不允许破坏原建筑的格局和内部装修的美观等，可以考虑采用明敷方式安装光缆，但要求光缆敷设路由应选择较隐蔽的地点，并加装保护措施。

利用电缆竖井垂直敷设建筑物主干子系统光缆时，如果采用管道、桥架或电缆孔敷设，应采取切实有效的防火措施以隔离火灾蔓延。

建筑物主干布线子系统的光缆敷设要求与电缆线路敷设相似。建筑物内主干光缆的施工方式有两种，一种是由建筑物的顶层向下垂直布放，另一种是由建筑物的底层向上牵引布放。通常采用向下垂直布放光缆的方式，具体施工方法和操作细节与电缆敷设相似。

4. **信息插座模块的安装及端接**

信息插座的安装方式主要有两种，一种是安装在墙面或柱面上的方式，另一种是安装在地面上的方式。安装在地面的信息插座应牢固的安装在平坦的地方。安装在地面或活动地板上的信息插座也称地插，地插的类型有弹起式地插和开启式地插两种。地面插座应能防水防尘，安装在墙面或柱面上的信息插座应高出地面 300 mm，若地面采用活动地板，应以地板来计算高度。

信息插座中模块化引针与电缆端接有两种标准方式，一种是按照 T568B 标准端接线缆，另一种是按照 T568A 标准端接线缆，电缆的端接方式如图 3-14 所示。

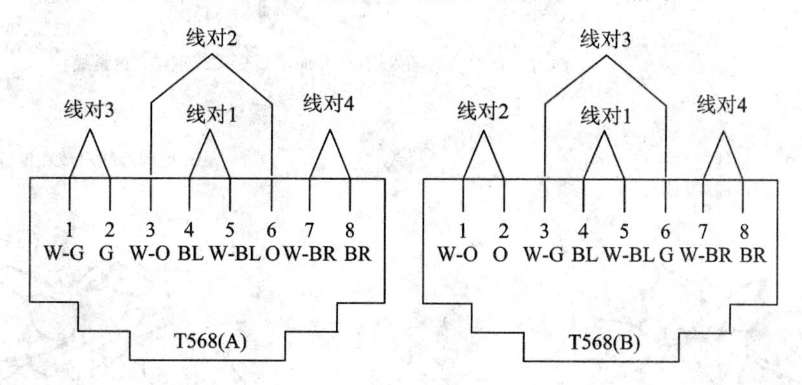

图 3-14 信息插座模块连接图

图中 G(Green)表示绿色线对，BL(Blue)表示蓝色线对，BR(Brown)表示棕色线对，O(Orange)表示橙色线对，W(White)表示白色线对。

按照 T568B 接线方式，信息插座引针(脚)与双绞线对分配如表 3-4 所示。

表 3-4 信息插座引针(脚)与双绞线对的分配

水平布线	信息插座	工作区布线
4 对UTP 电缆	8针模块化插座	工作区软跳线 至终端设备
	线对 1 线对 2 线对 3 线对 4 1 2 3 4 5 6 7 8	线对2 线对3 线对1 线对4 1 2 3 4 5 6 7 8

在综合布线系统中不同的终端应用，所需要的线对数是不同的。对于模拟式语音终端，标准是将触点信号和振铃信号置于信息插座引针的 4 和 5 上(蓝线对)，百兆数据信号通过插针 1、2、3 和 6 传输数据信号(橙线对和绿线对)，千兆及以上数据信号则需要通过全部 4 对线对传输。

下面以美国康普公司的六类信息模块 MGS400 的安装方法说明信息模块的端接步骤，如图 3-15 所示。

1.剥开电缆外皮，在护套端部移去十字架或隔离带，把橙色或绿色(568A 或568B) 插入左边槽位

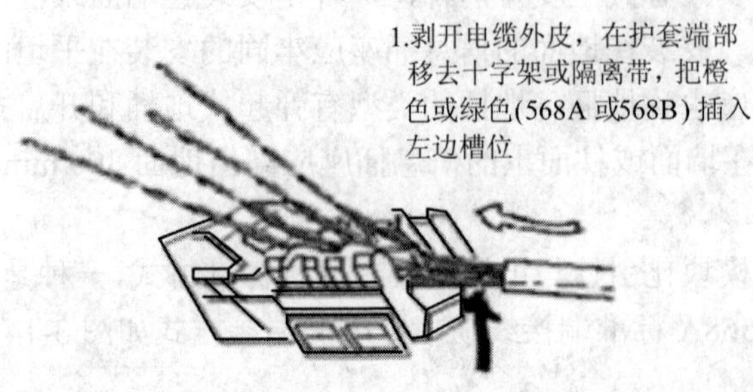

线对一定要直接插入槽位中，而不要交叉或重排，拉紧线对，让线缆的护套尽量靠近模块

2. 底部线对放在相同的位置，并松开线对

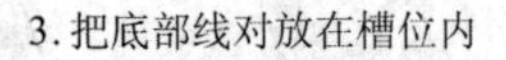

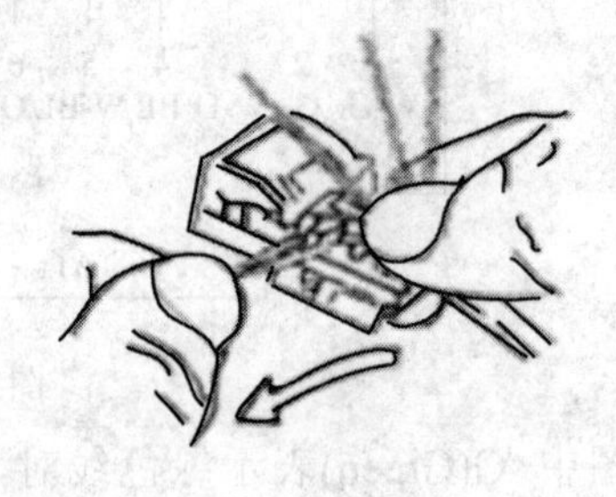

4. 采用同样的方法安装顶部线对在相同的槽位上

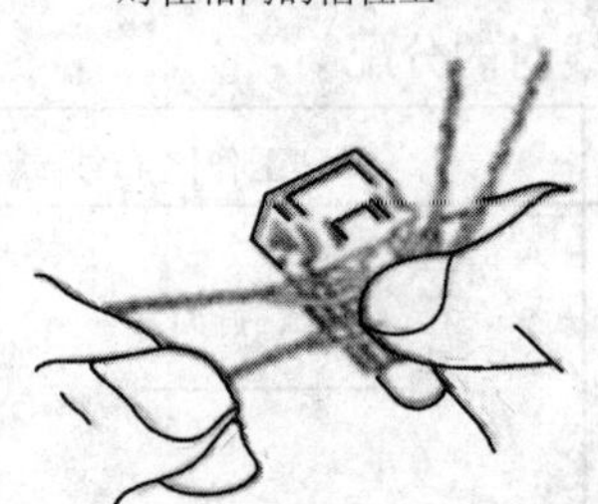

5.采用相同的方法安装另一边

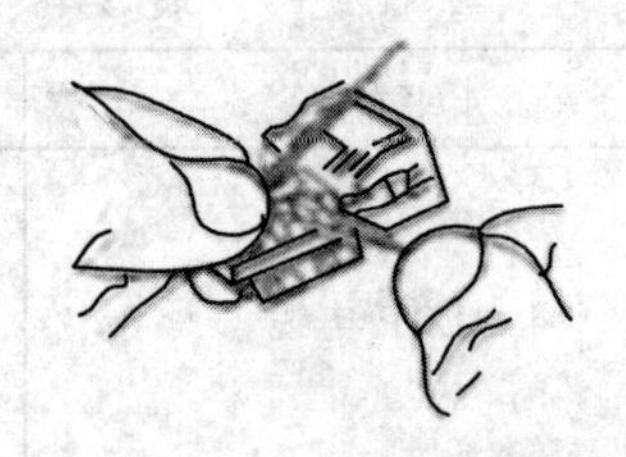

6. 使用110 打线工具进行端接，或者使用钳子安装插座帽端接，完成后剪掉多余的导线

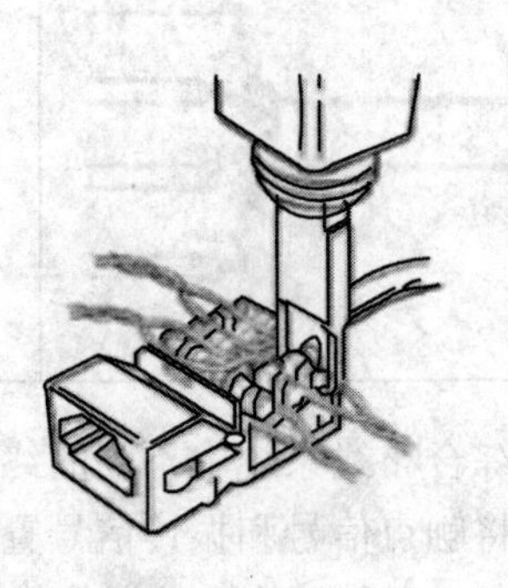

图 3-15　MGS400 安装步骤

3.3.3 测试与验收

目前综合布线工程测试仪表很多，如美国 Fluke、Agilent、MicroTest、Scopc、Datacom 等，可以提供宽带链路、普通布线链路、光纤链路现场测试仪，具体测试内容如下。

1. 双绞线链路测试

测试参数标准值，主要参考 EIA/TIA568、ISO/11801-2000 和 GB50311-2007 等标准。标准中把综合布线系统进行分级，用 A、B、C、D、E 及 F 表示，共分为六级，其中 A 代表三类布线系统，B 代表四类布线系统，C 代表五类布线系统，D 代表超五类布线系统，E 代表六类布线系统，F 代表七类布线系统。

测试参数主要有接线图、布线链路长度、特性阻抗、直流环路电阻、衰减、近端串扰(音)损耗、远方近端串扰(音)损耗、相邻线对综合近端串扰(音)、等效远端串扰损耗、远端等效串扰总和、传输延迟、线对间传输时延差、回波损耗、链路脉冲噪声电平、背景杂讯噪声、接地测量及屏蔽线缆屏蔽层接地两端测量等。

2. 光纤传输链路测试

在光纤的应用中，光纤的种类虽很多，但综合布线工程中光纤及其传输系统的基本测试方法大体上都一样，所使用的测试仪器(设备)也基本相同，测试内容主要是衰减性能。

目前，绝大多数的光纤系统都采用标准类型的光纤、发射器和接收器。例如，综合布线常使用纤芯为 62.5/125 μm、50.0/125 μm 的多模光纤及 8.0/125 μm 的单模光纤，采用标准发光二极管(LED)作为光源，工作在 850 nm、1550 nm 的波长上。这样就可以大大地减少测量中的不确定性，即使是用不同厂家的设备，也容易将光纤与仪器进行连接测试，可靠性和重复性都很好。

测试主要内容：光纤的连通性、光纤的衰减和光纤的带宽等。

3. 综合布线工程验收

工程的验收工作对于保证工程的质量起到重要的作用，也是工程质量的四大要素“产品、设计、施工、验收”的一个组成内容。

工程的验收体现于新建、扩建和改建工程的全过程中，就综合布线系统工程而言，又和土建工程密切相关，而且又涉及到与其他行业间的接口处理。

综合布线工验收阶段分：随工验收、初步验收、竣工验收等几个阶段，每一阶段都有其特定的内容。

(1) 随工验收。在工程中为随时考核施工单位的施工水平和施工质量，对产品的整体技术指标和质量有一个了解，部分的验收工作应该在工程进行中(例如布线系统的电气性能验证测试工作、隐蔽工程等)完成，这样可以及早地发现工程质量问题，避免造成人力和器材的大量浪费。

(2) 初步验收。对所有的新建、扩建和改建项目，都应在完成施工调测之后进行初步验收。初步验收的时间应在原定计划的建设工期内进行，由建设单位组织相关单位(如设计、施工、监理、使用等单位人员)参加。初步验收工作包括检查工程质量，审查竣工资料、对发现的问题提出处理的意见，并组织相关责任单位落实解决。

(3) 竣工验收。综合布线系统接入电话交换系统、计算机局域网或其它弱电系统，在试运转后的半个月内，由建设单位向上级主管部门报送竣工报告(含工程的初步决算及试运行报告)，并请示主管部门接到报告后，组织相关部门按竣工验收办法对工程进行验收。

习　题

1. 综合布线系统划分为几个部分？
2. 叙述综合布线的特点？
3. 综合布线的设计要点是什么？
4. 画出综合布线系统部件的典型设置。
5. 如何确定水平线缆的用线量？
6. 如何确定管理子系统配线架的用量？
7. 如何确定干线子系统的用量？
8. 如图 3-16、3-17 所示，设计要求如下：

(1) 水平线缆的布设方法：通过走廊吊顶内的架空水平桥架，沿预埋分支钢管引至房间内的信息点出口位置。

(2) 垂直主干线缆：数据垂直主干为光缆(支持千兆应用)，语音主干为大对数铜缆；信息点位置在房间左侧的中部以暗埋方式安装在墙上，距地平 30 cm 处。

(3) 标准房间尺寸为：3.2 × 5.6 m。

(4) 绘制布线系统施工平面图。

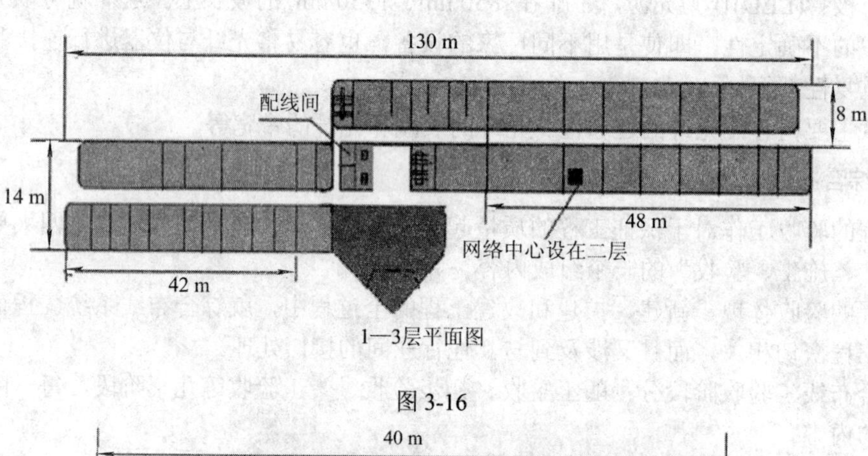

图 3-16

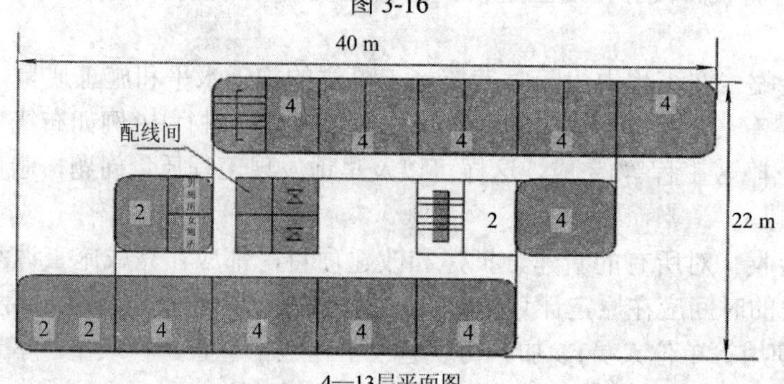

图 3-17

第 4 章　通信基础网电源与配电

4.1　通信基础网电源系统概述

随着数字通信、光通信、移动通信、卫星通信和软交换等信息技术的出现，电信和信息技术的不断融合，人们对信息的依赖越来越大。通信基础网信息交互不仅取决于通信系统中各种通信设备的性能和质量，而且与通信电源系统供电的情况密切相关。如果通信电源系统供电质量不符合相关技术指标的要求，将会引起电话串音、杂音增大，通信质量下降，误码率增加，造成通信的延误或差错。一旦通信电源系统发生故障而中断供电，就会使通信中断，甚至使得整个通信网络瘫痪，从而造成严重后果。

通常说通信电源是通信系统的“心脏”，电源系统在通信基础网中处于极为重要的地位。电源系统必须在任何环境和条件下保持稳定可靠的运行，并保质保量安全地向通信设备供电。通信基础网设备应具有多手段的供电方式，要求做到供电不中断，供电质量不低于相关技术标准，同时要求通信电源系统应具有良好的电磁兼容性和抗干扰性，为防止人为因素和日常雷电的袭击，电源系统应具有优良的接地装置和屏蔽措施。电源设备应具有效率高、节约能源、体积小、重量轻、智能化程度高、可实现集中监控、便于安装维护和扩容等功能。电源系统的稳定可靠，对通信基础网运行状态有着至关重要的作用。

4.1.1　通信基础网对电源的要求

电源系统提供通信设备正常运行所需的工作电压和工作电流是通信基础网的重要组成部分；可靠、稳定的供电是通信基础网正常运行的保证，电源系统必须满足通信设备如下的基本要求。

1. 不间断地供电

电源系统在通信基础网中处于非常重要地位，必须保证不间断地供电，以保证通信的畅通。电源的瞬时中断，将造成下列不良影响：使正在通信的电路信息中断；使传真电路上的图像缺损；使在数字和数据通信系统中的码元丢失。如果有一个通信台站发生供电中断事故，将使全局服务瘫痪，造成严重的经济损失和社会影响。为了降低因各种原因造成的停电机率，提高供电系统的有效性和可靠性，提高服务质量，对通信电源可靠性研究和应用得到了更多的重视。近年来，原信息产业部发布的通信行业标准《通信局(站)电源系统总技术要求》已列入了各种电源设备和系统的可靠性要求和指标，并按通信局(站)不同的重要性和规模制定了相应的通信局(站)电源系统的可靠性指标。为了提高交流供电的可靠性，市内交流电源应由两个独立的系统进线，其中稳定的一路作为日常主要供电，同时还要配备两组以上的油机供电作为交流备电。通信设备一般有两路直流电源作为动力。

2. 稳定地供电

保证稳定地供电，应是在符合质量指标下稳定地供电。供电电压过高会引起设备元器件的损坏，供电电压过低又会使通信产生差错。直流供电系统中的衡重杂音电压过高会影响电话通话质量，脉动电压过高会使光缆通信的误码率增加。交流供电系统中市电电网的各种瞬态浪涌、频率突变、电压失真及各种电磁于扰都可能引起互联网传输速率下降、网络服务器的数据丢失率增大、调制解调器的上网掉线率增大等隐形故障，严重时甚至导致网络瘫痪。

3. 安全地供电

安全供电首先要正确地接地。接地对通信系统具有重要意义，通信系统要求接地连接要正确，接地电阻要小，以防止电话回路噪声干扰和设备电磁干扰。地线呈零电位状态，当发生雷电等过电压时能起到安全保护作用。虽然由于现代通信不以大地作通信回路，相应放宽了对接地电阻值的要求，但通信系统对接地的要求仍然是很严格的。

安全供电还要求电压上下限不能超出允许变化范围。通信局(站)内安装的通信设备，采用电子化大规模集成电路元器件，对抗过电压性能脆弱，供电电压的变化如果超出通信设备允许的范围，会影响通信的质量，严重时会影响通信设备的使用寿命甚至通信设备安全，因此通信电源电压只能在一定的范围内变化。例如在通信电源设计时，考虑通信电源对雷电过电压的防护，应从防雷系统上做好设计，尤其对城市郊区和山区微波站、移动通信基站等的防雷保护设计给予特别的重视。

4.1.2 供电方式

通信局(站)电源系统是对通信局(站)内各种通信设备及建筑负载等提供用电的设备和系统的总称。电源系统由交流供电系统、直流供电系统和相应的接地系统组成。通信局(站)电源系统必须保证稳定、可靠、安全地供电。不同通信局(站)由不同的电源系统组成。集中供电、分散供电、混合供电为三种比较典型的系统组成方式，由变电站和备用发电机组组成的交流供电系统一般应采用集中供电。

1. 集中供电方式

集中供电方式电源系统组成方框示意如图 4-1 所示。交流供电系统由专用变电站、市电油机转换屏、低压配电屏、交流配电屏以及备用发电机组组成。移动电站可提供应急用电。

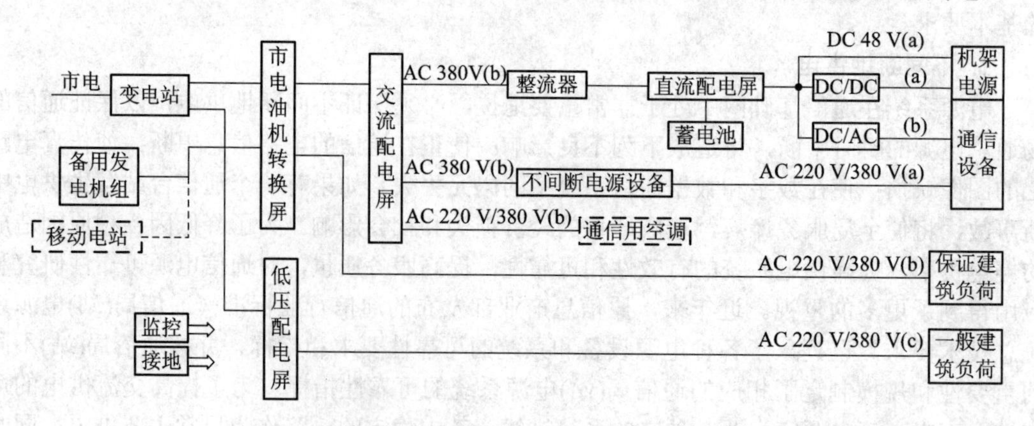

图 4-1　集中供电方式组成方框示意图

(a) 不间断；(b) 可短时间中断；(c) 允许中断

直流供电系统由整流设备、蓄电池组和直流配电设备组成。直流供电系统向各种通信设备提供直流电源。

不间断电源设备(UPS)对通信设备及其附属设备提供不间断交流电源。交流电源系统还应对通信局(站)提供保证用和一般用的建筑负载用电。保证建筑负载是指通信用空调设备、保证照明、消防电梯、消防水泵等，一般建筑负载是指一般空调、一般照明及其他备用发电机组不保证的负载。

通信用空调、保证照明也可由电力室交流配电屏供电。

通信局(站)应设事故照明，事故照明灯具可采用直流照明灯或交流应急灯。

通信局(站)宜用 10 kV 高压市电引入，并采用专用降压变压器供电。

2. 分散供电方式

分散供电方式电源系统组成方框示意图如图 4-2 所示。

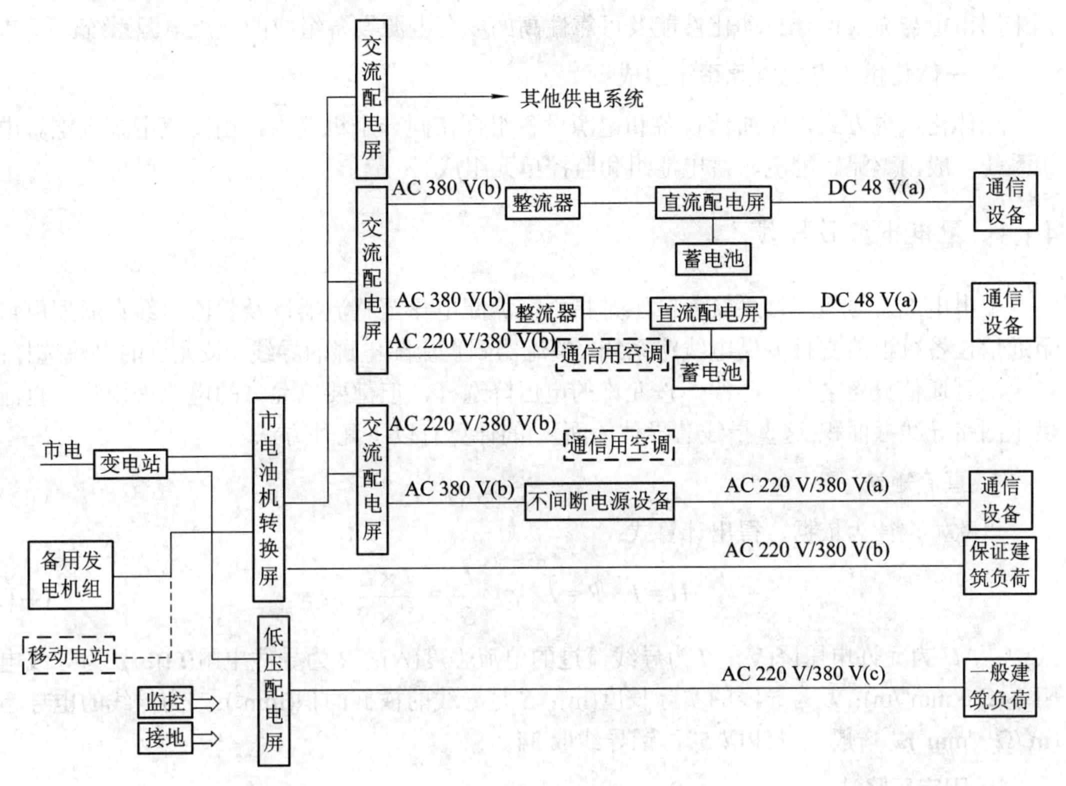

图 4-2　分散供电方式组成方框示意图

(a) 不间断；(b) 可短时间中断；(c) 允许中断

同一通信局(站)原则上应设置一个总的交流供电系统，并由此分别向各直流供电系统提供低压交流电。

交流供电系统的组成和要求同集中供电方式。各直流供电系统可分层设置，也可按通信设备系统设置。设置地点可为单独的电力电池室，也可与通信设备同一机房。

3. 混合供电方式

混合供电方式电源系统的组成如图 4-3 所示。

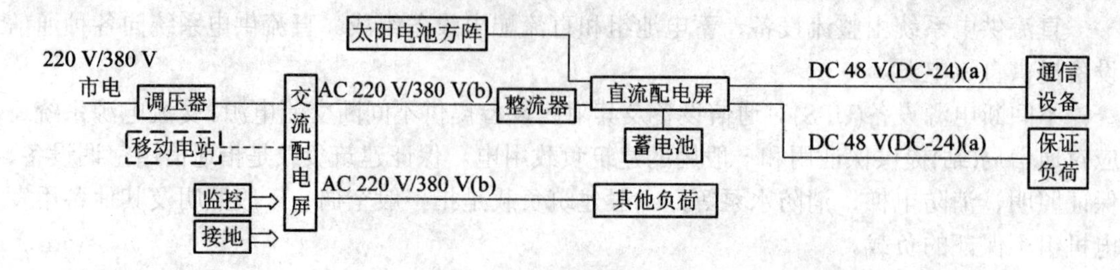

图 4-3　混合供电方式电源系统的组成示意图

(a) 不间断；(b) 可短时间中断

光缆中继站和微波无人值守中继站，可采用交流电源和太阳电池方阵(或其他能源)相结合的混合供电方式电源系统。该系统由太阳电池方阵、低压市电、蓄电池组、整流及配电设备以及移动电站组成。微波无人值守中继站若通信容量较大且不宜采用太阳能供电时，则采用市电与无人值守自动化性能及可靠性高的成套电源设备组成的交流电源系统。

4. 一体化供电方式电源系统组成

一体化供电方式，即通信设备和电源设备组合在同一个机架内，由交流电源供电。电源系统一般由整流、配电、蓄电池组和监控单元组成。

4.1.3　配电电缆及导线

配电电缆及导线连接系统实际上是指由交流配电盘至整流器以及整流器经直流配电盘至通信设备机柜的交直流供电线路系统。整流器到直流配电屏的导线，按允许的电流选择；从电池到通信设备之间的导线，按允许的电压降选择，但都要以允许的电流来校验。直流供电回路导线截面积(这里指线芯导体的面积)的计算有以下几种方法。

1. 直流矩法

以欧姆定律为依据，得出计算式：

$$\Delta U = I \times R = I \times \rho \times \frac{L}{S} = \frac{I \times L}{Y \times S} \tag{4-1}$$

式中：ΔU 为允许电压降(V)；I 为导线流过的电流强度(A)；R 为导线电阻(Ω)；ρ 为导线电阻率(Ω·mm^2/m)；L 为导线的实际长度(m)；S 是导线的横截面积(mm^2)；Y为导线的电导率(m /Ω·mm^2)。一般铜导线取 57，铝导线取 34。

2. 固定压降法

把要计算的直流供电系统全程允许压降的数值，根据经验适当分配到压降段上去，从而计算各段导线截面积，如先后计算的两段所得的导线截面积显然不合理时，应适当调整压降分配后重新计算。每段的计算采用直流矩法。

3. 截面积计算法

通过直流矩法和固定压降法又可以推出：

$$S = \frac{(L \times \sum I)}{(Y \times \Delta U)} \tag{4-2}$$

式中：S 为是导线的横截面积(mm^2)；ΣI 为流过导线总电流(A)；L 为导线回路长度(距离 × 2，m)；ΔU 为导线上允许的压降(V)，一般小于 1 V；Y 为导线的电导率($m/\Omega \cdot mm^2$)。

4. 经验法

电源线的线径和所要通过的电流的大小关系较大，但相互间的关系算法比较复杂，通常采用经验值：

$$L = 1.15 \times \left(\frac{I}{a}\right)^{0.5} \tag{4-3}$$

式中：L 为电源线的直径(mm)；I 为通过的电流值(A)；a 为经验参数，通常取 3 到 2.5。

根据上面公式得如下结果。1 mm^2 线径的线可通过长期电流值 3 A～5 A，瞬间电流值可更大；10 A 的电流可采用 2～3 mm^2 的电源线；20 A 的电流可采用 5～6 mm^2 的电源线；300 A 的电流建议采用 120～150 mm^2 的电源线；500 A 的电流建议采用 170～200 mm^2 的电源线；1000 A 的电流建议采用 350 mm^2 或以上的电源线。

在设计过程中，流过导线的总电流是以负载扩容到满配置时计算的。在计算电池回路线径时，需要考虑的因素包括负载电流量、电池至配电柜的距离、电池与配电柜之间允许的压降和电池容量等。一般建议设备机架电源线采用 6 mm^2 或以上的电源线，保护地则建议采用 8 mm^2 或以上的电源线。另外，采用的线材也很重要，上述经验值是征对单股电源线而言，若采用的是多股电源线则线径应适当加粗。

4.2　通信基础网电源系统设计

本节对程控交换、软交换、移动网的供电系统设计从不同的侧重面予以概述。

4.2.1　电源设备设计原则

通信电源系统要做到供电不间断、高可靠、安全地供电，必须贯彻国家技术政策，合理利用资源，执行国家防空、防震、消防和环境保护等有关标准规定。“安全可靠、技术先进、经济合理”是设计工作中的三个原则问题。

1. 安全可靠

通信对电源的基本要求是提供不中断而稳定的电源，故设计中首先应考虑供电的可靠性。为了保证可靠地不中断供电，工程中采取了很多措施。例如，在交流供电系统中选用较好质量的市电引入线，设置备用发电机电源、UPS 等设备，在直流供电系统中采用传统的蓄电池备用电源、多模块化的高频整流器开关电源等措施。

为了保证供电的稳定性，应当按照电源规范的各项技术指标设计电源系统，并选用稳定性能较好的设备，如在直流电源设备中选用稳定度高的高频开关整流器和直流变换器等设备。对交流供电的关键负载可选用双变换在线式 UPS 设备，在大型电信局 (站)中可选用油机组等设备。

高低压电力设备的维修，稍不注意便有触电这种危及人身安全和短路烧毁设备的危险，可能造成人身和供电事故。从保障人身安全考虑，在设计工作中应遵守有关安全规程，配置必要的仪表和器具，并做好接地系统的设计工作。维护人员也应遵守用电安全和安全作业的规程。供电设备运行时发热量大，尤其电力变压器和高频开关整流器等发热量较大，而使元器件老化或损坏，容易造成事故，油机发电机组所需的油料也是易燃物品，因此设计中必须重视消防安全，采取消防措施，配备消防器材。

2. 技术先进

在电源设计工作中应积极采用技术先进的电源设备和供电系统。目前在交流高低压变配电工程中，环氧树脂浇注和阻燃纸干式变压器是新型电力变压器，正在逐步替代油浸式电力变压器。10 kV 高压真空断路器手车式开关柜、低压抽屉式配电屏都是比较新的产品，已在工程中得到应用。燃气轮发电机组是一种新型发电设备，它比柴油发电机具有较好的供电质量，已在大型通信局、大型民用计算机大楼及移动发电站上使用。在直流电源设备方面，设备大多经过更新，现在广泛使用的高频开关整流器和阀控密封铅酸蓄电池都是新一代的产品。由于我国在通信电源和空调设备监控技术方面已有一定基础，故在设计中应采用此项新技术以达到通信局站少人或无人值守的目的，减少维护工作，降低维护费用。

3. 经济合理

在电源工程设计中，所采用的电源设备、组成的供电系统和建立运行维护制度，应当高效和节省能源消耗，应能提高维护效率。设计中一般以近期为主，结合设备寿命，考虑发展的可能，并切合实际，合理利用原有建筑、设备和器材，进行多方案技术经济比较，努力降低工程造价和维护成本。采用一路稳定可靠的市电作为主用电源，对减少备用发电机的运行，方便维护具有现实意义。采用无人值守局(站)和接入网无人值守电源设备可以降低维护成本。在无市电或取得市电困难的偏僻边远地区，可以采用独立自备电源供电，如设置以太阳能发电设备为主、备用发电设备为辅的混合供电系统，也可试用风力发电设备。这些措施对节省能源都具有积极意义。

4.2.2 程控交换设备电源设计

1. 电源配备原则

为了满足数字交换机电源高稳定、长寿命、无阻断的要求，电源设备本身应符合规定的技术指标，在电源的配置使用方面还要采取一些相应措施，具体地说这些措施包括有以下五种。

(1) 程控交换机采用交流供电时，交流电源宜按二级负荷供电。当交流电源的电压波动超过交流用电设备正常工作范围时，应采用交流稳压设备，当两路及以上交流电流供电时，宜选用自动切换的电源设备。当交流电源为三级负荷时，宜采用不间断电源设备 UPS 或与计算机合用 UPS 向用电设备供电。应保证 380 V±10%，220 V(+10%～−5%)，频率为 50 Hz±5%。

(2) 程控交换机的电源配置和设备容量有关，选用整流器和蓄电池容量时主要考虑交换机满容量时的功耗，并加上适当的安全系数，同时考虑将来可能要进行的扩容等因素。

(3) 一般采用整流器和蓄电池并用的全浮充供电方式，当交流电源停电机会较多时或容量在 1000 门以上时，可采用双套整流器和蓄电池的双套冗余供电方式。整流器的容量应该大于交换机耗电电流和蓄电池充电电流之和。否则停电后再来交流电就有可能损坏整流器或其他设备。

(4) 推荐采用全密封免维护的蓄电池组，使用寿命长，土建投资少，维护工作量小。为保护好电池，电池每次放电不能放至终止电压。故电池容量以 70%作为实际使用容量。蓄电池容量起码保证能够连续放电 4 个小时，保证系统正常工作。在个别市电不能保证的情况下，要加大蓄电池容量，蓄电池的放电电流与放电时间乘积，就是蓄电池的放电安时。

(5) 直流电配电屏的容量应按终期容量选择，直流电配屏的容量应大于整流器和蓄电池容量之和。

2. 程控交换设备供电系统设计

通常程控交换机采用浮充供电方式。供电系统由交流配电屏、整流器、直流配电屏、蓄电池组组成，机内电源包括 DC/DC 变换器器以及 DC/AC 逆变器，互联关系如图 4-4 所示。

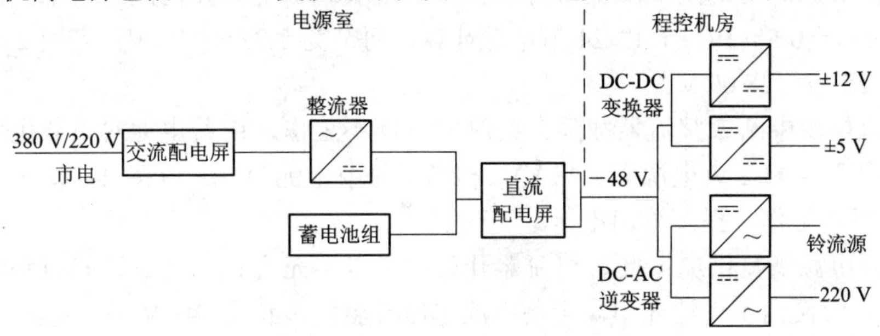

图 4-4　程控交换设备供电系统关系图

1) 交流配电屏

交流配电屏上装有输入额定电压为三相 380 V/220 V 的三级刀熔式开关，此开关供整流器配电用。交流配电屏上装有电压表及频率计，用转换开关测量三相电压和频率。此外还有一些电源指示灯等。

2) 整流器

整流器是输入三相 380 V/220 V 交流电，输出−48 V 直流电的变换设备。根据交换机的容量选择整流器的额定输出电流，可以根据交换机的每线耗电量再加上一定的余量进行设计；也可以进行估算，如规定的交换机一般为 10 A/机柜，8 个机柜就需要 80 A，考虑 20%的余量后，配备额定输出电流为 100 A 的整流器就可以满足当前的需要。以下是整流器的主要技术数据。

(1) 整流器交流输入：额定电压为三相 380 V/220 V，电压允许变化范围为额定电压的 +10%/～−15%，频率为 50 Hz±5%。

(2) 直流输出：每一台整流器都可以作全浮充或充电用。

(3) 全浮充时电压：−48 V 电源是为−53.5 V，可调范围为−48～−54 V。

(4) 充电时电压：−48 V 电源是为−56.4 V，可调范围为−48～−60 V。

(5) 保护：整流器的输入端由交流配电屏内的熔断器保护，交流侧有单相断电保护。过负载或输出端短路时，由限流电路及负载输出熔断器进行保护。

(6) 启动时间：软启动到整流器开机时，其输出电流缓慢增加，防止过电压损坏设备。达到额定电流的 90%所需时间为 8 s。

(7) 输出电压过压保护：当输出电压超过整正值−48 V(电源为−57 V)时，整流器自动关机。变压器温度过高时，由热开关保护，关闭整流器。

(8) 仪表指示及告警：每台整流器有一个电流表以测量输出电流，每台整流器都有灯光指示工作状态和各种告警。

3) 直流电源配电屏

直流电源配电屏有400A、800A及1600A几种规格，交换机容量在一万线以下均可采用400 A的直流电源配电屏(直流电源配电屏容量应大于整流器与蓄电池容量之和)。直流电源配电屏包括蓄电池熔断器及配电熔断器、–48V电源控制设备、蓄电池充电控制电路、监视电路及仪表指示和告警。

4) 电源系统操作

(1) 正常操作：当交流电源正常时，整流器向负载供电，并向两组蓄电池浮充，浮充电压为 –53.5(1±0.5%)V，若以24节电池计算，每节为2.22～2.24 V；若用2节免维护电池，每节为25.17～28.09 V。

(2) 交流电源中断或整流器故障：此时整流器不工作，由蓄电池对负载供电。蓄电池放电最低电压为 –43.2 V(电源为 –48 V)，相当于每节电池为1.8 V(按24节考虑)。必要时补偿器自动投入工作，提高输出电压。

(3) 交流电源恢复供电：此时整流器开启，又以浮充方式工作。开始时整流器处于限流工作状态，缓慢向蓄电池充电。当蓄电池电压升至正常状态–48 V时，电源为–53.5 V，整流器从限流工作状态切换到稳压工作状态，补偿器自动切断。

3. 电源线的选择举例

某单位安装一台ZXJ10B程控数字交换设备，计划用户19200线，配置如图4-5所示，请计算电源线径。

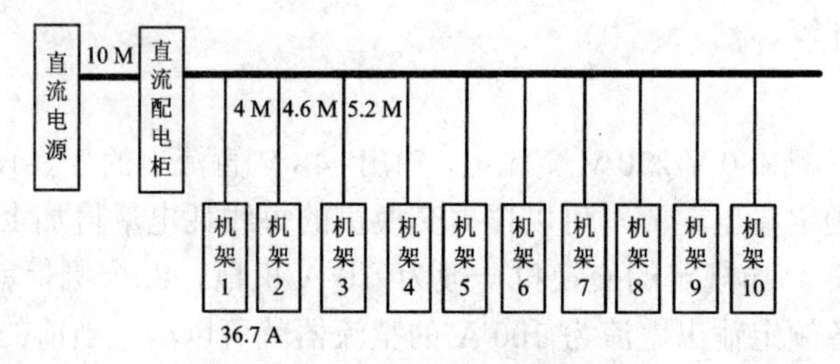

图4-5 直流电源至各机架示意图

1) 电流计算(估算)

$$总电流 = 机架数(除电源架) \times 6A + 用户数 \times 22\ mA \times 系数$$

注：该系数是指局内最大忙时同时在使用的用户同全局用户的比例，一般取40%～50%(每用户耗电22 mA)，每个机架电源耗电最大电流为6 A(满配置，平均每框耗电1 A)。

由于用户数为19200线，ZXJ10B程控数字交换设备配有中心机房有10个机架(8个满配置，2个机架有4框)，则整机总电流：

$$I = (8 \times 6\ A) + (2 \times 4\ A) + (19200 \times 22\ mA \times 50\%) = 267(A)$$

2) 馈电电压降分配(固定降压法)

总压降1.6 V(可随意在各段中分配，但不能相差太大)；

电池→直流电源：$\Delta U \leqslant 0.2$ V；

直流电源：$\Delta U \leqslant 0.2$ V；

直流电源→直流配电柜：$\Delta U \leqslant 0.8$ V；

直流配电柜→交换机机架：$\Delta U \leqslant 0.4$ V。

3) 电源线径计算

根据电流及压降(ΔU)可计算电源线径：

$$S = \sum I \times 2\frac{L}{\rho} \times \Delta U$$

(1) 机架电源线径计算。机架 1 到直流配电柜距离 $L = 4$m，$\sum I = 2880$(用户线) × 50%(最大话务量) × 22 mA (每线耗电量) + 6 A(6 层电源耗电量) = 37.68 A(用户柜满配置)，$U = 0.4$ V。

电源线截面积：$S = 37.68\text{A} \times 2 \times \dfrac{4}{0.4} \times 57 = 13.2\text{mm}^2$。

电源线的规格有 1、1.5、2.5、4、6、10、16、25、35、50、70、95、120、185 等(单位 mm^2)，应选截面积为 16 mm^2 的电源线(其余机架电源线的线径均按此算法)。

(2) 直流电源到直流配电柜电源线(铜)线径计算。直流电源到直流配电柜 $L = 10$ m，$\Sigma I = 267$ A，$U = 0.8$ V。

电源线截面积：$S = 267\text{A} \times 2 \times \dfrac{10}{0.8} \times 57 = 117\text{mm}^2$。

电源线的规格有 1、1.5、2.5、4、6、10、16、25、35、50、70、95、120、185 等(单位 mm^2)，则应选截面积为 120 mm^2 的电源线。

4. 蓄电池的配置与计算

1) 电池数目

一组电池串联，电池数以下用式计算：

$$N = U_{最小} + \frac{\Delta U_{最大}}{U_{放终}}$$

式中：N 为蓄电池个数；$U_{最小}$为设备允许最低工作电压；$\Delta U_{最大}$为设备与直流分配柜之间允许最大压降；$U_{放终}$为蓄电池设备最终放电电压。

ZXJ10B 程控数字交换设备采取−48 V 供电模式，电压浮动为−57 V～−40 V。要求采用程控设备与直流分配柜之间允许最大压降 1.5 V，单个电池最终放电电压 1.8 V。

$$N = U_{最小} + \frac{\Delta U_{最大}}{U_{放终}} = (40 + 1.5)/1.8 \approx 23.05$$

取整得到 24 只蓄电池。

2) 电池容量

蓄电他的总容量用下式计算：

$$Q \geqslant K \times I \times \frac{T}{\eta_e} \times \eta_q \times \ [1 + \alpha(t - 25)]$$

式中：Q 为蓄电池容量(A·h)；K 为安全系数，取 1.25；I 为负荷电流(A)，T 为放电小时数(h)；η_e 为衰老系数，全浮充新电池取 1；η_q 为放电容量系数(根据设计规范取值，参考表 4-1)；t 为温度调节系数；α 电池温度系数，以 25℃为标准时每上升或者下降 1℃，铅酸蓄电池容量增加或者减少与其额定值之比，取 0.006～0.008。

表 4-1　放电容量系数表

电池放电小时数/h	0.5		1		2	3	4	6	8	10	≥20
放电终止电压/V	1.70	1.75	1.75	1.8	1.8	1.8	1.8	1.8	1.8	1.8	≥1.85
放电容量系数/η_q	0.45	0.4	0.55	0.45	0.61	0.75	0.79	0.88	0.94	1.00	1.00

4.2.3　软交换设备电源设计

以 ZXMSG 9000 为例介绍软交换设备与直流电源分配柜的电源以及地线的连接。

1. 连接关系

1) 软交换设备与直流电源分配柜连接关系

(1) −48 V 电源线的连接。蓝色电缆(16 mm^2)，一端接至机柜顶部滤波器上标有 −48 V 的接线端子上，另一端接至直流分配柜的 −48 V 接线排上。

(2) −48VGND 的连接。黑色电缆(16 mm^2)，一端接至机柜顶部滤波器上标有−48 VGND 的接线端子上，另一端接至直流分配柜的 −48 VGND 接线排上。

(3) 保护地 PE 线的连接。黄绿色电缆(25 mm^2)一端接到机柜顶上标有 PE 的接地螺母上，另一端接至直流分配柜的 PE 接线排上。然后直流分配柜的 PE 接地排，再通过与电源供电母线同样线径的黄绿双色塑料绝缘铜芯导线与局方提供的保护接地排可靠连接。

(4) 地线的连接。GND 为 ZXMSG 9000 媒体网关的工作地线，其内部已将各种直流工作电源地线与机壳相连。

直流电源分配柜和 ZXMSG 9000 媒体网关设备之间的连接示意图如图 4-6 所示。

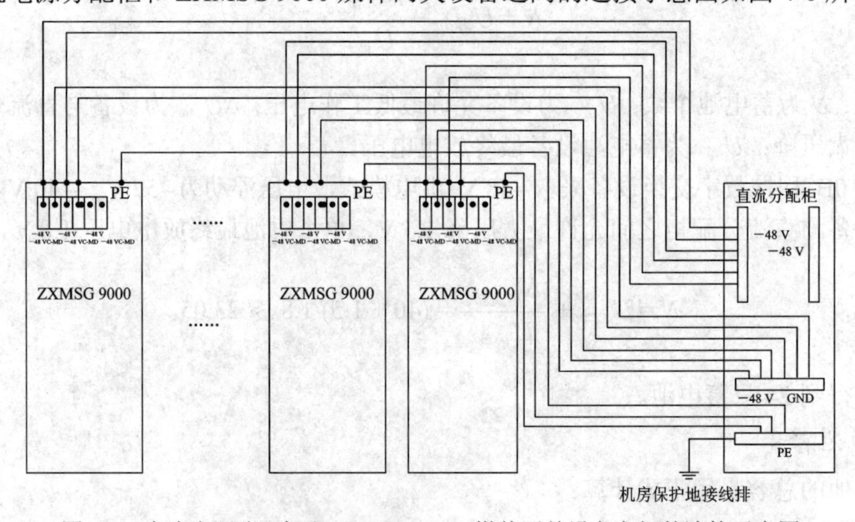

图 4-6　直流电源分配柜和 ZXMSG 9000 媒体网关设备之间的连接示意图

2) 直流电源分配柜与配电屏的连接

(1) 直流电源分配柜的两组 –48 V 接线排，应分别与主备直流配电屏的 –48 V 直流负母排可靠连接；直流分配柜的 –48 VGND 接线排应分别与主备直流配电屏的 –48 V 直流正母排可靠连接。

(2) 只有单电源设备时，直流分配柜的两组–48 V 接线排都接到直流配电屏的 –48 V 直流负母排。

(3) 在没有直流电源分配柜的情况下，各机柜的 PE 接线端子必须直接与局方提供的保护接地排就近可靠连接，保护地线应采用线径与电源供电线线径相同的黄绿双色塑料绝缘铜芯导线。各机柜从 –48 V 和 –48 VGND 接线端子引出的电源线分别直接接到直流配电屏的–48 V 直流负母排上和 –48 V 直流正母排上。一次电源输出至直流电源分配柜的连线及蓄电池至一次电源的引线，截面积不应小于 95 mm^2，实际工程中可根据 ZXMSG 9000 设备的容量及距离进行估算。

2. ZXDU75A 组合电源系统

1) 设备外形图

图 4-7 为 ZXDU75A 组合电源系统外形图。

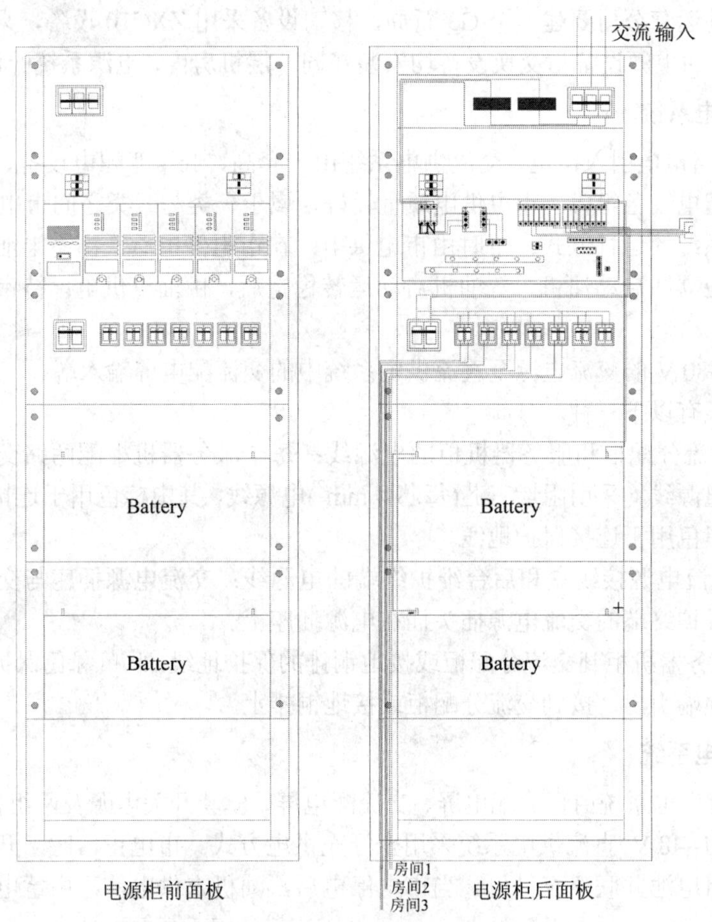

图 4-7　ZXDU75A 组合电源系统外形图

2) 设备参数

(1) 交流输入的各种参数如下所示。

电压：三相五线制，输入电压的允许变化范围为 80 VAC～300 VAC；频率：45 Hz～65 Hz；电流≤100 A；功率因数≥0.99；交流输入路数：一路或两路，两路输入时为 1 路市电 1 路油机或 2 路市电，两路交流输入切换方式为手动/自动可选，具备机械互锁/电气互锁。标准配置为单空气开关输入；交流备用输出部分：备用输出根据用户要求配置，最大可配置 13 个空气开关位，容量可在 6 A～63 A 之间选用。标准配置时不配置交流备用输出分路。

(2) 直流输出的各种参数如下所示。

电压：浮充电压为 53.5 V，均充电压为 56.4 V(通过监控单元直可调或整流器面板微调)；电流：360 A(配 12 个 30 A 整流器)；效率：≥90%；宽频杂音：≤50 mV(3.4 kHz～150 kHz 范围内)≤20 mV(0.15 MHz～300 MHz 范围内)；衡重杂音：<2 mV；系统可闻杂音：<55 dB；负载路数：最大分路数为 22 路熔丝或 44 路空气开关；电池路数：最多三组后备电池，容量为 250 A；安全规格：符合 IEC950 标准。

4.2.4 移动设备电源设计

假设某移动运营公司要建一个 G3 新局，移动设备采用 ZXC10 设备，采用−48 V 直流电源供电，配套的电源设备与交换设备均安装在同一层机房内，电源系统的设计步骤如下。

1. 交流供电系统

G3 局出二路市电引入供电，交流供电系统由一套高、低压变配电设备、柴油发电机组及其相应机组配电设备组成。市电供电质量较好，属于一类与二类之间市电标准。

交流供电系统的运行方式：平时由市电供电；在市电停电后，由蓄电池放电供通信设备用电，同时应立即启动油机，等油机启动运转稳定后，由油机供电；持市电恢复后，转由市电供电。

引入一路 380 V 的交流电源至直流供电系统中的交流配电屏输入端。

交流电源线有以下三种。

(1) 连接交流分配柜和服务器机柜的电源线：每个服务器机柜配两路交流电源线，每一路交流供电电源线均采用阻燃三芯(每芯 4 mm^2)电源线，其中棕色用于连接相线，蓝色用于连接零线，黑色用于连接保护地线。

(2) 连接交流电源接线盒和后台维护终端的电源线：交流电源插座与交流电源接线盒连接，然后，维护终端的交流电源插头插在电源插座上。

(3) 连接服务器机柜到交流分配柜或接地铜排的保护地线：此黄绿色保护地线(25 mm^2)由服务器机柜顶端引出，接到交流分配柜或接地铜排上。

2. 直流供电系统

−48 V 直流供电系统由直流配电屏、交流配电屏、一套开关电源及两组蓄电池组组成。局内电力机房的−48 V 直流供电系统采用全浮充供电方式。市电正常时，开关电源架上的整流模块与两组电池并联浮充供电。当市电停电后，油机末供电前，由蓄电池组放电供通信设备用电。

G3 局的−48 V 直流供电系统带有监控模块，并要求厂家把市电告警、直流电压高告警、直流电压低告警、模块告警另加接口，便于集中监控，进行远地监控。

移动交换局交换设备的工作电压范围为 40.5 V～−57 V，根据电压要求，每组电池需配 24 节(2 V 单体)电池。电池组放电终止电压为−43.2 V(每节单体电池为 1.8 V)。该设计全程最大压降可按 2.7 V 计算。

1) 直流配电设备配置

直流配电屏容量需满足移动交换设备以及 BSC 等通信设备用电要求，设置一套独立的 −48 V 直流供电系统，并考虑到以后的发展。直流配电屏内的直流输出端子至各移动交换机架可采用 2 mm × 6 mm 截面的电力电缆。

2) 整流设备配置

高频开关整流设备：根据《通信电源安装设计规范》，高频开关整流模块按 N + 1 配置，即满足通信设备直流负荷和蓄电池组均匀充电需要外，另加一个备用模块。通过计算，G3 局的用电量为 310 A、35.96 kW，因此本工程将在电池室机房设置一台 400 A 交流配电屏。

3) 蓄电池组配置

蓄电池组容量配置原则：一类市电供电的局，蓄电池组容量按不小于 1 h 放电设计；二类市电供电的局，蓄电池组容量按不小于 2 h 放电设计。经计算，配置两组−48 V 1000 A • h 蓄电池，安装方式为四层卧放、一端出线，沿走线架共需布放 4 根 150 nm^2 直流电缆(每组每极两根电缆)至直流配电屏 DCR 48 V 2500 A 内的两组 2 × 1250 A 电池熔断器。蓄电池在安装结束时应再次检查系统总电压和电池的正、负极方向，以确保电池安装正确，放电时间约为 2.9 h，其容量可以满足 G3 局工程的需要。表 4-2 为通过相应设计所得到的 G3 局设备配置清单。

表 4-2　G3 局设备配置清单

序号	名　称	规　格	单位	数量	备注
1	交流配电屏	ACR-380 V/400 A	台	1	
2	直流配电屏	DCR-480 V/2500 A	台	2	
3	开关电源架	IPS 8000	台	1	
4	整流模块	R3048	个	10	
5	蓄电池组	GFM-1000 A • h	组	2	
6	电力电缆	4 × 120 mm^2	米	35	交流线
7	电力电缆	1 × 95 mm^2	米	12.5	地线
8	电力电缆	1 × 120 mm^2	米	25	地线
9	电力电缆	2 × 6 mm^2	米	1000	电力电缆
10	电力电缆	1 × 150 mm^2	米	70	直流线

4) 直流电源线

连接直流分配柜和交换机柜的电源线：每个交换机柜可配两路直流电源线(根据交换机柜的 P 电源插箱上的接线端子情况决定)，每一路包含−48 V 电源线(蓝色，16 mm^2)、地线(黑色，16 mm^2)和保护地线(黄绿色，25 mm^2)。

连接直流分配柜和告警箱的电源线：采用专用的直流供电电源线，连接告警箱的一端采用专用的三芯航空插头。包含–48 V 电源线(蓝色，0.5 mm^2)和地线(黑色，0.5 mm^2)。

4.2.5 光传输设备电源设计

以 ZXMP-380 多业务节点设备为例介绍光传输设备电源设计。

(1) 连接关系。由于现在通信基础网机房多是传输交换一体化机房，因此采用集中供电方式比较常见，光传输设备电源连接关系可参考程控数字交换设备连接关系图。

(2) 功耗计算(估算)。由 ZXMP-380 多业务节点设备技术手册可知，ZXMP-380 多业务节点设备子架满配置时为最大功率 500 W，在 –48 V 供电模式下，设备工作电流为 11 A，可以采用 16 mm^2 的铜线线缆供电。

(3) 蓄电池的选取。根据机房等级以及光传输设备要求，选择钧驰阀控式密封铅酸电池 6GFM-100(单体 12 V)蓄电池 4 块，容量为 100 A・h。

习　题

1. 通信基础网对电源系统的要求是什么？
2. 电源系统供电方式有哪些？
3. 计算导线线径的方法有哪些？
4. 某程控机房交换设备工作功率约为 1000 W，请你利用经验法估算该程控交换设备电源线径。
5. 请参考分散供电方式画出计算机数据机房供电关系图。
6. 简述蓄电池的容量和数目计算方法。

第 5 章　接地与地线

5.1　接地基本知识

5.1.1　接地常用术语

1. 地

地在电路系统中指电位基准点的等电位体，而接地设计中的地就是指大地，以电气特性分析，地有良好的导电性和无限大的电容量。

2. 接地

电气设备(或系统)与地(或地球)之间的电气连接，并使电荷通地的部分称为接地。

3. 接地体(接地电极、接地器)

埋入地中并连接与大地土壤接触的金属导体(群)称为接地体(接地电极、接地器或接地棒)。接地体一般是用各种形状的金属导体组成单个或多个的人工埋入地下的装置。

4. 接地导线(接地线)与接地母线

把用以连接被接设备到接地体的金属导体，称为接地导线(或接地线)。将接地导线的汇集线称为接地母线或总地线排，通常用铜皮(带)制成。

5. 接地分配系统

把必须接地的各个部分连接到接地汇集线上的导线群。

6. 接地装置(接地系统)

由接地体、接地导线、接地汇流排、接地母线、设备接地线等组成的装置，称为接地装置或接地系统，如图 5-1 所示。

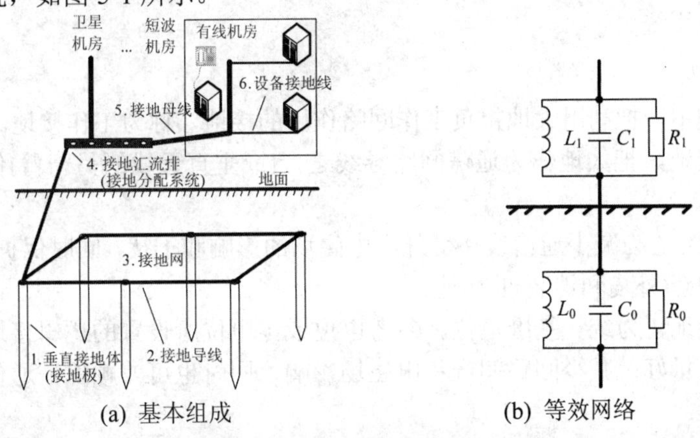

(a) 基本组成　　(b) 等效网络

图 5-1　接地系统的组成及等效网络

其中，接地极，也叫接地体、接地棒、接地砖，指埋入地中并直接与大地土壤接触的金属构建，如扁钢、角钢、圆钢、钢管等，或非金属构建，如石磨砖(棒)。根据土壤特点，水平或垂直埋设。

接地导线，为接地极之间的连接线，一般为扁钢、圆钢或粗铜线。

用接地导线将多个接地极连接一起后，我们就称为接地网，简称地网。

接地分配系统，也叫接地汇流排，从地网角度看，是用来将接地网分配给各个机房的金属构建，从机房接地母线角度看，是用来把各个机房的接地母线汇集到一起的金属构建，它通常用扁铜制成。

接地母线，为机房内的设备接地总线，或设备接地汇集线。

设备接地线，为每台设备的地线，一般应与接地母线独立连接。

在通信基础网实际连接中，接地母线、设备接地线要尽量短，直线距离最近。

7. 接地电阻

接地装置的电阻就是接地电阻，它是接地体本身的电阻、接地体与土壤间的接触电阻、接地体附近土壤的电阻、接地体至设备间连接导体的电阻的总和。

对于接地装置的接地电阻来说，由于土壤电阻通常比金属导体的电阻大几万倍甚全几百万倍，因此只要接地体与大地接触良好，即接地体与周围土壤中的吸湿微粒紧紧地贴附在一起，其接触电阻很小，可以忽略不计，则接地电阻就可以近似为接地体周围 20 m 范围内的大地土壤电阻。

8. 自然接地体

把直接与大地接触的各种金属构件、钢筋混凝土建筑的基础、自来水管道、金属管道和设备等作为接地体，称为自然接地体。在通信台站建设中严禁利用自然接地体接地。

5.1.2 接地分类及功能

1. 接地分类

接地的种类很多，可按照接地目的、接地方式、接地性质、接地功能、接地极结构形状、接地极布置方式等不同分类。按照目的不同分为以下三种：工作接地系统、保护接地系统和防雷接地系统。

1) 工作接地

在系统工作中，把利用大地担负工作回路作用的接地，称为工作接地。

传输设备接地，把大地作为通信回路导线之一(或垂直天线的另一臂)传输电能和信息的接地。

通信线路接地，为减少通信线路受外界电磁场的影响和干扰，同时保护电缆免受雷击，将电缆金属外护套(外皮和铠装)的接地。

通信设备接地，为统一基准电位、参考电位或零电位所设置的逻辑接地，可使电路工作稳定，通信质量好，减少回路间音和电磁场影响，同时也可兼顾保证通信设备和工作人员的安全。

静电屏蔽接地，为防止外界电场的干扰和电气回路间的直接耦合，而设置的屏蔽体(屏蔽罩，屏蔽外壳，屏蔽网，屏蔽室等)的接地。

测试设备接地，为检查、测量通信设备的工作基地或保护接地而社者的辅助接地。

供电系统接地，在交流供电系统中，将三相四线制中性点(N线)的接地，以便在发生故障时迅速切断电源，保护设备。其主要作用是保持系统电位的稳定性，减轻配电网一相故障和高压窜入低压等过电压的危险，并且当一相接地、接地电流较大时(接近单相短路)，保护装置能迅速动作，断开故障点。中性点接地可以防止零序电压偏移，保持三相电压基本平衡，这对于低压系统很有意义，可以方便使用单相电源。

2) 保护接地

就是将设备正常运行时不带电的金属外壳(或构架、机架)和接地装置之间作良好的电气连接。如果因某种原因(如导线的绝缘皮破损等)产生漏电而使金属外壳带电时，电荷就会沿接地线导入大地，使金属外壳与大地保持相同的电位。这样，当人体接触设备时就不会发生触电事故，从而保护了操作使用人员的安全。所以说，良好的接地是保障人身安全、防止触电事故发生的有效措施。使用强电压(36 V 以上)的通信设备均应建立可靠的保护接地装置。属于保护接地的还有防静电接地(将静电聚积电荷引入大地)和防电蚀接地(在地下埋设金属体作为牺牲阳极或牺牲阴极，以保护与其连接的金属体)等。

3) 防雷保护地

为把雷电流迅速导入大地，以防止雷害为目的的接地叫做防雷接地，它既是工作接地，又具有保护接地的作用。雷是一种大气中的放电现象，雷电放电时间虽然极短(约百万分之一秒)，但电流强度却非常大，可达数十万安培，所以具有很强的破坏力。雷电通过具有电阻、电感的物体时，会产生很高的温度和过电压，危害极大。通信装备若遭受雷击，轻则造成晶体管和集成电路的 PN 结击穿，使设备出现严重的硬件故障，重则造成设备失火、爆炸而永久报废，甚至危及操作人员的生命。所以，所有通信台站、独立安装的通信天线、设备都必须安装防雷接地装置。

2. 接地目的

按照接地性质与作用不同把接地分为强电用接地和弱电接地，强电接地的目的主要是为了安全，一般接地系统中没有电流；而弱电用接地是为了保证电路的功能，一般有电流流过，主要目的是为了稳定。

通信设备接地主要目的：保护设备和人身避免打雷放电造成的危害，并作为大气雷电和瞬态功率噪声的排泄低阻抗通路；保护人身免受因机器内部偶然碰地时引起的电击；为电源电流和故障电流提供返回途径；防止设备上静电荷的累积；降低或消除机架和机壳上的射频电位；为射频电流提供均匀和稳定的环路导体；稳定电路的对地电位，使电路、系统或设备正常、稳定、可靠地工作；提高电子设备的屏蔽效果；确保继电保护设备的动作和功能等。

3. 通信设备的接地范围

通信设备的以下部分应接地：直流电源、通信设备机架、机壳、人站通信电缆的金属护套或屏蔽层；交流配电屏、整流器屏等供电设备的外露导电部分；直流配电屏的外露导电部分；交直流两用通信设备的机架、机框内与机架、机框不绝缘的供电整流盘的外露导电部分；电缆、架空线路及有关需要接地的部分；金属走线架以及电池架等的外露导电部分。

5.1.3 接地系统的分类

接地系统分为分散接地方式和联合接地方式。

在一个通信台站内，将设备工作接地、保护接地和建筑物防雷接地根据各自要求的接地电阻分别单独设置接地装置，自成系统，互相之间不连接的方式称为分散接地方式。我国在 20 世纪 80 年代前，通信台站的接地系统除微波站外均采用分散接地方式。这种系统由于直流工作接地和保护接地在电缆槽道、设备机架加固及楼柱加固等原因，有可能互相连接；各个系统的接地体埋设在地下，也可能由于地下敷设其他管道，造成在地中的电耦合而实际上不能确保分开；更严重的是各个地网之间有可能产生电位差，尤其当发生雷击过电压时，有着火和危及人员生命的危险。所以，在通信台站中，分散接地方式已逐步被联合接地方式替代。

联合接地就是按均压、等电位的原理，使通信台站内各建筑物的基础接地体和其他专设接地体相互连通形成一个共用地网，并将电气电子设备的工作接地、保护接地、逻辑接地、屏蔽体接地、防静电接地以及建筑物防雷接地等共用一组接地系统的接地方式。联合接地系统由接地体、接地引入线、接地汇集线和接地线组成。通信台站联合接地如图 5-2 所示。

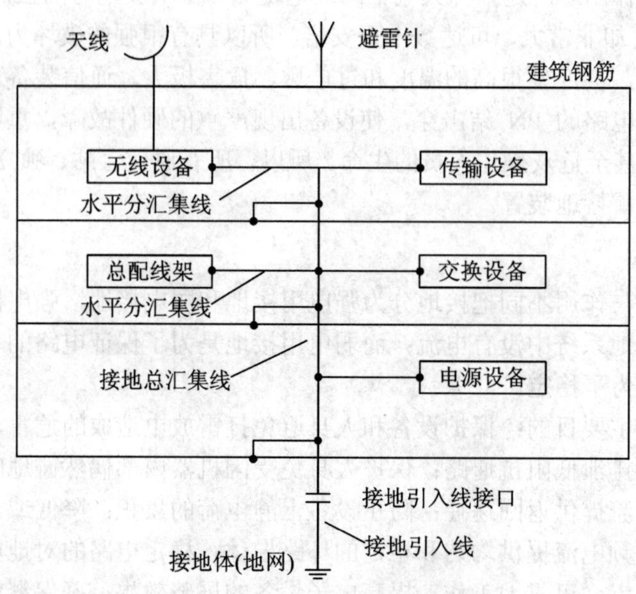

图 5-2 通信台站设备联合接地示意图

5.1.4 接地电阻要求

从接地作用看，接地电阻愈小愈好，但接地电阻愈小，接地装置的造价就愈高，所以需要根据各种通信设备性能分别确定各种接地的最大允许接地电阻值。

接地系统电阻值的要求与接地的性质(工作接地、保护接地、防雷接地)和接地的对象有关，下面给出常见接地的对象阻值的要求，可作为实际工作参考，具体情况要根据接地对象的要求确定。

1. 工作接地系统的接地电阻

工作接地系统的接地电阻值一般应符合下列规定：

大型计算机(或指挥自动化设备)机房，工作接地电阻小于1 Ω；

有线、光纤通信机房，工作接地电阻小于2 Ω；

交、直流配电室工作接地，接地电阻小于4 Ω；

交、直流配电室保护接地，接地电阻小于4 Ω；

中波导航台，工作接地电阻小于2 Ω；

塔康台采用综合接地系统，工作接地电阻小于4 Ω；

超短波定向台接地系统，工作接地电阻小于4 Ω；

精密进场雷达站采用综合接地系统，工作接地电阻小于4 Ω；

航向信标台和下滑台，采用综合接地系统，接地电阻应小于4 Ω；

俄制无线电导航台采用综合接地系统，工作接地电阻小于4 Ω。

2. 保护接地系统的接地电阻

保护接地系统的接地电阻一般应小于10 Ω。

3. 防雷接地系统的接地电阻

防雷接地系统的接地电阻一般应小于10 Ω。

按照我国《通信局(站)电源系统总技术要求》规定，联合装置的接地电阻值如表5-1所列，接地电阻值均系直流或工频接地电阻值。

表5-1　通信局(站)联合接地装置的接地电阻值

<table>
<tr><th>适 用 范 围</th><th>接地电阻/Ω</th><th>依　据</th></tr>
<tr><td>综合楼、国际电信局、汇接局、万门以上程控交换局、2000线以上长话局</td><td><1</td><td rowspan="3">YDJ20-88《程控电话交换设备安装设计暂行技术规定》</td></tr>
<tr><td>2000线以上万门以下程控交换局、2000线以下长话局</td><td><3</td></tr>
<tr><td>2000线以下程控交换局、光终端站、地球站、微波枢纽站、移动通信基站</td><td><5</td></tr>
<tr><td>光缆中继站、小型地球站、微波中继站</td><td><10</td><td rowspan="2">YD2011-93《微波站防雷与接地设计规范》</td></tr>
<tr><td>微波无源中继站</td><td><20(注)</td></tr>
<tr><td>大地电阻率小于100 Ω·m，电力电缆与架空电力线接口处防雷接地</td><td><10</td><td rowspan="3">GBJ64-83《工业与民用电力装置过压保护设计规范》</td></tr>
<tr><td>大地电阻率为101 Ω·m～500 Ω·m，电力电缆与架空电力线接口处防雷接地</td><td><15</td></tr>
<tr><td>大地电阻率小于501 Ω·m～1000 Ω·m，电力电缆与架空电力线接口处防雷接地</td><td><20</td></tr>
<tr><td colspan="3">注：当土壤电阻率太高难以达到20 Ω可以放宽到30 Ω。</td></tr>
</table>

5.2 降低接地电阻的办法

在有的通信局(站)中，由于站址的土壤电阻率较高，而要求接地电阻值较低；或土壤电阻率虽不高，但受到场地限制，需要采用人工降低接地电阻的方法，以减少接地体数目，可采用以下几种方法。

5.2.1 换土法

在接地体周围1 m～4 m 范围内，换上比原来土壤电阻率小得多的土壤，可以是粘土、泥炭、黑土等，必要时也可以使用焦炭粉和碎木炭。换土后，接地电阻可以减小到原来的2/5～2/3。这种方法，其土壤电阻率受外界压力和温度的影响变化较大，在地下水位高、水分流散多的地区使用效果较好，但在石质地层则难以取得较满意效果，效果不如化学处理法好，稳定度也较差，故只在取土、换土方便时才采用，具体做法如图 5-3 所示。

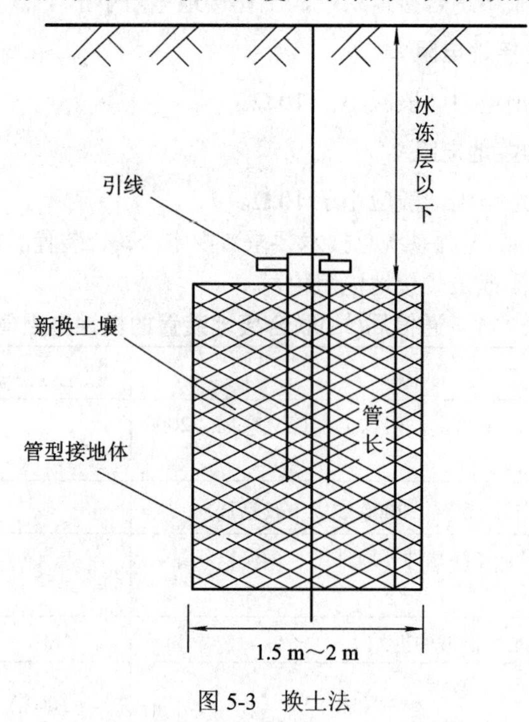

图 5-3 换土法

5.2.2 食盐层叠法

1. 垂直接地体的层叠法

垂直接地体的层叠法如图 5-4 所示，在每根接地体的周围，挖一个直径 0.5 m 的圆坑，坑的深度约为管长的 1/3(不包括管上端的埋深)，然后在上面交替地铺上土壤(或混入焦炭、木炭等)及食盐 6～8 层，每层土壤厚约 10 cm，食盐厚 2 cm～3 cm，每层均浇水夯实。每公斤食盐可用水 1 L～2 L，每根管型接地体用食盐 30 kg～40 kg。这种方法用在砂质土壤中可以降低接地电阻到原来的1/8～1/6，如在砂粒土中可减到原来的1/3～2/5。

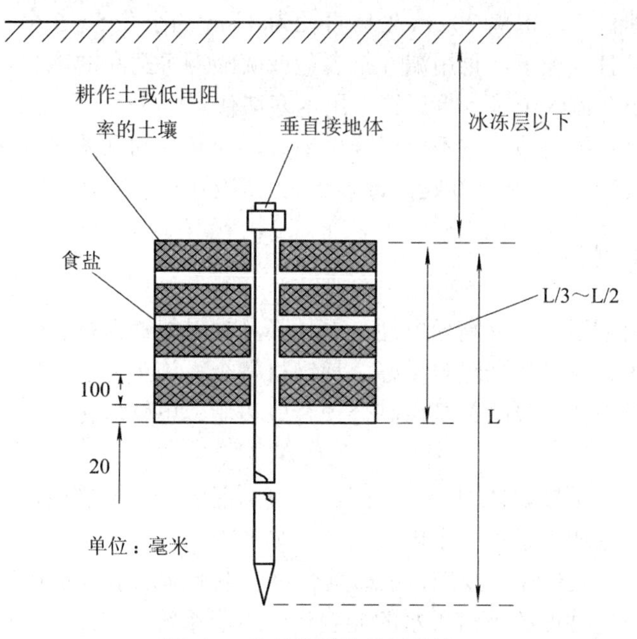

图5-4　垂直接地体的层叠法

2. 水平接地体的层叠法

水平接地体的层叠法如图5-5所示，挖一个0.5 m宽的沟，沟的深度(包括埋深)不小于 1 m，在沟底交替铺两层食盐和土，每层需夯实并浇水，装上接地体以后再在接地体上交替铺四层食盐和土，每层夯实浇水。

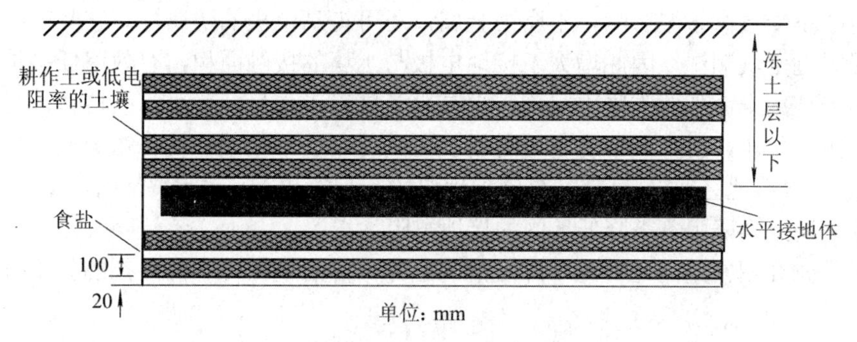

图5-5　水平接地体的层叠法

注意：不论垂直接地体和水平接地体的层叠法，随着时间推移，食盐将逐渐溶化流失，接地电阻将增大，所以，一般应经2～3年处理一次。采用食盐对改善土壤电阻率的效果较明显，食盐价格低廉，但由于盐溶化而逐渐消失，不易持久，而且会加速接地体的锈蚀，减少接地体的使用年限，故一般不采用加食盐方法，而采取化学降阻剂的方法。

5.2.3　食盐溶液灌注法

食盐溶液灌注法适用于钢管型接地体。此法是在接地管数量较多时为节省挖土工作量而选用的。

先在各根接地管上，每隔 20 cm 处钻直径为 1 cm 的小孔 5～6 个，钻孔位置应错开呈梅花形，然后将管打入地下，再用漏斗把食盐或硫酸铜等药品的饱和溶液灌入管内，让液体自动通过管壁小孔流入土壤。事后管口用木塞堵住。

也可用亚铁氰化铜溶液，它不仅仅导电率好，而且易和别的化合物变成胶体状态不易流失。用食盐每根管约需 20～40 kg，每隔 2～3 年应补充一次食盐溶液。

5.2.4 化学降阻剂法

长效化学降阻剂不但具有高导电性，而且降且效果能够保持长久，即使放在流动的地下水中也不会流失，还具有降阻效果好、耗钢材量少、施工方法简单、占地面积小、节省劳动力等优点。长效化学降阻剂是由高分子合成树脂、电解质化合物、树脂的硬化剂三种主要成分组成。

施工时，将它用于接地体和土壤之间，一方面能够与金属接地体紧密接触，形成足够大的电流流通面，这相当于扩大了电极尺寸；另一方面，它能向周围土壤渗透，水溶液中的合成树脂与催化剂发生化学反应，生成具有包裹电解质水溶液于其中的网络结构大分子，这种具有弹性和一定强度的不溶于水的凝胶体的电阻率约为 0.1(Ω·m)，相当增大了接地体的有效半径，起到降阻作用。实验证明，化学降阻剂可使接地电阻在砂质土壤内可减到原来的 1/3～2/5，但化学降阻剂常存在污染水源和腐蚀地网的缺陷现象。

目前广泛使用的是防腐高效固体化学降阻剂，这种降阻剂以碳素为导电材料，辅以防腐剂、扩散剂和起固化作用的水泥，不含腐蚀性的盐酸盐。它属于材料学中不定性的复合型材料，可以根据使用环境做成不同形状的包裹体，包裹在接地体周围。此类降阻剂导电性能稳定，不受气候干湿影响，不腐蚀金属，还可提高电极的防腐性。它具有吸潮性，可保持电极附近土壤潮湿，因此增大了接地电极与土壤的接触面积，有效降低接地电阻，并延长地网的使用寿命。此类降电阻剂，也减少了施工工作量，可少打接地体，可解决施工场地受局限的困难，可大量节省金属材料，尤其可用水平接地体代替难于施工的垂直接地体(在山区及岩石地区等)。目前，全国各地电力、广播电视、铁道、石油、邮电等部门，都广泛地采用此类降阻剂来降低地网的接地电阻。

下面首先介绍常用的几种化学降阻剂的配方，然后说明化学降阻剂的施工方法，供实际参考。

1. 水玻璃降阻剂的配方与使用方法(如表 5-2 所示)

表 5-2 水玻璃降阻剂的配方

序号	名称	用量/kg	作用
1	水玻璃	5	主剂
2	水泥	10	粘接剂
3	工业食盐	2.5	电解质
4	水	12	溶剂

使用方法如下：

(1) 将食盐加入水泥中拌和，然后加水掺和。

(2) 将液态水玻璃(俗称泡花碱)混入并搅拌匀后，即可加到接地体周围。

(3) 待混合物凝固后回填土夯实。

此类降阻剂中加入足量的碳素粉，导电性能更好。

2. 脲醛树脂降阻剂配方与使用方法(如表 5-3 所示)

表 5-3　脲醛树脂降阻剂配方

序号	原料名称	规　格	用量/kg	占用总量/%	作用
1	脲醛树脂水溶液	粘度=5～8cp(工业上使用标准)比重=1.17 左右	4	13(纯树脂 6.7)	主剂
2	聚乙烯醇树脂	聚合度=1750	0.88	3	填加剂
3	尿素	工业品	0.44	1.4	交链剂
4	硫酸氢钠	工业品(或试剂)	0.4	1.3	固化剂
5	氯化钠(食盐)	工业品	1.8～2	6	电解质
6	水		22	73	

使用方法如下：

(1) 先用少量水将聚乙烯醇树脂浸泡一天，然后按 10%的浓度加水搅拌溶解。待均匀溶解后将尿素到入。

(2) 用 11 kg 水溶解食盐。

(3) 用少量的水溶解硫酸氢钠。

(4) 先将其余成分混合，然后加入固化剂(硫酸氢钠水溶液)并搅拌均匀，即刻灌到接地体周围，待凝固后回填土夯实。

3. 丙烯酰胺降阻剂的配方与使用方法(如表 5-4 所示)

表 5-4　丙烯酰胺降阻剂的配方

序号	原料名称	状　态	用量/kg	占用总量/%	作用
1	丙烯酰胺	白色粉末	0.9	4	主剂
2	N、N'-甲撑双丙烯酰胺	白色粉末	0.09	0.4	交链剂
3	过硫酸氨	白色粉末	0.02	0.1	引发剂
4	三乙醇胺	粘稠液体	0.09	0.4	引发剂
5	氯化钠	工业品食盐	3.5	15	电解质
6	水		18	78	溶剂

使用方法如下：

(1) 用 15 kg 水溶解电解质食盐。

(2) 用 2 kg 水溶解丙烯酰胺粉末。

(3) 用少量的水将丙烯酰胺浸湿进行研磨搅拌，溶成糊状后再加少量水冲稀溶解之。

(4) 用少量水溶解过硫酸铵。

(5) 先将其余成分混合，然后再加入过硫酸铵，搅拌均匀即可灌到接地体周围，待其凝固后回填土。

4. 聚丙烯酰胺降阻剂的配方与使用方法(如表 5-5 所示)

表 5-5　聚丙烯酰胺降阻剂的配方

序号	原料名称	规　格	用量/kg	占用总量/%	作用
1	聚丙烯酰胺水溶液	7%浓度的水溶液	2.6	9.3(纯树脂占 0.6)	主剂
2	漂白粉	有效氟含量不小于 28%	0.16	0.5	固化剂
3	食盐	工业品	3	10	电解质
4	细土		16	57	填加剂
5	水		6	22(总水量占 30%)	

使用方法如下：

(1) 用 5 kg 的水先溶解树脂，后加入电解质(食盐)溶解，配成均匀的水溶液。

(2) 用其余的水溶解固化剂(漂白粉)。

(3) 将树脂水溶液和土混合，再加入固化剂的水溶液进行搅拌渗和，然后加到接地体周围，待凝固后回填土。

5. 化学降阻剂的施工方法

垂直埋设接地体和水平埋设接地体时，化学降阻剂的施工方法不同，具体见如图 5-6 所示。

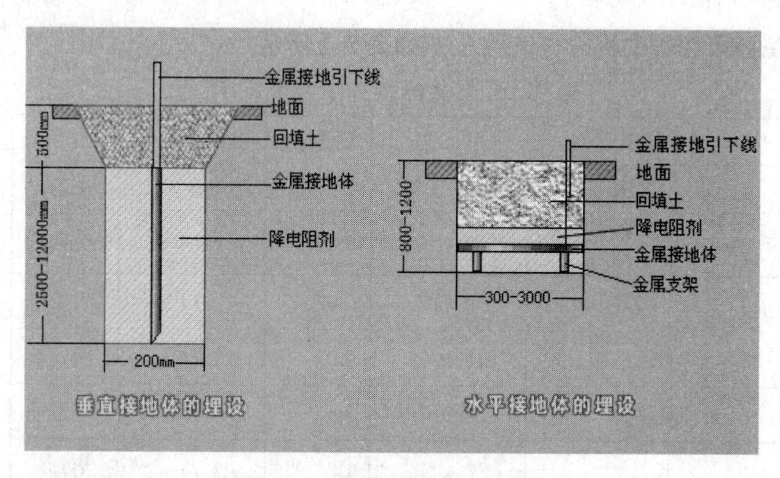

图 5-6　化学降阻剂的施工方法

1) 垂直埋设接地体时的使用降阻剂的施工方法

使用降阻剂在垂直接地极施工时，无机械打孔条件时，可预定敷设降阻剂的接地极外径，加工一个钢管作为外模，放在人工开挖的大口接地坑中。把接地极放在钢模中央，使它们处于垂直位置。钢模外面用细土回填，然后将配制好的降阻剂倒入钢模与接地极之间，最后用起重机向上拉出钢模，再浇水夯实。

2) 水平埋设接地体时使用降阻剂的施工方法

使用降阻剂在水平接地极施工时，先挖一个深1400 mm、宽300 mm、长为水平接地体长度的坑，在坑中放入200 mm金属支架，再把接地体放到金属支架上，然后将配制好的降阻剂倒入坑中，覆盖住接地体，外上面用细土回填，浇水夯实。

无论采取何种接地体，都需把接地体放在中间位置，使降阻剂包裹着接地体，以便降阻剂与接地体之间以及降阻剂与土壤之间都处于良好的接触状态。

5.3　接地体的设计

5.3.1　收集原始资料

在开始设计接地系统之前，应收集下述资料：当地土壤的构造情况及土壤电阻率；当地的气候条件和冰冻厚度；当地土壤的特性及腐蚀情况；通信台(站)内中、近期安装通信设备的情况，以考虑台站建设对接地系统和接地电阻的要求，查明地下原有和新设计的管线情况。

1. 土壤电阻率

大地的主要成分是氧化硅和氧化铝，它们都是良好的绝缘体，由于含有其他成分构成了各类土壤。

土壤的类型对电阻率的影响很大，但在实际中并不能把一种土壤归类得十分明确，往往一类土壤中混有其他类别的土壤，况且土壤电阻率还受多种因素的影响。各种土壤电阻率的平均值见表5-6所示。

表5-6　土壤电阻率一览表

序号	土壤名称	电阻率/($10^2\Omega\cdot m$)	序号	土壤名称	电阻率/($10^2\Omega\cdot m$)
1	泥碳	0.2	16	砂矿	10
2	黑土	0.1～5.3	17	石板	30
3	黏土	0.08～0.7	18	石英矿	150
4	黏土(7～10 m 以下为石层)	0.7	19	泥炭土	6
5	黏土(1～3 m 以下为石层)	5.3	20	粗粒的花岗岩	11
6	砂质黏土	0.4～1.5	21	整体的蔷薇辉石	325
7	石碳	1.3	22	有夹层的蔷薇辉石	23
8	焦炭粉	0.03	23	浓密细粒的石灰石	3
9	黄土	2.5	24	多孔的石灰石	1.8
10	河流沙土	2.36～3.7	25	闪长岩	220
11	沙质河床	1.8	26	蛇纹石	14.5
12	流砂冲击河床	2	27	叶纹石	550
13	砂土	1.5～4	28	河水	10
14	砂	4～7	29	海水	0.002～0.01
15	赤铁矿	8	30	捣碎的木炭	0.4

2. 决定土壤电阻率的因素

决定接地电阻的主要因素是土壤电阻。土壤电阻的大小一般由土壤电阻率表示。土壤电阻率一般以单位立方体(1 cm^3 或者 1 m^3)的土壤电阻表示。土壤的电阻率主要由土壤中的含水量和本身的电阻率来决定，决定土壤电阻率的因素主要有土壤的类型、溶解在土壤中的盐的化合物、土壤中溶解的盐的浓度、含水量、温度、土壤物质的颗粒大小和颗粒大小的分布、密集性和压力、电晕作用。

土壤的类型不可能规定得很明确，只能大概地表述，而且同一种普通类型的土壤由于存在的场所不同，往往会呈现出不同的电阻率。

3. 水分时土壤的影响

由于水中溶解的盐类不同，不同的水对土壤电阻率的影响也不同。其影响表现在以下两方面。

(1) 水分对土壤电阻率的影响。没有水分的土壤具有极大的电阻率，增加水分会降低土壤的电阻率。当水分增加到一定限度时，电阻率不会再下降，而达到饱和稳定状态。

(2) 水质对土壤电阻率的影响。一般来说，电阻率大的水对土壤的变化影响较小，电阻率小的水则对土壤的变化影响较大。

4. 温度对土壤的影响

0℃以上时，土壤电阻率没有什么变化，0℃以下时，土壤中的水分开始结冰，电阻率随温度的下降而急速增大。因此，需要将接地体放置在冰冻层以下的深度以保持一定的温度。

5. 压力对土壤的影响

土壤受到压力后，内部的颗粒就会变得紧密，电阻率就会随之下降。土壤的密度越大，电阻率也就越小。

5.3.2 选择接地方式

当接地体埋设地点的土层较厚，土壤电阻率较低时，采用管状或角状材料垂直埋设接地体较合适。当土壤电阻率不太高，但土层比较薄时，采用水平埋设接地体较好。当在接地体埋设地点附近，若地表面为土质较坚硬的岩石与风化石，电阻率高，而在距地面 2 m 以下为电阻率较低的土壤或地下水位较高时，采用深埋接地体较有利。

5.3.3 选择接地体材料

1. 垂直埋的设接地体的一般常用材料

(1) 钢棒：直径最小为 20 mm，通常为 40～60 mm。

(2) 钢管：直径最小为 20 mm，一般为 40～60 mm(管壁厚不小于 3 mm)。

(3) 角钢：一般为 50 × 50 × 5 mm。

2. 水平埋设的接地体的一般常用材料

(1) 导线：截面至少为 50～95 mm^2。

(2) 扁钢：截面至少为 100 mm^2(其中厚度至少为 3～4 mm)，如 30 × 6 mm 或 40 × 4 mm。

(3) 板状接地体：钢板厚度不小于 3 mm。

3. 特殊接地材料

在地下土壤腐蚀较严重的地区，可选用石墨电柱作接地体或其它新型材料接地体。在接地的使用面积不足地区，可选用新型高效接地材料，如电解离子接地棒，可以大大减小用地。

5.3.4　接地体的埋设

在北方，接地体应埋设在冻土层以下，在南方，接地体应埋设在耕作层以下。

埋设垂直接地体时，应先挖出接地体的基坑和连接带的地沟，接地体在基坑内的位置可参考图 5-7。

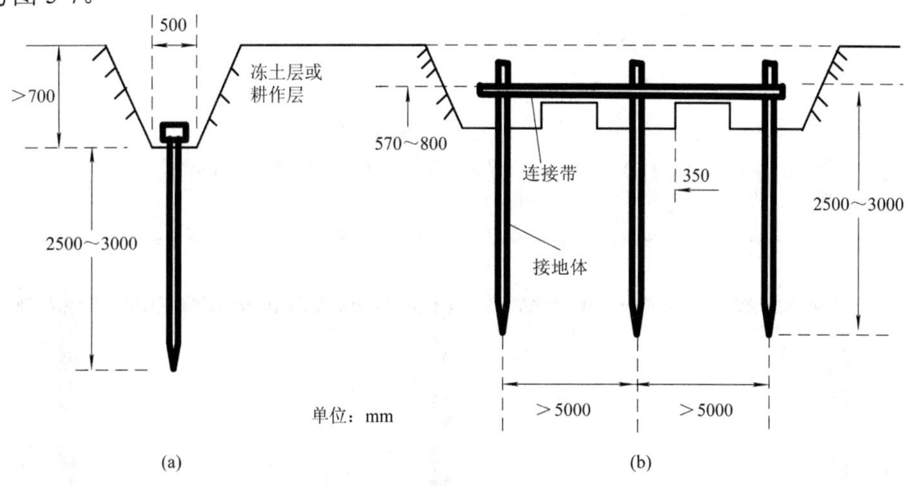

图 5-7　垂直接地体的埋设

(a) 单一接地体；(b) 复合接地体

垂直接地体的连接带通常采用 40 × 4 mm 以上的扁钢，也可用直径为 16 mm 以上的圆钢。垂直接地体的埋设应尽量采用打入法。水平接地体的埋设需采用挖掘地沟的方法进行。施工完毕回填土时，应充分夯实，并保持一定的覆盖深度。垂直接地体与接地导线、垂直接地体与连接带之间必须是氧焊或电焊，焊接面积要大。对于搭接式焊接，扁钢的搭接长度应为其宽度的 2 倍，圆钢的搭接长度应为其直径的 6 倍，对于交叉式焊接应通过卡子增大焊接面，焊完后，焊接处应涂防腐油(柏油)，以保证可靠的电气接触和防止腐蚀。

接地体在施工基本完毕后必须进行测量，并应以季节系数等换算其接地电阻，验证符合要求后，才算竣工。因此，无论在设计时或施工回土时都应注意在接地体的非引出端考虑增装的可能、并留有增装余地。

5.3.5　接地体的设计举例

【例 1】 南方的陶粘土、泥灰岩、沼泽地、黑土、园田土、陶土、粘土等土壤电阻率较低，若实测得到的土壤电阻率为 100 Ω • m，并考虑季节修正系数 $K = 1.5$ 时，设计 4 Ω

工作接地系统。

(1) 因 $\rho = K\rho' = 1.5 \times 100 = 150\ \Omega \cdot \text{m}$。

(2) 单个垂直接地体的接地电阻。

选择直径 $d = 0.05$ m，管壁厚度不小于 3 mm，长 $l = 2.5$ m 的镀锌钢管作接地体，垂直埋深 $h = 0.7$ m，则接地电阻为

$$
\begin{aligned}
R &= \frac{\rho}{2\pi L}\ln\frac{4L(L+2h)}{d(L+4h)} \\
&= \frac{150}{2\times3.14\times2.5}\ln\frac{4\times2.5(2.5+2\times0.7)}{0.05\times(2.5+4\times0.7)} \\
&= \frac{150}{15.7}\ln\frac{39}{0.265} \\
&= 9.55\times\ln 147 \\
&= 9.55\times5 \\
&\approx 47.7\ \Omega
\end{aligned}
$$

(3) 若用接地导线将多个相同的镀锌钢管，按照图 5-8 所示，间距 5 m“一”字排列，下列计算求得镀锌钢管数量是多少个时，才能满足 4 Ω 的接地电阻要求。

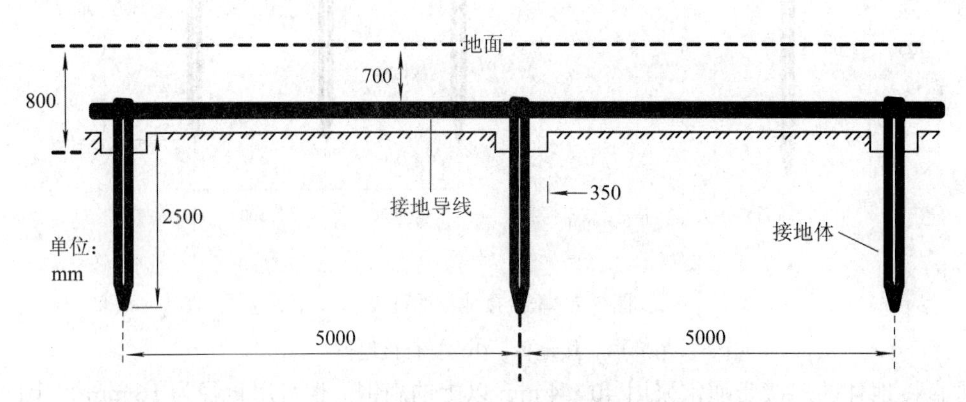

图 5-8 “一”字排列镀锌钢管接地

因接地体间距 5 m 与接地体长 2.5 m 的比值为 2，通过查表 5-7“一”字排列垂直接地体的利用系数，可知接地体利用系数 η = 0.74，则接地电阻为：

表 5-7 一字型排列垂直接地体的利用系数

a/*l*	0.5	1.0	1.5	2.0	2.5	3.0	10.0
η	0.35	0.54	0.6	0.74	0.79	0.85	近乎 1

说明：*l* 为垂地接地体的长度，*a* 为垂直接地之间的距离。

$$R_z = \frac{R}{\eta \cdot N} = \frac{47.7}{0.74\times N} = 4\ \Omega$$

$$N = 16.1 \approx 17$$

由上计算得，17 个镀锌钢管接地，才能满足 4 Ω 的接地电阻要求。

【例 2】 北方的黑土、园田土、陶土、粘土、沙质粘土、黄土等土壤电阻率较高，若

实测得到的土壤电阻率为200 Ω·m，并考虑季节修正系数K = 2.5时，设计4 Ω工作接地系统。

(1) 因 $\rho = K\rho' = 2.5 \times 200 = 500$ Ω·m。

(2) 依据上题，选择直径为 $d = 0.05$ m(管壁厚度不小于3 mm)、长 $L = 2.5$ m 的镀锌钢管作为垂直埋深 $h = 0.7$ m 的接地体时，单管垂直埋设时接地电阻为

$$
\begin{aligned}
R &= \frac{\rho}{2\pi L}\ln\frac{4L(L+2h)}{d(L+4h)} \\
&= \frac{500}{2\times 3.14\times 2.5}\ln\frac{4\times 2.5(2.5+2\times 0.7)}{0.05\times(2.5+4\times 0.7)} \\
&= \frac{500}{15.7}\ln\frac{39}{0.265} \\
&= 31.85\times\ln 147 \\
&= 31.85\times 5 \\
&\approx 153.3\,\Omega
\end{aligned}
$$

(3) 若用接地导线将多个相同的镀锌钢管，按照图5-8，间距5 m“一”字排列，下列计算求得镀锌钢管数量是多少个时，才能满足4 Ω的接地电阻要求。

因接地体间距5 m与接地体长2.5 m的比值为2，通过查表5-7“一”字排列垂直接地体的利用系数，可知接地体利用系数 $\eta = 0.74$，则接地电阻为

$$R_z = \frac{R}{\eta\cdot N} = \frac{159.3}{0.74\times N} = 4\,\Omega$$

$$N = 53.8 \approx 54$$

由上计算得，54个镀锌钢管接地，才能满足4 Ω的接地电阻要求，占地面积为

$$(54/2-1)\times 5\times 5 = 625\ \text{m}^2$$

(4) 采用电解离子接地棒。为减小接地体的占地面积，保持几十年接地阻值不变，可采用新型电解离子接地棒(极)作为垂直接地体。根据表5-8某公司生产的新型电解离子接地极垂直埋设时的接地电阻表知道，电阻率为200 Ω·m的土壤，10套(根)垂直埋设的电解离子接地极就能达到接地要求，且占地面积小，施工方便，造价高。

表5-8　某公司生产的新型电解离子接地极垂直埋设时的接地电阻(Ω)

土壤电阻率/(Ω·m)	100	200	500	1000	1500
1套	7.36 Ω	10.41 Ω	26.03 Ω	36.79 Ω	37.42 Ω
2套	3.91 Ω	5.54 Ω	13.85 Ω	19.57 Ω	19.90 Ω
3套	2.70 Ω	3.81 Ω	9.53 Ω	13.48 Ω	13.71 Ω
4套	2.11 Ω	2.99 Ω	7.48 Ω	10.57 Ω	10.75 Ω
5套	1.69 Ω	2.39 Ω	5.98 Ω	8.46 Ω	8.60 Ω
10套	0.97 Ω	1.37 Ω	3.34 Ω	4.72 Ω	4.80 Ω
20套	0.52 Ω	0.73 Ω	1.71 Ω	2.24 Ω	2.46 Ω

习 题

1. 什么是接地？接地系统由那几部分组成？
2. 接地的目的是什么？接地分类有哪些？
3. 什么是联合接地方式？
4. 简述降低电阻的方法。
5. 请你参考 5.3.5 节例题，设计延安某单位的光传输机房 1 Ω 联合接地系统。

第 6 章　程控交换设备

程控交换设备指由电子计算机存储程序控制的、采用脉冲编码调制时分多路复用技术进行交换的全电子自动机。通过程序控制，程控交换设备根据用户发出的信息把主叫用户自动连接到所需的被叫用户，实现用户间的电话通信，通话完毕后用户挂机自动拆除电路连接。数字程控电话交换设备包含控制和话路两部分：控制部分有处理机、存储器和输入输出部分，用以运行各种程序、处理数据以及提供人机通信接口；话路部分有时隙交换网络、用户电路、中继电路、信令单元等，可实现收发电话信号、监视电路状态、电路接续。

国内程控交换设备主要有深圳中兴公司生产的 ZXJ10 数字程控电话交换机和深圳华为公司生产的 C&C08 型数字程控电话交换机，用户容量范围从几十线到数十万线，可用于 C1～C5 各级电话交换中心的使用。

6.1　程控交换基本原理

6.1.1　话音信号数字化

话音信号数字化是将话音信号进行数字传输、数字交换的前提和基础，是话音信号进入数字交换网络之前必须完成的工作。

话音信号是模拟信号，将模拟信号转变成数字信号的过程叫做数字信号的调制。话音信号数字化过程中常用的调制方法有脉冲编码调制(PCM)和增量调制(ΔM)。本小节着重讲述脉冲编码调制(PCM)的基本步骤和基本原理。图 6-1 是脉冲编码调制(PCM)的模型。

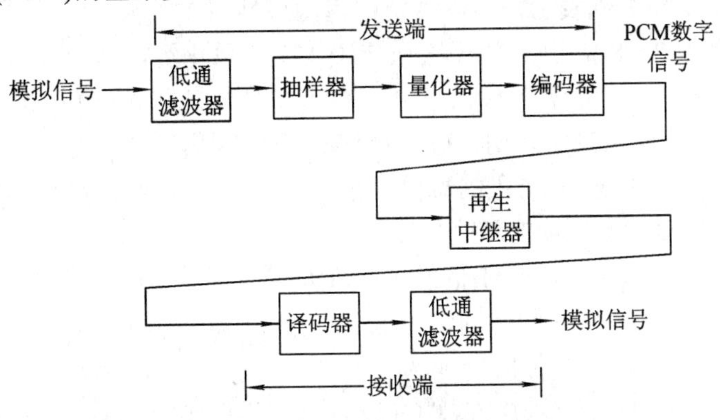

图 6-1　脉冲编码调制(PCM)的模型

脉冲编码调制(PCM)在发送端主要通过抽样、量化和编码的工作，完成模拟到数字

(A→D)转换。在接收端主要通过译码和滤波的工作，完成数字到模拟(D→A)转换。

1. 抽样

抽样的目的是使模拟信号在时间上离散化。为了使抽样信号不失真地还原为原始信号，根据奈奎斯特抽样定理，抽样频率(fs)应大于 2 倍的话音信号的最高频率。实际中 f_s 取 8000 Hz，则抽样周期 T 为 1/8000 s，即 125 μs。

2. 量化

量化的目的是将抽样得到的无数种幅度值，用有限个状态来表示，以减少编码的位数。其原理是用有限个电平表示模拟信号的样值。

量化分为均匀量化和非均匀量化。在均匀量化时，由于量化分级间隔是均匀的，对大信号和小信号量化阶距相同，因而小信号时的相对误差大，而大信号时的相对误差小。非均匀量化是一种在信号动态范围内，量化分级不均匀、量化阶距不相等的量化。如使小信号的量化分级数目多，量化阶距小；使大信号的量化分级数目少，量化阶距大。非均匀量化叫做“压缩扩张法”，简称压扩法。

CCITT 建议采用的压缩律有两种，即 A 律和 μ 律。A 律的压缩系数(A)为 87.6，用 13 折线来近似。μ 律的压缩系数(μ)为 255，用 15 折线来近似。欧洲和中国的 PCM 设备采用 A 律；北美和日本的 PCM 设备采用 μ 律。

3. 编码

编码就是把量化后的幅值分别用代码来表示。实际应用中，通常用 8 位二进制代码表示一个量化样值。PCM 信号的组成形式如图 6-2 所示。

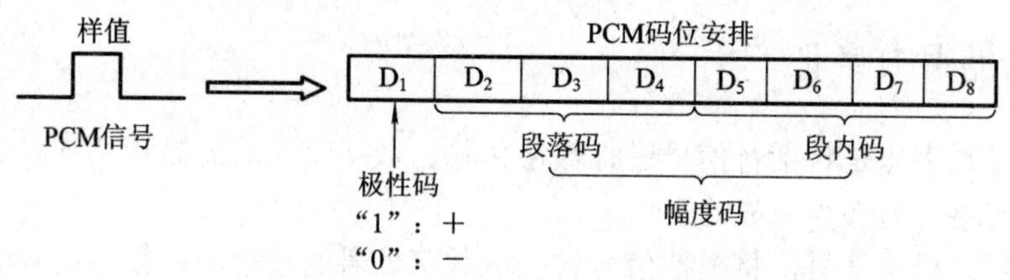

图 6-2 PCM 信号的组成形式

(1) 极性码是由高 1 位表示，用以确定样值的极性。

(2) 幅度码是由 2～8 位共 7 位码表示(代表 128 个量化级)，用以确定样值的大小。

(3) 段落码是指将 13 折线分为 16 个不等的段(非均匀量化)，其中正、负极性各 8 段，量化级为 8，由高 2～4 位表示，用以确定样值的幅度范围。

(4) 段内码是指将上述 16 个段的每段再平均分为 16 段(均匀量化)，量化级为 16 ，由低 5～8 位表示，用以确定样值的精确幅度。

经过编码后的信号，就是 PCM 信号了。PCM 信号在信道中的传输是以每路的一个抽样值为单位传输的，因此单路 PCM 信号的传输速率为 8 × 8000 b/s = 64 kb/s。这里将速率为 64 kb/s 的 PCM 信号称为基带信号。

PCM 常用码型有单极性不归零码型(NRZ)、双极性归零码(AMI)、三阶高密度双极性码(HDB3)等。在我国，NRZ 码一般不用于长途线路，主要用于局内通信。HDB3 码型适合远距离传输，常用于长途线路通信。

4. 再生中继器

PCM 信号在传输中，为了减少由长途线路带来的噪声和失真积累，通常在到达一定传输距离处设置一个再生中继器。再生中继器完成输入信码的整形、放大等工作，以使信号恢复到良好状态。

5. 译码和重建

在 PCM 通信的接收端，需要把数字信号恢复为模拟信号，这要经过译码和重建两个处理过程。解码就是把接收到的 PCM 代码转变成与发送端一样的 PAM(脉冲幅度调制)信号。在 PAM 信号中包含原话音信号的频谱，因此将 PAM 信号通过低通滤波器分离出所需要的话音信号的这一过程即称为重建。

6.1.2 时分接线器与空分接线器

1. 数字交换的实质

数字交换实质上就是把 PCM 系统有关的时隙内容在时间位置上进行搬移，因此数字交换也叫时隙交换。实际中用户消息通过数字交换网络发送与接收的过程如图 6-3 所示。主叫端的 A 信号占 TS_1 发送，经数字交换网络交换后由 TS_2 接收，而被叫端的 B 信号占 TS_2 发送，经数字交换网络交换后由 TS_1 接收。由此完成了主、被叫双方消息的交换。由于 PCM 信号是四线传输，即发送和接收是分开的，因此数字交换网络也要收、发分开，进行单向路由的接续。

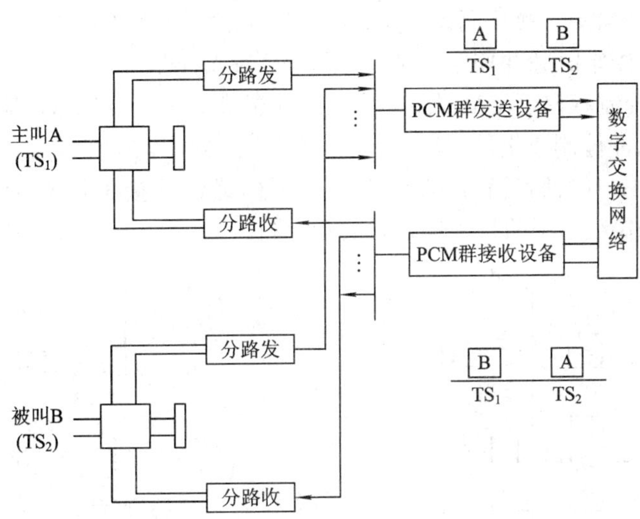

图 6-3　用户消息通过数字交换网络发送与接收的示意图

在数字通信中，由于每一条总线都至少可传送 30 路(PCM 基群)用户的消息，所以我们把连接交换网络的入、出线叫做 PCM 母线或 HW(High Way)线。

当连接数字交换网络有若干条 HW 线时，数字交换网络必须具有在不同 PCM 总线之间进行交换的功能。该功能主要体现在以下三个方面：

(1) 具有在同一条 HW 线、不同时隙之间进行交换的功能；

(2) 具有在同一时隙、不同 HW 线之间进行交换的功能；

(3) 具有在不同HW线、不同时隙之间进行交换的功能。

数字交换网络由数字接线器组成，用来实现上述三个功能。从功能上，数字接线器可分为时间(T)接线器和空间(S)接线器。

2. 时间(T)接线器

1) T接线器的结构组成

时间(T)接线器可以完成在同一条HW线、不同时隙之间的交换。T接线器由话音存储器 SM(Speech Memory)和控制存储器 CM(Control Memory)组成。话音存储器和控制存储器都是随机存储器RAM。

(1) 话音存储器：用于寄存PCM编码后的话音信息。每个单元存放一个时隙的内容，即存放一个8 bit编码信号，故SM的单元数等于PCM的复用度(HW线上的时隙总数)。

(2) 控制存储器：用于寄存话音信息在SM中的地址单元号。在定时脉冲作用下，通过CM中存放的地址单元号，进而控制话音信号在SM中的写入或读出。一个SM的单元号占用CM的一个单元，故CM的单元数等于SM的单元数。CM每单元的字长则由SM总单元数的二进制编码字长决定。

例如，某T接线器的输入端PCM复用度为128，则SM的单元数应是128个，每单元的字长是8 bit，则CM 单元数应是128个，每单元的字长是7 bit。

2) T接线器的工作方式

如果SM的写入信号受定时脉冲控制，而SM的读出信号受CM控制，我们称之为“输出控制”方式，即SM是“顺序写入，控制读出”。反之，如果SM的写入信号受CM控制，而SM的读出信号受定时脉冲控制，我们称之为“输入控制”方式，即SM是“控制写入，顺序读出”。对于控制存储器(CM)来说，其工作方式都是“控制写入，顺序读出”，即CPU控制写入，定时脉冲控制读出。

例如，某主叫用户的话音信号(A)占用TS_{50}发送，通过T接线器交换至被叫用户的TS_{450}接收。图6-4(a)、(b)给出了两种工作方式的示意图。

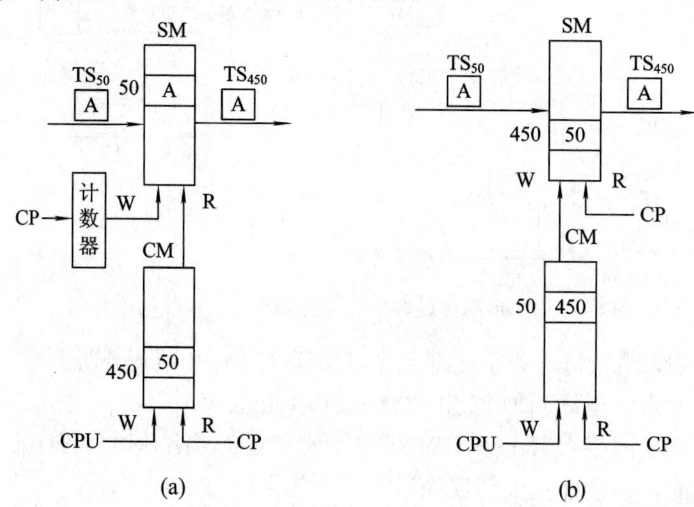

图6-4 T接线器工作方式举例

(a) 输出控制工作方式；(b) 输入控制工作方式

对于“输出控制方式”来说，其交换过程是这样的：第一步，在定时脉冲 CP 的控制下，将 Hw 线上的每个输入时隙所携带的话音信息依次写入 SM 的相应单元中(SM 单元号对应主叫用户所占用的时隙号)，即 TS_{50} 到来时 SM 中的 50 单元地址存放 8 bit 的话音信号 A；第二步，CPU 根据交换要求，在 CM 的相应单元填写 SM 的读出地址(CM 单元号对应被叫所占用的时隙号)，即在 TS_{50} 到来时，CM 中的 450 单元地址存放 9 bit 的地址信号 000110 010(相当于十进制的 50)；第三步，在 CP 脉冲的控制下，按顺序在输出时隙(被叫所占的时隙)到来时，根据 CM 的读出地址，读出 SM 中的话音信息，即 TS_{450} 到来时读取 CM 中 450 单元中的内容(地址信息 50)，根据 SM 中的 50 单元读出内容话音信息 A。

对于“输入控制方式”来说，其交换过程是这样的：第一步，CPU 根据交换要求，在 CM 单元内写入话音信号在 SM 的地址(CM 单元号对应主叫所占用的时隙号)，即在 Ts_{50} 到来时，CPU 在 CM 中的 50 单元地址写入 9 bit 的地址信号 111 000 010(相当于十进制的 450)；第二步，在 CM 的控制下，将话音信息写入 SM 的相应单元中(SM 单元号对应被叫用户所占用的时隙号)，即 TS_{50} 到来时，SM 中的 450 单元地址存放 8 bit 的话音信号 A；第三步，在 CP 脉冲的控制下，按顺序读出时隙 SM 中的话音信息，即 TS_{450} 到来时，读取 SM 中 4 50 单元的内容话音信息 A。

3) 关于 T 接线器的讨论

(1) 不管是哪一种控制方式，话音信息交换的结果是一样的。

(2) T 接线器按时间开关时分方式工作，每个时隙的话音信息都对应着一个 SM 的存储单元，因为不同的存储单元所占用的空间位置不同，所以就这个意义上讲，T 接线器虽是一种时分接线器，但实际上却具有“空分”的含义。

(3) CPU 只需修改 CM 单元内的内容，就可改变信号交换的对象。但对于某一次通话来说，占用 T 接线器的单元是固定的，这个“占用”直至通话结束才释放。

(4) 话音信号在 SM 中存放的时间最短为 3.9 μs，最长为 125 μs。当 CM 第 k 个单元中的值为 j 时，输入的第 j 时隙将被转移到输出的第 k 时隙。由此引起的延时为 $D = k - j$(TS)。例如，当 $k = 3$，$j = 1$ 时，信号交换的延时为 $D = 3 - 1 = 2$(TS) = 7.8 μs。

(5) CM 各单元的数据在每次通话中只需写一次。

3. 空间(S)接线器

早期机电制交换机的空分接线器是一个由大量交叉接点构成的空分矩阵，如果一个交叉接点为一个信息的传输通道，那么交叉接点越多，信息传输的通道就越多，可以交换的对象就越多。此交叉矩阵的概念被用到了程控交换机的数字交换网络中，称为空间(S)接线器交叉接点矩阵。每个正在通信的用户在此矩阵中占据一个交叉接点。

1) S 接线器的结构组成

数字交换网络的空间(S)接线器由交叉接点和控制存储器两部分组成。如图 6-5 所示的是一个输入输出端各有 8 条 HW 线的 S 接线器，其中 8 ×8 开关矩阵由高速电子开关组成，开关的闭合受 8 个控制存储器(CM)控制。

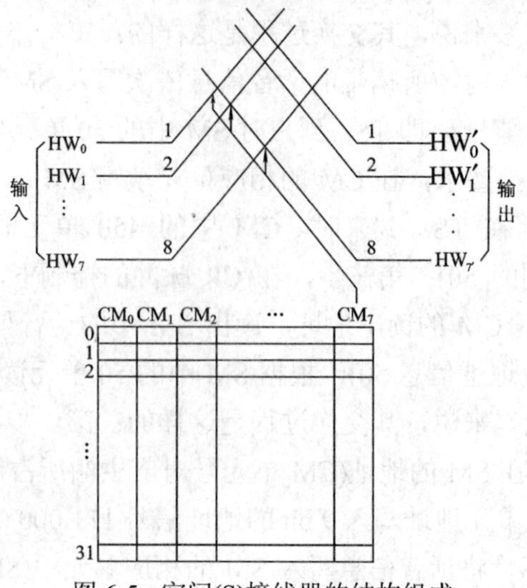

图 6-5　空间(S)接线器的结构组成

2) S 接线器的工作方式

S 接线器的工作同样分输出控制方式和输入控制方式。每一个控制存储器(CM)控制同号输出端的所有交叉接点，叫做“输出控制”；每一个控制存储器(CM)控制同号输入端的所有交叉接点，叫做“输入控制”。表 6-1 对比了 S 接线器的两种工作方式的不同。

表 6-1　S 接线器的两种工作方式的比较

输出控制方式	输入控制方式
CM 的编号对应输出线的线号	CM 的编号对应输入线的线号
CM 的单元号对应输入线上的时隙号	CM 的单元号对应输入线上的时隙号
CM 单元内的内容填写要交换的输入线的线号	CM 单元内的内容填写要交换的输出线的线号

图 6-6(a)、(b)分别是 S 接线器按输出控制方式和输入控制方式完成 $HW_0\ TS_5$ 到 $HW_3\ TS_5$ 的信号交换示意图。

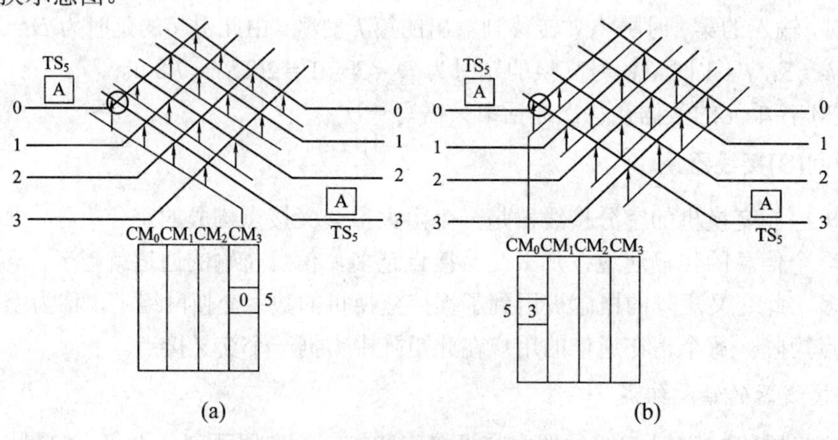

图 6-6　S 接线器的工作方式

(a) 输出控制方式；(b) 输入控制方式

S 接线器的交换过程分两步进行：第一步，CPU 根据路由选择结果，在 CM 的相应单元内写入输入(出)线序号；第二步，在 CP 控制下，按时隙顺序读出 CM 相应单元的内容，控制输入线与输出线间的交叉点的闭合。

例如，某 S 接线器的 HW 线复用度为 512，交叉矩阵为 32×32，有 1024 个交叉点信道，需要 32 个控制存储器，每个控制存储器有 512 个单元，每单元内的字长是 5 位。

3) 关于 S 接线器的讨论

(1) S 接线器按空间开关时分方式工作，矩阵中的交叉接点状态每时隙更换一次，每次接通的时间是一个 TS，即 3.9 μs。从这个意义上理解，S 接线器虽是一种空分接线器，却具有“时分”的含义。

(2) S 接线器在每一时隙时，不允许矩阵中一行或一列同时有两个以上的交叉接点闭合，否则会造成串话。

(3) 矩阵中的每 8 条并行输入线在任何时刻必须选相同的输出线，因此可由同一个存储单元控制。

(4) 对于一个 HW 线为一次群的 $N \times N$ 的空间接线器，其控制存储器的容量应为 $32 \times N \times \text{lb}\, N$ bit(其中 N 为 2 的整次幂)。例如，某 S 接线器采用 8 × 8 矩阵，每条输入 HW 线为二次群复用，则 S 接线器控制存储器的容量应为 $128 \times 8 \times \text{lb}\, 8 = 3072$ bit。

6.1.3　交换机系统结构

如图 6-7 所示，数字程控交换机主要由两部分组成：话路系统和控制系统。控制系统也称为处理机控制系统；话路系统由数字交换网络、接口电路和信号设备组成。

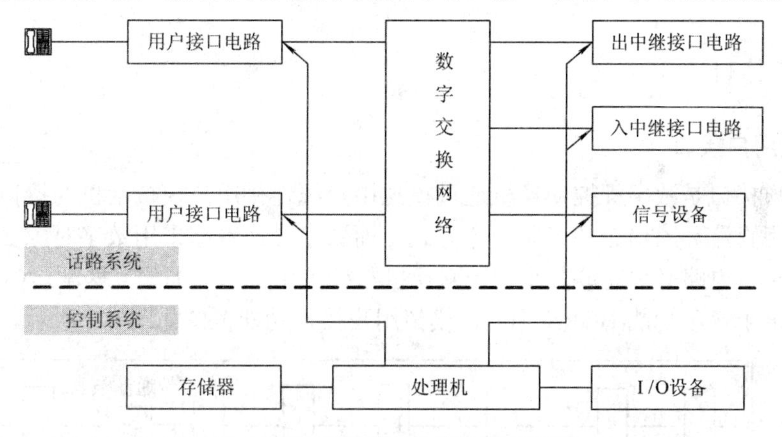

图 6-7　数字程控交换机的组成框图

1. 数字交换网络

数字交换网络可看成是一个有 M 条入线和 N 条出线的网络。其基本功能是根据需要使某一入线与某一出线连通，提供用户通信接口之间的连接。此连接可以是物理的也可是逻辑的。物理连接指用户通信过程中，不论用户有无信息传送，交换网络始终按预先的分配方法，保持其专用的接续通路。而逻辑连接即虚连接(Virtual Connection)，只有在用户有信息传送时，才按需分配提供接续通路。

2. 接口电路

接口电路分用户接口电路和中继接口电路。用户接口电路提供交换机到用户设备的接口(如 POTS、2B + D、V5 等用户接口)，又可分为模拟用户接口电路、数字用户接口电路等。中继接口电路提供 E1/T1 等中继接口，作为交换机与外部系统的接口，比如交换局、小交换机、远端用户单元等。

3. 信号设备

信号设备负责产生和接收数字程控交换机工作所需要的各种信令，信令处理过程需用规范化的一系列协议来实现。

4. 控制系统

控制系统是数字程控交换机工作的指挥中心，它由处理机、存储器、I/O 接口等部件组成。控制系统的功能通常分为三级。第一级为外围设备控制级，主要对靠近交换网络侧的端口电路及交换机的其他外围设备进行控制，跟踪监视终端用户、中继线的呼叫占用情况，向外围设备送出控制信息。第二级为呼叫处理控制级，主要对由第一级控制级送来的输入信息进行分析和处理，并控制交换机完成链路的建立或复原。第二级的控制系统有较强的智能性，所以这级称为存储程序控制。第三级为维护测试控制级，用于系统的操作维护和测试，定期自动地对交换系统的各个部分进行状态检测或试验，诊断各种可能出现的故障，并及时报告(输出)异常情况信息。

6.2 程控交换机接口

6.2.1 用户接口

1. 模拟用户接口

模拟用户接口是数字程控交换机通过模拟用户线连接用户模拟话机的接口电路。模拟用户线上采用直流环路信令和音频信令方式，而数字交换网络采用数字时隙交换方式，因此模拟用户接口电路必须完成数字程控交换机与模拟用户之间的相互匹配。CCITT 为模拟用户接口规定了 7 项功能(BORSCHT)，模拟用户接口功能框图如图 6-8 所示。

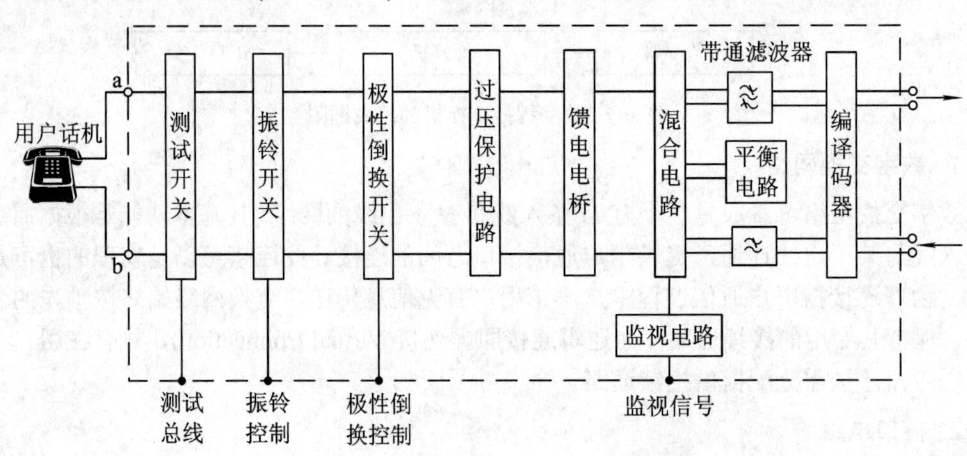

图 6-8 模拟用户接口功能框图

1) 馈电 B(Battery Feeding)

所有话机由程控交换机统一供电，称为中央馈电。交换机通过用户接口的馈电电路向电话机提供通话用的–48V 馈电电压，馈电电流为 18～50 mA。馈电电路和传输话音信号共用一对传输线路。馈电电路一般采用恒流源电路方式，要求器件尽量对称平衡。

2) 过压保护 O(Over Voltage Protection)

过压保护电路是为保护交换机的内部电路不受外界雷击、工业高压的损害而设置的。由于外线进入交换机前，配线架上装配保安器/仿雷管，已做了一次保护，所以用户接口中的过压保护电路又叫做二次保护电路。用户接口电路入口串联压敏电阻，其阻值随电压的升高迅速增大，从而起到限流作用。过压保护电路采用了钳位电桥，钳位电桥将用户内线侧两端的正向高电压钳位到 0 V，负向高电压钳位到–48 V。

3) 振铃 R(Ring)

程控交换机的信号发生器通过用户接口的振铃开关电路向用户话机馈送振铃信号。我国交换机规范中振铃信号的标准是 25 Hz，(90±15)V 的交流电压。振铃电压信号用电子器件发送比较困难，因此采用振铃继电器，由继电器的接点转换来控制铃流发送，以 1s 通、4s 断的周期方式向用户话机馈送。另外，铃流信号送到用户线时，考虑到较高的振铃电压，必须采用隔离措施，以免损坏内线电路，所以应将振铃电路设计在二次过压保护电路之前。

4) 监视 S(Supervision)

监视电路用来监测环路直流电流的变化，以此判断用户摘/挂机状态和拨号脉冲信号，并向控制系统输出相应的信息。它通过检测用户环路上的电流变化来实现，由用户电路不断地循环扫描用户环路，一般扫描周期是 200 ms 左右。

5) 编译码器 C(CODEC)

编译码器完成模拟话音信号以及模拟信令信号的 PCM 编码和解码。CODEC 是编码器和译码器的缩写。每个用户接口电路内都包含有滤波器和编译码器，模拟话音信号首先经滤波器限频，消除带外干扰，再进行抽样量化，最后用编码器编码并暂存，待指定的时隙到来时以 64 kb/s 的基带速率输出。由交换网络返回的基带 PCM 信号进入译码器，完成模拟话音的恢复。

6) 混合电路 H(Hybrid Circuit)

模拟用户线是二线传输方式，而与之连接的数字交换网络是四线传输方式，所以信号在编码前和译码后一定要由用户接口的混合电路完成二/四线转换。图 6-8 中的平衡电路是对用户线进行阻抗匹配的。

7) 测试 T(Test)

测试电路可实现对用户线的测试，及时检测出混线、断线、接地等问题。它分为外线测试和内线测试。外线测试通过继电器触点断开外线与接口电路的连接，将外线接至测试设备，由软件程序控制测试线路及用户终端的状态和相关参数。内线测试通过继电器触点将接口电路接至一个模仿用户终端的测试设备上，通过测试软件控制一个完整的通话应答，检测接口电路的相关动作和参数。

模拟用户接口电路除了上述七个基本功能之外，有的数字程控交换机还设计了如极性倒换、衰减控制、收费脉冲发送、主叫号码传送等功能。

2. 数字用户接口

数字用户接口是数字程控交换机在用户环路上采用数字传输方式连接数字用户终端的接口电路。标准数字用户接口有基本速率接口(Basic Rate Interface，BRI)和基群速率接口(Primay Rate Interface，PRI)，通称V系列接口，具体分为V1、V2、V3、V4、V5接口。其中，BRI接口也称为V1接口，用于连接用户终端，其传输帧结构为2B＋D，线路传输速率为144 kb/s；PRI接口也称为V5接口，V5接口支持 $n \times E_1(n \times 2048\ \text{kb/s})$ 的接入网。V5接口包括V5.1接口和V5.2接口。对于V5.1接口来说，$n = 1$；对于V5.2接口来说，$1 \leqslant n \leqslant 16$。

数字用户接口功能如图6-9所示。数字用户接口的馈电、过压保护和测试电路与模拟用户接口类似。

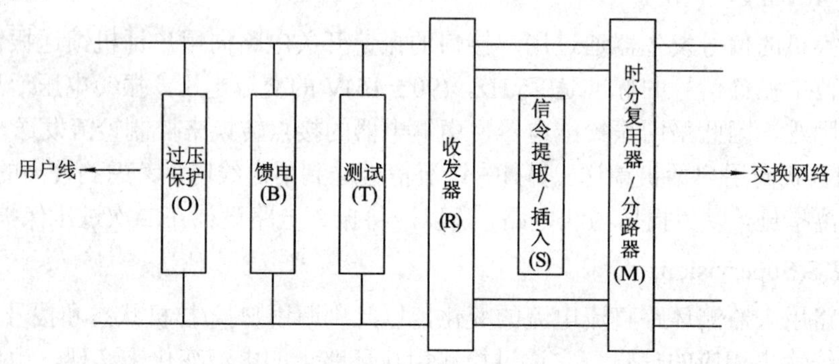

图6-9　数字用户接口功能框图

数字用户接口的收发器有两个作用，一个是实现用户环线传输信号与交换机内工作信号之间的变换和匹配；另一个作用是实现数字信号的双向传输。

数字用户接口的功能是采用专门的数字用户信令协议(DSSI信令)在D信道传送信令信息。发送方将信令消息插入专用逻辑信道(TS_{16})，经过复用与信息数据一起传输，接收方则从专用逻辑信道提取信令消息。信令的插入与提取便是信令与消息的时分复接与分接的过程。

时分复用器/分路器是数字用户接口与交换网络之间的速率匹配电路。数字交换网络是以64 kb/s的数字信道为一个接续单元，而用户环线的传输速率根据数字终端的不同可能高于或低于64 kb/s，这就要求将环线速率高于64 kb/s的信号分离成若干条64 kb/s的信道，或将若干路低于64 kb/s的信号复用成一条64 kb/s的信道。数字用户接口除图6-9所示的功能外，还包括回波消除、均衡、扰码和去扰码等功能。回波消除法是实现在一对用户线上进行数字双向传输的一种有效方法。均衡则是对信道的频率特性进行补偿，可利用自适应判决反馈均衡器来完成。发送端使用扰码器，以实现信号加密，在接收端使用去扰码器去除伪随机序列，恢复提取发送方的实际数据。

6.2.2　中继接口

1. 模拟中继接口

模拟中继接口又叫C接口，它是数字交换网络与模拟中继线之间的接口电路，其功能框图如图 6-10 所示。模拟中继接口电路类似于模拟用户接口电路，但二者有一定的区别。与模拟用户接口电路比较，模拟中继接口电路少了振铃控制和对用户馈电的功能，而多了一个中继线忙/闲指示功能，同时把对用户线状态监视变为对中继线路信号的监视。还需要注意一点的是，对于用户接口只需要单向检测话机的直流通断状态，而中继接口除了需要检测来自对端的监视信号外，还必须将本端的监视信号插入到传输信道中去供对端检测。

2. 数字中继接口

数字中继接口电路是数字中继线与交换网络之间的接口电路。数字中继接口包括 A 接口和 B 接口。其中 A 接口是速率为 2048 kb/s 的接口，它的帧结构和传输特性符合 32 路 PCM 要求。B 接口是 PCM 二次群接口，其接口速率为 8448 kb/s。

数字中继接口由收发电路、同步电路、信令的插入(提取)电路和报警电路四部分组成，功能框图如图 6-11 所示。

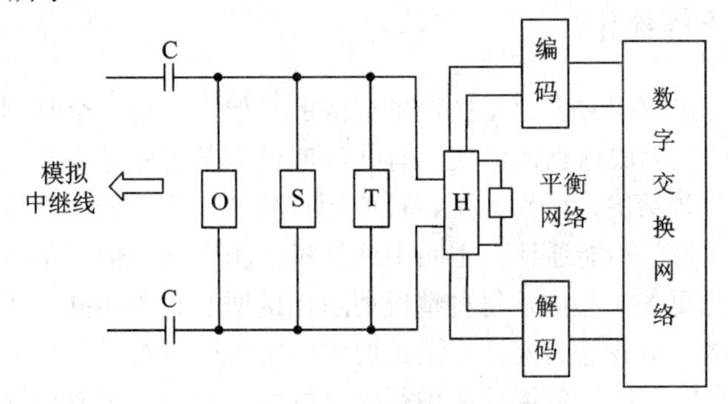

图 6-10　模拟中继接口功能框图

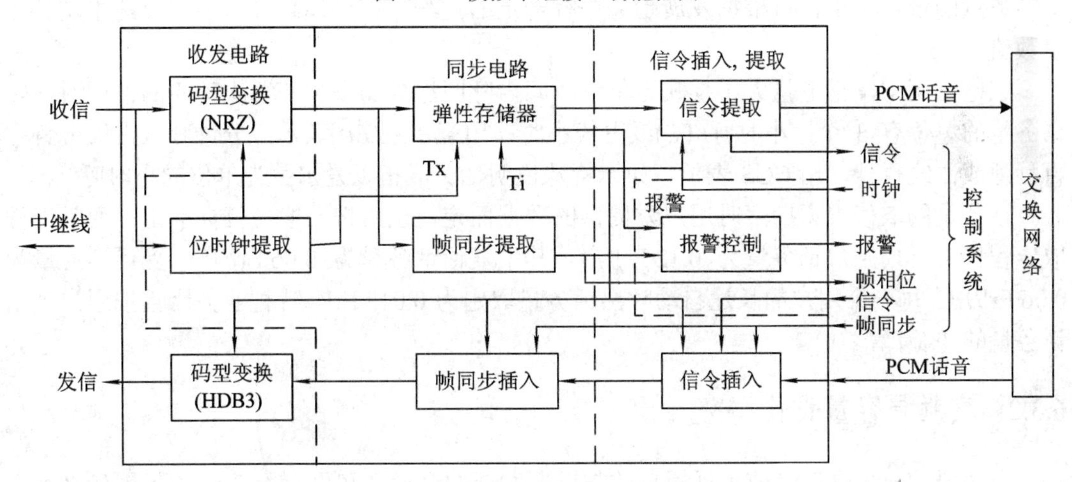

图 6-11　数字中继接口功能框图

收发电路主要完成 PCM 线路码型(HDB3 码)和机内码型(NRZ 码)的变换。同步电路主要包括帧同步信号的提取和帧同步信号的插入。信令是不进入数字交换网络中交换的，因此数字中继接口应在 TS_{16} 时完成信令的提取与插入。报警控制电路接收来自帧同步字检测电路的信号，对滑码的次数进行计数。当滑码的次数超过一定限度时，报警电路应向控制系统发出“失步”的告警信号。

6.2.3　操作维护接口

操作维护接口是程控交换设备与后台操作维护系统(各种操作维护计算机终端)的接口电路。常见的接口类型有 RS-232 串口及 RJ-45 以太网口两种。通过操作维护接口电路，操作维护人员进行交换机计费、业务管理、系统维护、交换局配置、数据管理，完成对交换机的各种操作控制，同时后台接收交换机的系统状态、系统资源占用情况、计费数据、测量结果报告以及告警信息等，以便实时掌握数字程控交换设备状态。

6.3　程控交换局工程设计

6.3.1　电话网话务量统计

话务量是电话用户呼叫并占用交换设备形成的。但是，每一个呼叫的过程并不完全相同，例如，有些呼叫以完成通话而结束，有些呼叫则因某种原因不能达到通信目的而中途中断，归纳起来有 5 种情况，分别为主、被叫用户接通，实现通话；被叫用户忙，不能通话；被叫用户久不应答，不能通话；主叫中途挂机；由于网络忙，不能与被叫用户接通。因这 5 种情况所占比重各不相同，每种情况所占用的时长也不相同，所以应该分别计算其话务量。对已有网络的话务量的统计方法是通过一定长时间对话务量记录，并采用统计的方法计算出每个用户的平均话务量。在进行交换网络规划设计时要根据原有网络中用户平均话务量的统计结果，再根据发展趋势进行一定的预测，得到规划设计中应取的平均话务量数值。

在电信网中，话务量大小反映为单位时间内呼叫次数的多少和每次呼叫的占用时间。话务量的单位有 3 个：小时呼(TC)或占线小时，用爱尔兰(Erl)表示；分钟呼或占线分钟；百秒呼或占线百秒，用 CCS 表示。如无特殊说明，一般指以爱尔兰为单位的小时呼。

话务量的取值根据勘察时用户方提供的数据而定，也可按一般规范标准定。通常工程取定程控市话局用户话务量为 0.12 Erl/户，其中发话话务量为 0.06 Erl/户，受话话务量为 0.06 Erl/户。每一个用户的长途自动呼出话务量取定为 0.015 Erl。特种业务比重按用户呼出话务量的 3%计算。

6.3.2　交换局容量设计

交换局的容量是以当前电话用户数与近期发展的容量之和再计入 30%的备用量来确定的，即：初装容量 = 1.3 × (当前电话数+近期发展数)。

交换局的近、远期容量可参考城市发展规划和电话普及率指标确定，当缺乏资料时可按接近的 150%～200%确定。

交换机的实装用户限额为 80%，高于该值时，就考虑扩容。

中继线路应考虑用户外线、用户交换机、远端模块、远端用户单元、数据通信、移动通信、会议电话等所有用到外线的各种因素，在不能确定时，应留有一定的余量，可按中继线路的 150%左右考虑。

交换机容量的年平均增长速度可按式(6-1)计算。

$$\omega = \sqrt[T]{\frac{N_0 + N_T}{N_0}} - 1 \tag{6-1}$$

其中：ω 为年平均增长速度，T 为预测年限，N_0 为现在调查的电话需要数量，N_T 为 T 年的增量。则 T 年后的总装机户数如下：

$$N_T = N_0(1 + \omega)^T \tag{6-2}$$

6.3.3　交换局中继设计

1. 中继方式

中继方式有以下三种：半自动直拨中继方式，如 DOD2 + BID 中继方式(中继线可以是单向/双向/部分双向传输)；全自动直拨中继方式，如 DOD1 + DID 中继方式(中继线是单向传输)和 DOD2 + DID 中继方式(中继线是单向传输)；混合中继方式，指在呼入时将 DID 与 BID 混合使用，如单向中继(DOD2 + BID)方式、部分双向中继(DOD2 + BID)方式。

1) 全自动直拨入网方式(DOD1 + DID)

全自动直拨入网方式如图 6-12 所示。

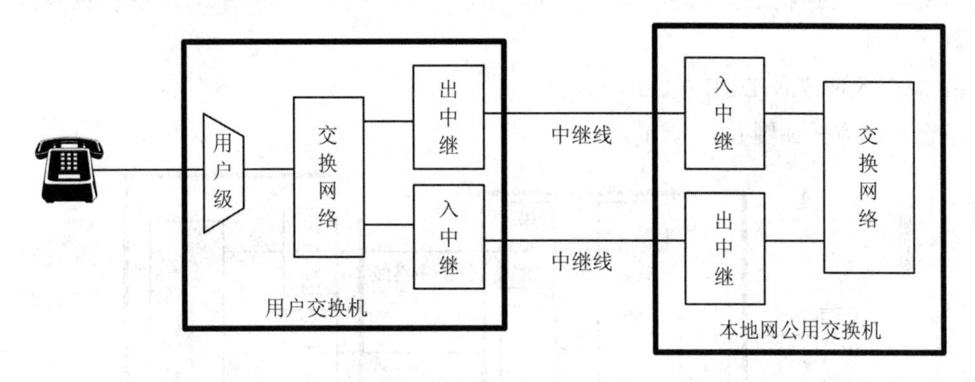

图 6-12　全自动直拨入网方式

其特点如下：

(1) 用户交换机的出/入中继线接至本地网公用交换机的入/出中继线。即用户交换机的分机必须占用一条本地网公用交换机的入中继线。

(2) 用户交换机分机用户出局呼叫时直接拨本地网用户号码，且只听用户交换机送的一次拨号音。公网交换机用户入局呼叫时直接拨分机号码，由交换机自动接续。

(3) 在该方式中，用户交换机的分机号码占用本地电话网号码资源。

(4) 本地网公用交换机对用户交换机分机用户直接计费，计费方式采用复式计费方式，即按通话时长和通话距离计费。

2) 半自动入网方式(DOD2 + BID)

半自动入网方式如图 6-13 所示。

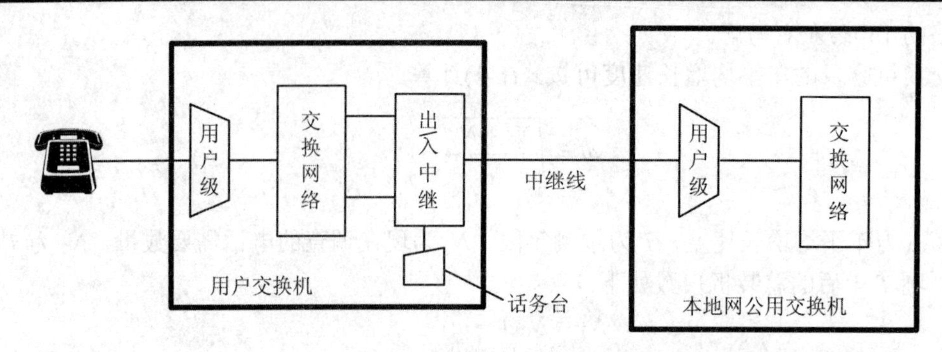

图 6-13　半自动入网方式

其特点如下：

(1) 用户交换机的出/入中继线接至本地电话网公用交换机的用户接口电路。

(2) 用户交换机每一条中继线对应本地网一个号码(相当于本地网一条用户线)。

(3) 用户交换机设置话务台。分机出局呼叫先拨出局引示号，再拨本地网号码，听两次拨号音。公网用户入局呼叫分机时，先由话务台应答，话务员问明所要分机后，再转接至分机。

(4) 在该方式中，用户交换机的分机不占用本地网号码资源。

(5) 由于用户交换机不向本地网公用交换机送主叫分机号码，故本地网公用交换机没有条件对用户交换机的分机用户计费，因此计费方式采用月租费或对中继线按复式计次方式。

3) 混合入网方式(DOD + DID + BID)

混合入网方式如图 6-14 所示。

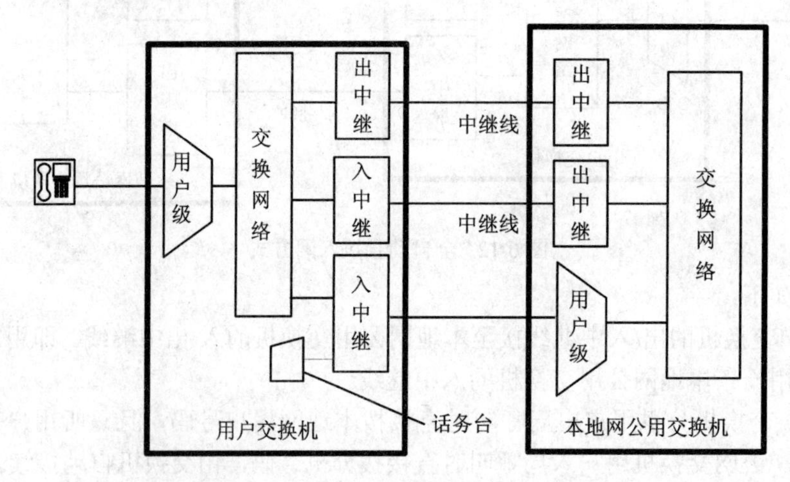

图 6-14　混合入网方式

用户交换机的一部分中继线按全自动方式接入本地电话网的中继电路，形成全自动入网方式(DOD1 + DID)；另一部中继线接至本地电话网的用户接口电路，形成半自动入网方式(DOD2 + BID)。这样不仅解决了用户交换机的重要用户直拨公网用户的要求，又可以减少中继线以及本地网号码资源的负担，弥补了前两种方式的缺点。

2. 呼损指标

此项指标参考原邮电部规范标准，即本地网局间中继呼损指标为 $P = 10‰$，长市局间中继，长途特服中继呼损指标为 $P = 10‰$。为了保证局间中继有一定的过负荷能力，中继群的平均每回线负荷话务量均不大于 0.7 Erl。

3. 中继数量的计算

根据话务数据及用户意见，考虑现有设备的实际负荷能力以及电话网扩大后，网络功能的改善等诸方面因素，综合取定各局的话务流量比例及各局用户忙时平均发话话务量可以依据爱尔兰呼损公式进行计算，得出各对接局的中继数量。

全利用度爱尔兰损失公式(Erlang)可准确地表现电话随机服务系统中，呼叫损失率 B(服务质量等级)、话务量 ρ 以及电路(服务台)数 n 之间的关系，如公式(6-3)所示：

$$B = E(n, \rho) = \frac{\dfrac{\rho^n}{n!}}{\displaystyle\sum_{k=0}^{n} \frac{\rho^k}{k!}} \tag{6-3}$$

全利用度爱尔兰损失公式给出了呼损率 B、话务量 ρ 以及电路数 n 三者之间的关系，由于公式计算非常复杂，通常可以查全利用度爱尔兰损失表可查询获取。

6.3.4　程控交换设备性能及配置计算

程控交换设备型号确定后，设备性能在其说明书中已作详细规定，但是配置要经过适当的计算完成，即根据初步设计中已确定的初装容量和终局容量，结合话务量情况，对交换机的各种单板、机柜数等进行详细计算。

由于各种程控交换机系统结构不同，因此其机柜形式、机内模块数、印制板数、板上所含用户电路数均不相同，尤其是公共控制设备在不同容量情况下，所需数量也不同，因此设备数量计算必须针对具体机型进行。下面以 ZXJ10(V10.0)程控数字交换设备为例来说明设备的具体配置计算。

1. 条件设定

设某单位将安装一部初装容量为 4800 线的中兴 SM8C 端局模块，假设用户线业务量为 0.12 Erl/线，中继线业务量为 0.7 Erl/线，其中出局话务量占全局话务量的 30%，入局话务量占全局话务量的 25%。试对其相关设备单板进行配置。

2. 用户电路板

因为已确定机型，每块用户单元板可容纳 24 个用户，所以共需要 4800 / 24=200 块用户板，即 200/20/2 = 5 个用户单元。

3. 出、入中继电路板

全局话务量：4800 × 0.12 = 576 Erl。

出局话务量：576 × 30% = 172.8 Erl。

入局话务量：576 × 25% = 144 Erl。

出、入中继电路单元扳，如选用 TRK 模拟中继，每块板装有 12 个接口；如选用 DTI 数字中继板，每块板装有 4 个 2 M 接口(每个 2M 口有 30 条中继线)。由于出、入中继线每线话务量允许为 0.7 ErL，可算出中继电路板数。

模拟出中继器电路板数：$\dfrac{\dfrac{172.8}{0.7}}{12}\approx 21$ 块。

模拟入中继器电路板数：$\dfrac{\dfrac{144}{0.7}}{12}\approx 18$ 块。

本地网局间中继呼损指标 $P = 10‰$，查询全利用度爱尔兰损失公式可得出：数字出中继器电路数为 193 条，相当于 7 个 2M 口，需要 2 块 DTI 板；数字入中继器电路数为 163 条，相当于 6 个 2 M 口，需要 2 块 DTI 板。

4. 用户单元处理器 SP 板及 SPI 板

因每个用户单元分为上下两层共 40 块用户板，每个用户单元需主备用户单元处理器板各一块，即每两个用户单元处理器板可以负责 960 个模拟用户接口，所以共需(4800/960) × 2 = 10 块 SP 板。

SPI 板为 SP 与 SLC、MTT 提供联络通道，数量和 SP 板数量一致，需要 10 块。

5. MTT 板

MTT 主要用于单元内模拟用户内线、外线及用户终端的测试，另外，在远端用户单元自交换时可提供音资源及 DTMF 收号器等，具有 112 测试功能、诊断测试功能、音资源及 DTMF 收号功能等。每个单元配置 1 块，故需要 MTT 板数目为 4800/960 = 5 块。

6. ASIG 模拟信令板

ASIG 模拟信令板为 ZXJ10(V10.0)数字程控交换机提供 TONE 及语音发送、DTMF 收发号、MFC 收发号、CID 传送、忙音检测、会议电话等功能，并对以后新功能的扩展和添加也有帮助。ASIG 板有三种基本设置：作为 DTMF\MFC 板时，可提供 120 路 DTMF\MFC 收发服务；作为智能业务服务时，可提供 60 路 DTMF 和 60 路语音服务；作为音板时，提供 60 路语音服务，同时可提供 10 个 3 方会议或一个 30 方会议。

DTMF 收号器及 CID 的流入话务量计算公式如下：

$$A_{\text{DTMF}}=\frac{N\times K\times[T_1+T_2\times L_1\times Y+T_2\times L_2\times(1-Y)]}{3600}$$

$$A_{\text{CID}}=\frac{N\times K\times T_1}{3600}$$

其中：N 为用户数；K 为每个用户忙时呼叫次数，查询技术手册取值为 8；T_1 为每次呼叫听拨号音时长，一般取 3 秒；T_2 为按钮话机每位时长，一般取 0.8 秒；L_1 为本地呼叫号长,一般取 8；L_2 为长途呼叫号长，一般取值为 16；Y 为所有呼叫中本地呼叫所占的比例，一般取 80%。

那么本交换设备的取值计算如下：

$$A_{\text{DTMF}}=4800\times 8\times\frac{[3+0.8\times 8\times 80\%+0.8\times 16\times(1-80\%)]}{3600}=113.92\ \text{Erl}$$

$$A_{\mathrm{CID}} = 4800 \times 8 \times 3/3600 = 32\ \mathrm{Erl}$$

考虑 25%的话务余量：

$$A_{\mathrm{DTMF}} = 113.92 \times 1.25 = 142.4\ \mathrm{Erl}$$

$$A_{\mathrm{CID}} = 32 \times 1.25 = 40\ \mathrm{Erl}$$

按呼损 $P = 0.001$，查 Erl 表可得：$N_{\mathrm{DTMF}} = 175$；$N_{\mathrm{CID}} = 60$。

按 DTMF、CID 60 套为一单元，取值 $N_{\mathrm{DTMF}} = 180$，$N_{\mathrm{CID}} = 60$。

当交换设备之间采用随路信令时，需要 MFC 收号器，MFC 收发器号的流入话务量：

$$A_{\mathrm{MFC}} = \frac{N \times K \times [T_1 \times Y + T_2(1-Y)]}{3600}$$

其中：N 为中继数；K 为每条中继忙时呼叫次数，一般取 36 次；T_1 为本地通话 MFC 占用时长(收完再发)，一般取值为 4 秒；T_2 为长途通话 MFC 占用时长(边收边发)，一般取值为 20 秒；Y 为出局呼叫中本地呼叫所占的比例，一般本地通话比例占 80%。

那么本交换设备的取值计算如下：

$$A_{\mathrm{MFC}} = 480 \times 36 \times [4 \times 80\% + 20 \times (1 - 80\%)]/3600 = 34.56\ \mathrm{Erl}$$

考虑 25%的话务余量，$A_{\mathrm{MFC}} = 34.56 \times 1.25 = 43.2\ \mathrm{Erl}$。

按呼损 $P = 0.001$，查 Erl 表可得：$N_{\mathrm{MFC}} = 63$。

按 MFC 60 套为一单元，取值 $N_{\mathrm{MFC}} = 60$。

综合所述，该设备需要 TONE 单元 1 个，DTMF 单元 3 个，CID 单元 1 个，MFC 单元 1 个，会议电话 1 个，按照每 ASIG 模拟信令板 2 个单元计算，共需要 ASIG 模拟信令板 4 块。

7. SCOMM 通信板

SCOMM 通信板是 MP 的通信辅助处理机，用来完成 MP-MP 通信、MP-SP 通信、No.7 信令、V5 等的链路层的处理。SCOMM 通信板作 NO.7，每块处理 8 条链路；作 V5 信令板，每块处理 16 条链路；若有多模块，则需 SCOMM 2 块；当 SCOMM 作模块内处理机时，可以 $\Delta = (\mathrm{DTI} + \mathrm{ASIG}) \times 1 + (用户单元数) \times 2$ 的值计算，如果 $\Delta \leqslant 24$ 则需 SCOMM 板 2 块，若 $24 < \Delta \leqslant 56$ 则需 SCOMM 板 4 块，若 $\Delta > 56$ 则需 SCOMM 板 6 块。最后 SCOMM 通信板的总数量取以上四者之和。

当程控交换设备之间采用共路信令时，根据《No.7 信令网技术体制》及《No. 7 信令网工程设计暂行规定》，一条 64 kb/s 的信令链路可以控制的业务电路数为

$$C = \frac{A \times 64000 \times T}{e \times M \times L}$$

其中：C 为业务电路数；A 为 No.7 信令链路正常负荷(Erl/link)，暂定为 0.2 Erl/link；T 为呼叫平均占用时长(s)；e 为每中继话务负荷(Erl/ch)，可取 0.7 Erl/ch；M 为一次呼叫单向平均 MSU(信令信息处理量)数量(MSU/call)；L 为平均 MSU 的长度(bit/MSU)。

《No.7 信令网维护规程(暂行规定)》中规定，对于独立的 STP 设备，一条信令链路正常负荷为 0.2 Erl，最大负荷为 0.4 Erl。当信令网支持 IN、MAP、OMAP 等功能时，一条信令链路正常负荷为 0.4 Erl，最大负荷为 0.8 Erl。

对于电话网用户部分(TUP)的信令链路负荷计算，普通呼叫模型涉及的参数做以下取定：呼叫平均长度对长途取 90 s，市话取 60 s；单向 MSU 数量长途取 3.65 MSU/call，市话取 2.75 MSU/call；MSU 平均长度对于长途呼叫取 160 bit/MSU，对本地呼叫取 140 bit/MSU。

根据以上参数取值，可计算得到本地电话网中一条信令链路在正常情况下可以负荷本地呼叫的2850条话路，在长途自动呼叫时一条信令链路正常情况下可以负荷2818条话路。因此该端局采用No.7信令时需要2条No.7信令链路。

当SCOMM作模块内处理机时：

$\Delta = (\text{DTI} + \text{ASIG}) \times 1 + (\text{用户单元数}) \times 2 = (4 + 4) \times 1 + 5 \times 2 = 18$，故需要SCOMM板2块。

由于该端局只是单模块系统，不需要V5信令板，故SCOMM通信板的总数量为3块。

8. DSND交换网板

DSND板主要完成时隙交换功能，容量为8K×8K，为了系统的可靠运行需要主备用工作，故DSND交换网板需要2块。

9. PMON板

PMON板对程控交换机房的环境进行监控，并把情况实时地上报MP，确保系统运行的安全。整个系统需要1块。

10. 主处理机系统

主处理机系统包括MP板和SMEM共享内存板。

MP板位于控制层，是ZXJ10B数字程控交换机的中央控制部分，主要完成呼叫处理和系统管理功能。为了系统的可靠运行需要主备用工作，故MP板需要2块。SMEM共享内存板是为了方便主/备MP的快速倒换而专门设计的，需配置1块。

11. 电源板

POWA板是用户层集中供电电源，每用户单元4块。故需$(4800/960) \times 4 = 20$块。

POWB板为控制层、网层及数字中继层、光接口层供电，由于ASIG模拟信令板和DTI数字中继板数量的原因，需要专门增加1层数字中继层，所以需要$2 \times 2 = 4$块。

POWT板是双路输入电源检测板，包括双路输入−48V电源指示及过欠压检测、风扇供电、检测和保护电路，每机架配置1块。机架共2个，故需要2块。

整个系统配置如表6-2所示。

表6-2　4800线用户中继混装配置表

序号	部件名称	代号	单位	数量	备　注
1	DT背板	BDT	块	1	
2	控制层背板	BCP	块	1	
3	用户层背板	BSLC	块	10	
4	主处理器板	MP	块	2	
5	共享内存板	SMEM	块	1	
6	通信板	SCOMM	块	3	
7	监控板	PMON	块	1	
8	8K网板	DSND	块	2	
9	数字中继板	DTI	块	4	

续表

序号	部件名称	代号	单位	数量	备　注
10	模拟信令板	ASIG	块	4	DTMF：3，MFC：1
11	用户处理器板	SP	块	10	
12	用户处理器接口板	SPI	块	10	
13	多功能测试板	MTT	块	5	
14	模拟用户板	ASLC	块	200	
15	A 电源	POWA	块	20	
16	B 电源	POWB	块	4	
17	P 电源盒	POWP	个	2	
18	机架		个	2	

习　　题

1. 简述程控交换设备的概念。
2. 简述程控交换设备系统结构组成。
3. 常见的交换网络有哪些类型？工作方式是什么？
4. 程控交换设备的接口有哪些？
5. 简述程控交换设备工程设计的方法步骤。
6. 设某单位将安装一部初装容量为 4800 线的中兴 SM8C 端局模块，假设用户线业务量为 0.12 Erl/线，中继线业务量为 0.7 Erl/线，其中出局话务量占全局话务量的 30%，入局话务量占全局话务量的 25%。试对其相关设备单板进行配置。

第7章　光传输设备

光纤通信是以激光为载体，以光纤作为信息传递媒介的有线通信系统。光纤通信系统主要由光缆线路和系统设备组成。系统设备中最主要的部分是光收发器件、电收发器件以及完成光电转换功能的调制电路。在同步数字体系传输系列中，还包括完成时隙映射、复用、分插、指针调整、开销处理等功能的模块。

7.1　光纤通信系统基本原理

7.1.1　光纤通信系统技术演进

光纤通信系统按照信号的复用方式不同可分为准同步数字系列(PDH)和同步数字系列(SDH)光纤通信系统。目前，由于PDH系列存在诸如标准不统一、复用结构复杂、缺乏网络管理功能等固有缺陷，已经很少在网络上使用，而传统的SDH系列也向多业务承载、智能化方向演化，出现了基于SDH的多业务传送节点(MSTP)和自动交换光网络产品(ASON)。比如深圳中兴公司生产的ZXSM-150/622 SDH设备、ZXMP390/385/380/330多业务传送节点设备、ZXONE 8000系列中的ASON设备已投入使用，传输带宽155 Mb/s～40 Gb/s不等。

基于SDH的多业务传送节点是指基于SDH平台，同时实现TDM、ATM、以太网、IP等业务的接入处理和传送，并提供统一网管的多业务平台，即在实现传统TDM的E1/E3等支路接口的接入、传送同时，又增加了对ATM信元、以太网接口的支持，而且以太网接口可以实现透明传送或两层交换功能。

以ASON为代表的自动交换光网络是在支持MSTP功能的基础上，一方面增加了背板总线容量，使接口的速率和数量得到大幅度增加，另一方面在传送平面的上层又增加了一层控制层面，引入链路管理协议、信令协议、路由协议，实现了业务的自动发现、自动路由重组等功能，使传输系统的网络结构可以多样化，除了传统的环形、链形组网以外，可以扩展为栅格形组网，大大提高了网络安全性和扩展性。

7.1.2　SDH光纤通信系统结构

SDH全称为同步数字体系(Synchronous Digital Hierarchy)，它规范了数字信号的帧结构、复用方式、传输速率等级、接口码型等特性，提供了一个国际支持框架，在此基础上发展并建成了一种灵活、可靠、便于管理的世界电信传输网。

1. 系统总体结构

SDH设备的功能框图如图7-1所示。SDH设备从功能层次上可分为硬件系统和网管软件系统，两个系统既相对独立，又协同工作。硬件系统是SDH设备的主体，可以独立于网管软件系统工作。

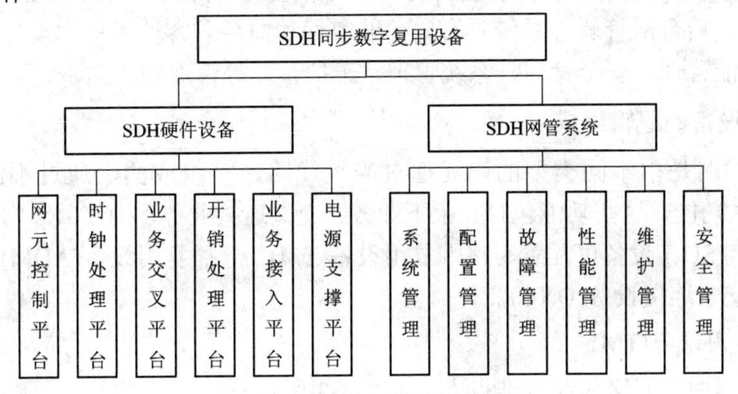

图7-1 SDH设备的功能框图

1) 硬件系统

SDH设备硬件系统采用“平台”的设计理念，拥有网元控制平台、时钟处理平台、业务交叉平台、开销处理平台、电源支撑平台及业务接入平台，通过平台的建立、移植以及综合，SDH设备形成了各种功能单元或功能单板，通过一定的连接方式组合成功能完善、配置灵活的SDH设备。各个平台间的相互关系如图7-2所示。

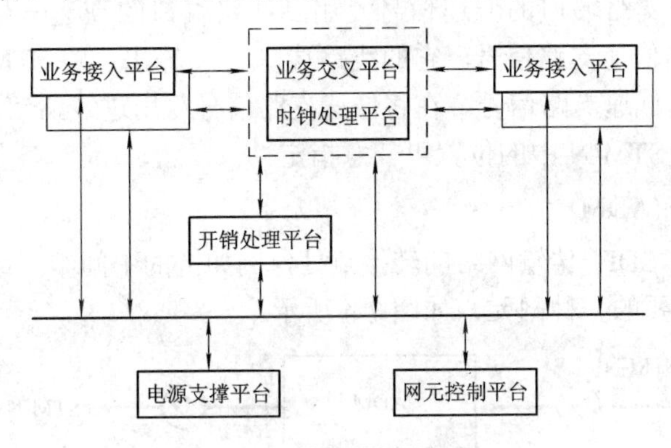

图7-2 SDH设备硬件平台关系图

(1) 网元控制平台：网元设备与后台网管的接口，其他平台均通过网元控制平台接受或上报网管信息。

(2) 电源支撑平台：采用分散供电方式，各单板所需的电源由安装在各自单板内的电源模块提供。

(3) 业务接入平台：完成SDH、PDH、数据等信号的接入，并将其转换为相应的格式送入业务交叉平台进行业务的汇集和分配。

(4) 开销处理平台：利用SDH的开销字节，在传输净负荷数据的同时，提供公务话音通道和若干辅助数据数字或模拟(音频)通道。

(5) 时钟处理平台：为设备内所有平台提供系统时钟，是硬件平台的核心之一。

(6) 业务交叉平台：接受来自业务接入平台和开销处理平台的业务信号以及各种信息，完成业务流向及信息的汇集、分配和倒换。

2) 网管软件系统

SDH 设备采用后台网管软件系统实现设备硬件系统和传输网络的管理和监视，协调传输网络的工作。后台网管软件系统具有向前兼容性和向后兼容性，可实现包括配置管理、故障管理、性能管理、安全管理、系统管理、维护管理等管理功能。

2. SDH 设备的逻辑组成

SDH 传输网是由不同类型的网元通过光缆线路连接组成的，通过不同的网元完成 SDH 网的传送功能，这些功能包括：上下业务、交叉连接业务、网络故障自愈等。根据不同的组网要求，SDH 设备可配置为终端复用设备(TM)、分插复用设备(ADM)和再生中继设备(REG)数字交叉连接设备(DXC)几种类型。

1) 终端复用设备(TM)

终端复用器用于网络的终端结点上，如图 7-3 所示。

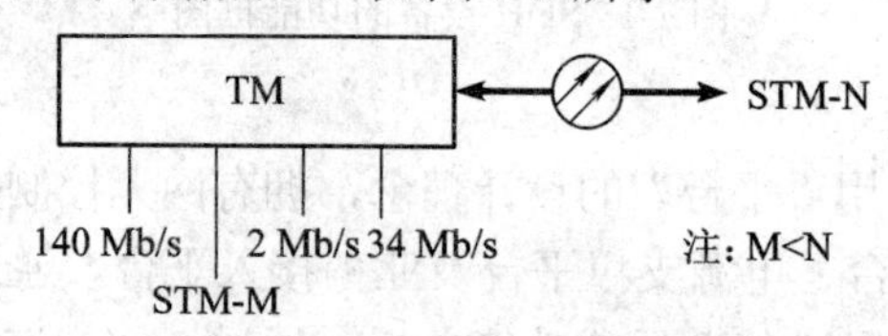

图 7-3　终端复用器模型图

TM 的作用是将支路端口的低速信号复用到线路端口的高速信号 STM-N 中，或从 STM-N 的信号中分出低速支路信号。它的线路端口输入/输出一路 STM-N 信号，而支路端口可以输入/输出多路低速支路信号。在将低速支路信号复用进线路信号的 STM-N 帧时，支路信号在线路信号 STM-N 中的位置可任意指定。

2) 分插复用设备(ADM)

分插复用器用于 SDH 传输网络的转接点处，例如链的中间结点或环上结点，是 SDH 网上使用最多、最重要的一种网元，如图 7-4 所示。

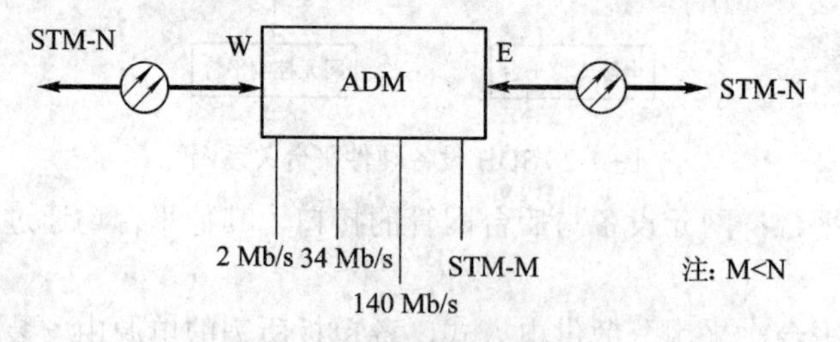

图 7-4　分插复用器模型图

ADM 有两个线路端口和一个支路端口。两个线路端口各接一侧的光缆(每侧收/发共两根光纤)，为了描述方便我们将其分为西向(W)、东向(E)两个线路端口。ADM 的作用是将低速支路信号交叉复用到线路上去，或从线路端口收到的线路信号中拆分出低速支路信号。另外，还可将东/西向线路侧的 STM-N 信号进行交叉连接。ADM 是 SDH 最重要的一种网元，通过它可等效成其他网元，即能完成其他网元的功能，例如，ADM 可等效成两个 TM。

3) 再生中继设备(REG)

光传输网的再生中继器有两种：一种是纯光学的再生中继器，主要进行光功率放大以延长光传输距离；另一种是用于脉冲再生整形的电再生中继器，主要通过光/电变换(O/E)、电信号抽样、判决、再生整形、电/光变换(E/O)等处理，以达到不积累线路噪声、保证传送信号波形完好的目的。此处讨论的是后一种再生中继器。

REG 有两个线路端口，如图 7-5 所示。

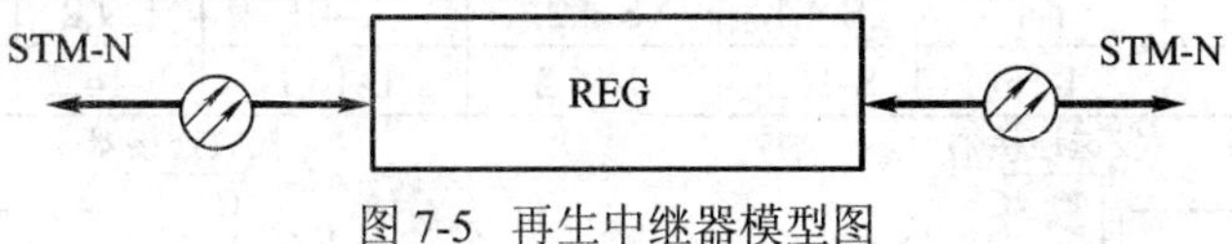

图 7-5　再生中继器模型图

REG 的作用是将接收的光信号经 O/E、抽样、判决、再生整形、E/O 后在对侧发出。真正的 REG 只处理 STM-N 帧中的 RSOH，并且不具备交叉连接功能。而 ADM 和 TM 因为要完成将低速支路信号复用到 STM-N 帧中，所以不仅要处理 RSOH，而且还要处理 MSOH，另外 ADM 和 TM 都具有交叉连接功能。

4) 数字交叉连接设备(DXC)

数字交叉连接设备主要完成 STM-N 信号的交叉连接，它实际上相当于一个交叉矩阵，完成各个信号间的交叉连接，如图 7-6 所示

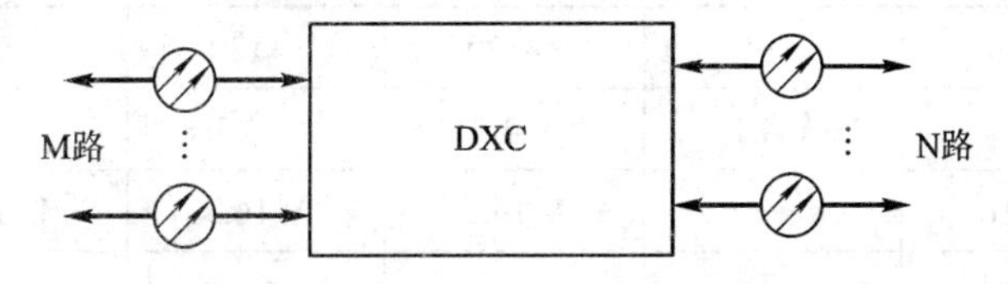

图 7-6　数字交叉连接模型图

DXC 可将输入的 M 路 STM-N 信号交叉连接到输出的 N 路 STM-N 信号上，DXC 的核心是交叉矩阵，功能强大的 DXC 能够实现高速信号在交叉矩阵内的低级别交叉。通常用 DXC m/n 来表示一个 DXC 的类型和性能(m≥n)，m 表示可接入 DXC 的最高速率等级，n 表示在交叉矩阵中能够进行交叉连接的最低速率级别。m 越大表示 DXC 的承载容量越大；n 越小表示 DXC 的交叉灵活性越大。数字 0 表示 64 kb/s 电路速率，数字 1，2，3，4 分别表示 PDH 体制中的 1 至 4 次群速率，其中 4 也代表 SDH 体制中的 STM-1 等级，数字 5 和 6 分别代表 SDH 体制中的 STM-4 和 STM-16 等级。例如 DXC1/0 表示接入端口的最高速率为 PDH 一次群信号，而交叉连接的最低速率为 64 kb/s；DXC4/1 表示接入端口的最高速率为 STM-1，而交叉连接的最低速率为 PDH 一次群信号。

7.2　光传输系统接口

7.2.1　光传输系统光接口

1. 光传输接口分类

SDH 光传输系统的 STM-N 光线路接口可以分为两类：第一类为不含光放大器以及线

路传输速率低于 STM-64 的系统，如表 7-1 所示，其光接口位置如图 7-7 所示；第二类为包括光放大器以及线路传输速率达到 STM-64 的系统，如表 7-2 所示，其光接口位置如图 7-8 所示。

表 7-1　第一类光接口

距离/km	≤2	～15	～15	～40	～80	～80
STM-1	I-1	S-1.1	S-1.2	L-1.1	L-1.2	L-1.3
STM-4	I-4	S-4.1	S-4.2	L-4.1	L-4.2	L-4.3
STM-16	I-16	S-16.1	S-16.2	L-16.1	L-16.2	L-16.3

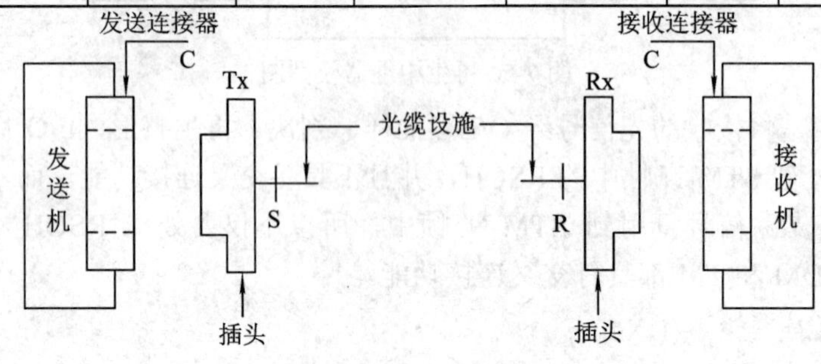

图 7-7　不带光放大器的光接口位置

表 7-2　第二类光接口

带宽低于STM-64长距离带光放大器	距离/km	～60	～120	～120	～160	～160
	STM-4	V-4.1	V-4.2	V-4.3	U-4.2	U-4.3
	STM-16	—	V-16.2	V-16.3	U-16.2	U-16.3
带宽STM-64局内或短距离	距离/km	≤2	～20	～40	～40	～40
	STM-64	I-64	S-64.1	S-64.2	S-64.3	S-64.5
带宽STM-64长距离	距离/km	～40	～80	～80	～120	～120
	STM-64	L-64.1	L-64.2	L-64.3	V-64.2	V-64.2

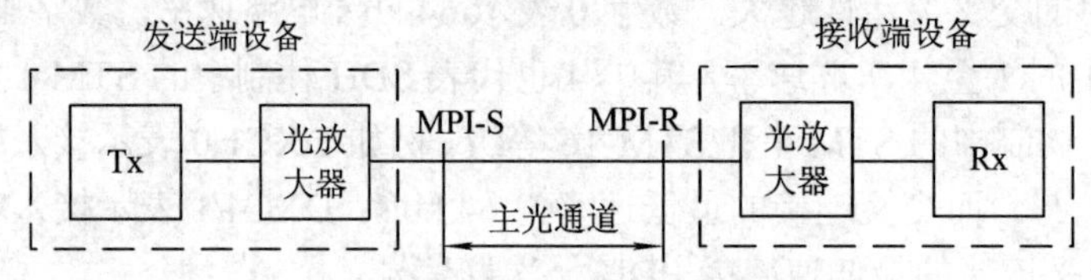

图 7-8　带光放大器的光接口位置

2. 光接口的代码定义

1) 字母部分

I 表示局内通信应用；

S 表示短距离通信应用；

L 表示长距离通信应用；

V 表示甚长距离通信应用；

U 表示超长距离通信应用。

2) 字母后第一部分数字表示 STM 的速率等级

1 表示传输速率为 STM-1，即 155 Mb/s；

4 表示传输速率为 STM-4，即 622 Mb/s；

16 表示传输速率为 STM-16，即 2.5 Gb/s；

64 表示传输速率为 STM-64，即 10 Gb/s。

3) 字母后第二部分数字表示光纤类型和工作波长

1 或空白表示光纤为 G.652 光纤，工作波长为 1310 nm；

2 表示光纤为 G.652 光纤，工作波长为 1550 nm；

3 表示光纤为 G.653 光纤(色散位移)，工作波长为 1550 nm；

5 表示光纤为 G.655 光纤(非零色散位移)，工作波长为 1550 nm。

3. ZXMP S380 设备中的光接口

ZXMP S380 多业务节点设备提供的光接口速率包括 STM-1、STM-4、STM-16 三种类型的光接口。

1) STM-16 光接口

STM-16 光接口的速率为 2488.320 Mb/s。每块 OL16 光线路板提供一个 STM-16 标准光接口，单子架内 STM-16 光方向最多可以达到 12 个。OL16 光线路板将低速信号复合处理成 2.5 Gb/s 高速信号，并可实现 VC-4-nC，其中，n≤16。ZXMP S380 提供的 STM-16 光接口类型如表 7-3 所示。

表 7-3　STM-4 光接口类型

接口类型	光源标称波长/nm	传输距离/km	连接器类型	单板集成度/(路/板)	子架最大接入量/路
S-16.1	1310	≤40	SC/PC	1	12
L-16.2	1550	≤80	SC/PC	1	12
L-16.2JE	1550	≤100	SC/PC	1	12
L-16.2U	1550	≤160	SC/PC	1	12
L-16.2P	1550	≤200	SC/PC	1	12

当群路接口为 STM-16 时，ZXM S380 可通过 OL16(L-16.2)板与 OA 板(或外置 EDFA)配合使用实现无中继远距离传输，或者在 OL16(L-16.2)板内增加 EDFA 模块实现无中继远距离传输，也可在收发网元之间增加设备并配置为 STM-16 等级的中继设备(REG)延长传输距离。

2) STM-4 光接口

STM-4 光接口的速率为 622.080 Mb/s。每块 OL4x4 光线路板提供 4 个 STM-4 标准光接口，单子架内 STM-4 光方向最多可以达到 48 个；每块 OL4x2 光线路板提供 2 个 STM-4 标准光接口。ZXMP S380 提供的 STM-4 光接口类型如表 7-4 所示。

表 7-4　STM-4 光接口类型

接口类型	光源标称波长/nm	传输距离/km	连接器类型	单板集成度/(路/板)	子架最大接入量/路
S-4.1	1310	约 15	LC/PC	2 或 4	24 或 48
L-4.1	1310	≤40	LC/PC	2 或 4	24 或 48
L-4.2	1550	≤80	LC/PC	2 或 4	24 或 48

当群路接口为 STM-4 时，ZXMP S380 可通过 OL4x4(L-4.2)或 OL4x2(L-4.2)板与 OA 板(或外置 EDFA)的配合使用实现无中继远距离传输，也可在收发网元之间增加设备并配置为 STM-4 等级的分插复用设备(ADM)代替中继设备(REG)延长传输距离。

3) STM-1 光接口

STM-1 光接口的速率为 155.520 Mb/s。每块 OL1x4 光线路板提供 4 个 STM-1 标准光接口，单子架内 STM-1 光方向最多可以达到 48 个；每块 OL1x8 光线路板提供 8 个 STM-1 标准光接口，单子架内 STM-1 光方向最多可达到 96 个。ZXMP S380 提供的 STM-1 光接口类型如表 7-5 所示。

表 7-5　STM-1 光接口类型

接口类型	光源标称波长/nm	传输距离/km	连接器类型	单板集成度/(路/板)	子架最大接入量/路
S-1.1	1310	约 15	LC/PC	4 或 8	48 或 96
L-1.1	1310	≤40	LC/PC	4 或 8	48 或 96
L-1.2	1550	≤80	LC/PC	4 或 8	48 或 96

当群路接口为 STM-1 时，ZXMP S380 可通过 OL1x4(L-1.2)板或 OL1x8(L-1.2)与 OA 板(或外置 EDFA)的配合使用实现无中继远距离传输，也可在收发网元之间增加设备并配置为 STM-1 等级的分插复用设备(ADM)代替中继设备(REG)延长传输距离。

7.2.2　光传输系统电接口

1. 各速率电接口的输入口规范

SDH 系统常用的数字电接口包括 2 Mb/s、34 Mb/s、140 Mb/s 和 155 Mb/s，其中 2 Mb/s、34 Mb/s 和 140 Mb/s 接口主要用于与 PDH 光端设备或数字微波设备互通。在 PDH 系统中常用的 8 Mb/s 接口会利用反向复用器来传送数字电视信号。在 SDH 系统组网中有时还为了与北美制式的设备互通而引入了 45 Mb/s 接口，但不常用。

在上述电接口输入口规范中，从输出口到输入口允许的衰减指标见表 7-6。

表 7-6　各速率电接口的输入口衰减指标

接口等级名称	速率/(kb/s)	允许衰减/dB	测试频率/kHz
2 Mb/s	2048	6	1024
8 Mb/s	8448	6	4224
34 Mb/s	34368	12	17 184
45 Mb/s	44 736	12	22 368
140 Mb/s	139 264	12	69 632
155 Mb/s	155 520	12	77 760

2. 电接口的线缆选择

设备安装过程中应根据传输速率选择布线电缆的特性阻抗，以满足衰减、串音和耐压等指标的要求，并具有足够的机械强度和阻燃性能的电缆。

对于表 7-6 所列的数字接口，一般采用射频对称电缆或射频同轴电缆。对称电缆大多用于 120 Ω 的特性阻抗接口，同轴电缆则可以选择 120 Ω 和 75 Ω 两种阻抗而应用于两种特性阻抗接口。

1) 射频对称电缆

例如常用的射频对称电缆型号为 SE　FY　V　P-120- 0.6 含义如下：SE 为时称射频电缆；FY 为绝缘层材料；V 为护套材料；P 为屏蔽标志；0.6 为内导体外径(mm)；120 为特性阻抗。

2) 射频同轴电缆

例如常用的射频同轴电缆型号 S　FY V- 75- 2- 1 (3.2 1x8)含义如下：

S 为同轴射频电缆；FY 为内层全氟共聚物，外层实心聚烯烃；V 为聚氟乙烯；75 为特性阻抗；2 为绝缘层外径(mm)；1 为异蔽层数；3.2 为护套外径(mm)；1x8 为同轴管数。

部分代号含义：① 绝缘材料：Y 表示实心聚烯烃；FY 表示内层全氟共聚物，外层实心聚烯烃；② 护套材料：V 表示聚氯乙烯；③ 特性阻抗：一般为 75、120，表示电缆特性阻抗值；④ 屏蔽层数：1、2 分别表示单层屏蔽、双层屏蔽。

常用射频电缆的规格尺寸及衰减常数见表 7-7。

表 7-7　常用射频电缆的规格尺寸及衰减常数指标

型号	屏蔽	标称规格尺寸/mm				阻抗特性	衰减系数/(dB/m)				适用速率(b/s)
		内导体	绝缘层	电缆护套	8 管电缆护套		1 MHz	2 MHz	22.5 MHz	78 MHz	
SEFYV-120-0.6	无	0.6	1.2	5	12.5	120	0.016	0.023	—	—	2 M
SEYVP-120-0.5	有	0.5	1.3	5	—	120	0.021	0.024	—	—	2 M
SFYV-75-2-1(3.2)	单层	0.31	1.9	3.2	11.8	75	0.025	0.035	—	—	2 M
SFYV-75-2-2(4.0)	双层	0.34	2.1	4	—	75	0.021	0.03	0.11	0.185	≤155 M
SFYV-75-2-2(4.4)	双层	0.4	2.4	4.4	—	75	0.014	0.02	0.10	0.14	≤155 M
SFYV-75-4-2(6.7)	四层	0.61	3.8	6.7	—	75	0.011	—	0.06	0.103	≤155 M

设备接口间的最大布线电缆长度一般依照衰减指标计算，其公式为

$$L = \frac{P_y - \sum P_c}{\alpha} \tag{7-1}$$

式中：P_y 为从输出口到输入口的最大允许衰减(dB)，见表 7-6；P_c 为 DDF 配线架的插入衰减，75 Ω 端子每个取 0.3 dB，120 Ω 端子每个取 0.4 dB，计算 2 Mb/s 速率的电缆长度时，一般按经过 3 个 DDF 端子考虑，计算其他速率的电缆长度时，按经过 2 个 DDF 端子考虑；α 为线缆的衰减常数(dB/m)，见表 7-7，计算 2 Mb/s 速率的电缆长度时，取 1 MHz 测试频

率的衰减常数，计算 34 Mb/s 和 45 Mb/s 速率的电缆长度时，取 22.5 MHz 测试频率的衰减常数，计算 140 Mb/s 和 155 Mb/s 速率的电缆长度时，取 78 MHz 测试频率的衰减常数;当计算传送 2 MHz 同步时钟信号的电缆长度时，取 2 MHz 测试频率的衰减常数。

经公式(7-1)计算的设备接口间布线电缆最大长度见表 7-8。

表 7-8　常用射频电缆的规格尺寸及衰减常数指标

型　号	传输速率/(b/s)	最大长度/m
SEFYV-120-0.6	2 M	300
SEYVP-120-0.5	2 M	228
SFYV-75-2-1(3.2)	2 M	204
SFYV-75-2-2(4.0)	2 M	242
	34 M 或者 45 M	103
	140 M 或者 155 M	61
SFYV-75-2-2(4.4)	2 M	364(注)
	34 M 或者 45 M	114
	140 M 或者 155 M	81
SFYV-75-4-2(6.7)	34 M 或者 45 M	190
	140 M 或者 155 M	110

注： 由于电缆传输距离还受到串音、传输时延的影响，所以不建议使用芯径大的线缆传输 2 Mb/s 信号，当传输距离大于 200 m 时，建议转换为光信号传输。

3. ZXMP S380 电接口功能

ZXMP S380 可提供的电接口包括 STM-1 电接口和 PDH 电接口。

1) STM-1 电接口

ZXMP S380 提供 STM-1 等级的标准电接口，速率为 155.520 Mb/s。EL1x4 板提供 4 个 STM-1 电接口，EL1x8 板提供 8 个 STM-1 电接口，电接口插头类型为 CC4 同轴插头，匹配阻抗为 75 Ω。

2) PDH 电接口

ZXMP S380 提供的 PDH 电接口包括 2.048 Mb/s、34.368 Mb/s 和 44.736 Mb/s 的电接口，ZXMP S380 提供的各种 PDH 电接口板如表 7-9 所示。

表 7-9　ZXMP S380 设备的 PDH 电接口板

接口类型	速率/(kb/s)	阻抗特性	接口插座类型	单板集成度/(路/板)	子架最大接入容量/路
E1	2048	75 或 120	64 芯扁平弯脚带锁插座	63	630
E3	34368	75	CC4 插座	6	60
T3	44736	75		6	60

7.2.3　光传输系统以太网接口

1. 以太网接口的分类及与 SDH 虚容器的映射关系

SDH 所支持的以太网接口同样包括光接口和电接口。光接口包括 10 M/100 M 自适应接口和 1000 M 接口，电接口包括 10 M 接口、10 M/100 M 自适应接口。根据具体速率类型和传输介质可以作细致分类，详见表 7-10。

表 7-10　以太网光接口分类

接口速率类型	传输介质	物理接口	采用标准
10 M	1 0Base-T	RJ-45 接口，三类或五类双绞线	IEEE 802.3u
10 M/100 M 自适应	100Base-TX	RJ-45 接口，超五类或六类双绞线	IEEE 802.3u
	100Base-FX	采用 SC 或 LC 接口，多模光纤	IEEE 802.3u
1000 M	1 000Base-SX	采用 SC 或 LC 接口，多模光纤	IEEE 802.3z
	1000Base-LX	SC 或 LC 接口，多模或单模光纤	IEEE 802.3z

注：SDH 设备也可以提供 1000Base-TX 接口，但实际工程中不常用。

对于 SDH 所支持的以太网接口与虚容器间的映射关系见表 7-11。

表 7-11　以太网数据映射到 SDH 虚容器的对应关系

以太网接口	SDH 映射单位
10 M/100 M 自适应接口	VC-12-Xc/v
	VC-3
	VC-3-2c/v
	VC-4
1000 M 接口	VC-4-4c/v
	VC-4-8c/v
	VC-4-Xc/v

2. SDH 设备千兆以太网光接口的参数特性

SDH 所主持的千兆以太网光接口的参数特性见表 7-12。

表 7-12　千兆以太网光接口参数规范

参数名称	光接口类型	范围	数值	备　注
平均发送光功率/dBm	1000Base-SX	最小值	−9.5	
		最大值	−4	
	1000Base-LX	最小值	−11.5	采用单模光纤时为−11.0
		最大值	−3	
中心波长/nm	1000Base-SX	最小值	770	
		最大值	860	
	1000Base-LX	最小值	1270	
		最大值	1355	
过载光功率/dBm	1000Base-SX	最大值	0	
	1000Base-LX	最大值	−3	
接收灵敏度/dBm	1000Base-SX	最小值	−17	
	1000Base-LX	最小值	−19	
消光比/dB	1000Base-SX	最小值	9	
	1000Base-LX	最小值	9	

SDH 所支持的千兆以太网光接口的使用范围应满足表 7-13 的要求。

表 7-13　千兆以太网接口的使用范围

接口类型	光纤类型	模宽/(MHz・km)	使用范围/m
1000 Base-SX	62.5 μm 多模光纤	160	2～220
	62.5 μm 多模光纤	200	2～275
	50 μm 多模光纤	400	2～500
	50 μm 多模光纤	500	2～550
1000 Base-LX	62.5 μm 多模光纤	500	2～550
	50 μm 多模光纤	400	2～550
	50 μm 多模光纤	500	2～550
	单模光纤	不作要求	2～5000

7.2.4　光传输系统辅助接口

1. 同步接口

1) 同步基准信号的种类

从 BITS 设备输出的同步信号有 2 MHz 和 2 Mb/s 两种。其中 2 Mb/s 信号为数字信号，其帧结构应符合 G·704 规范的要求，并具有同步状态信息功能(SSM)，而 2 MHz 为模拟信号，不具有 SSM 功能，所以同步基准信号首选 2 Mb/s 信号。

同步基准信号的传输线长度可按照 7.2.2 节的式(7-1)计算，当同步信号类型为 2 Mb/s 信号时，传输线长度可参照表 7-8 选取。

2) 同步信号的传送

同步定时基准信号的传送手段为利用 PDH 的 2048 kb/s 专线；利用 SDH 的 STM-N 线路信号；利用 PDH 的 2048 kb/s 业务线。

PDH 的 2048 kb/s 信号具有较好的抖动性能，是传送同步基准信号的首选，而 SDH 的支路 2048 kb/s 信号，由于存在映射抖动、指针调整抖动、结合抖动，使其抖动性能较差，一般不用于传送同步信号，但可以利用 SDH 的 STM-N 线路信号传送同步基准信号。

主从同步方式是应用最为广泛的同步网的同步方法，是指同步系统中所有的时钟都跟踪于同一基准时钟，其他下级时钟通过同步分配网从上一级时钟获得同步信号。主从同步的优点是网络的稳定性较好，适用于各种同步分配网结构，缺点是对主时钟和同步分配链路的故障敏感，需要对基准时钟采用主、备用方式，对于环网结构，也应该设置主、备用时钟链路。

3) 时钟的性能指标

(1) 频率准确度，又称时钟精度，定义为时钟的长期频率偏移与标称频率之比，SDH 设备时钟准确度应优于 4.6×10^{-6}。

(2) 频率稳定度，指在规定时间内，时钟自发产生或由环境引起的时钟频率变化。

(3) 牵引范围，能够使从时钟进入锁定工作状态的输入频率和标称频率之间的最大偏差，称为时钟的牵引范围。SDH 设备时钟的最小牵引范围为 4.6×10^{-6}。

(4) 噪声，是指在 SDH 设备时钟的输入端产生的相位噪声，通常用最大时间间隔误差(MTIE)和时间偏差(TDEV)来具体表示。MTIE 是指在特定时间间隔内，定时信号相对于理想定时信号的峰-峰值变化；TDEV 是指在给定的积分时间内，通过带通滤波器测得的定时信号相位噪声道均方根值。

2. 外部告警接口

外部告警接口是光纤传输网的另一种辅助性接口，主要供外部系统如环境监测等远程监测使用。一般每个网元可提供至少 4 个告警输入接口，用户可配置其用途、名称，并与外部系统的传感器一起实现告警远程监测功能。该接口还可以配合外部传感器特性设置高电平有效或低电平有效，即当外部告警是继电器形式时，是继电器开路有效或短路有效。

7.3　传输网工程设计

7.3.1　传输网规划设计

1. 总体设想

结合传输设备的大量引入和中继网络结构的调整，对现有中继传输网进行改造，以 SDH 传输设备作为传输网的骨干和基础，用以满足新建局的中继传输要求。同时减少 PDH 设备，扩大 SDH 设备，逐步向全 MSTP、DWDM 传输网过渡，开通 ASON 等。

目前，传输网的组织越来越复杂，为了便于传输网的管理和维护，方便网络的不断扩大和增容，适应电信网迅速发展的需要，要规划对本地中继传输网采用分层结构的建设，即中继传输分为骨干层和外围层两个层面，其中骨干层面由传输中心节点组织，采用大容量的传输平台，构成全网的骨干层部分，并以此为基础和外围层一起构成传输网络。

2. 遵循的原则

(1) 高效灵活、安全可靠、便于管理维护，满足业务发展要求。

(2) 积极采用新技术、新设备规划传输网。

(3) 合理地充分利用现有的光纤、光缆和传输设备，以节省工程投资，提高经济效益。

(4) 将长、市中继传输与市话局间的中继传输统一组网，以提高经济效益。

(5) 尽量减少各局间中继电路的转接次数，一般在两次三段，最多不超过三次四段。

(6) 在传输通路上选择不同的物理路由，尽可能使每个传输节点都有两条以上传输通道接入传输网。充分利用传输设备所能提供的系统保护性能来组织传输网，积极采用复用段共享保护、通道保护等方式，对于主环网要采用复用段共事保护方式。

(7) 大容量中继系统尽量不采用在低速率传输设备上叠加的方式，而选用高速率的传输设备，以利于发展。

(8) 两局间有多个传输通道时，其中继系统尽可能地分散安排在不同的传输系统。

(9) 对于外围层面，根据其地理位置、线路路由条件及业务量等具体情况，适当组织本地中继传输网，最终接入骨干网层面。

(10) 为确保通信传输的通畅和安全可靠，在骨干层传输通路上，选用 2.5 Gb/s 以上的大容量 SDH 传输设备。

(11) 对外层各传输节点尽量采用子网保护环方式接入传输网的骨干层面。为确保中继传输的安全，每个端要对两个以上的传输中心节点设置传输通路，即实现双重归属的方式。

(12) 外围层的传输设备宜选用 622 Mb/s 以上的 SDH 传输设备组成子网，以提高传输设备的使用效率，且便于结合当时实际情况灵活地去分期实施。

(13) 由端局汇接的各模块局及支局，可新增 SDH 的 STM-1 设备，以解决其中继系统的传输问题。

3. 注意事项

(1) 传输网组织的规划方案，应按本地交换网络组织方案进行考虑。

(2) 根据本地网内的局所布局、容量安排、地理条件及交换网络组织与中继系统数量，同时考虑现有中继传输系统的情况，结合中继传输网的组织原则，提出中继传输网的规划方案。

(3) 传输环路上的光缆尽量避免齐同一段上并行，以提高传输网络的安全性。

(4) 传输网传输通道留有适当的余量，以满足一定时期内中继系统正常变动的要求及以后移动通信、数据通信等业务发展的需要。

7.3.2 传输网工程计算

再生段中继距离计算时要考虑 STM-N 光线路接口参数及具体工程情况。再生段距离的计算分为两种情况。对速率低于 STM-64 的系统，再生段距离应同时考虑损耗受限和色散受限；损耗受限即再生段距离由光通道衰减决定，色散受限即再生段距离由光通道总色散所限定。对速率为 STM-64 的系统，再生段距离除考虑损耗受限和总色散受限以外，还应同时考虑极化模色散的要求。

1. 损耗受限再生段距离的计算

当再生段长度小于 75 km 或大于 125 km 时，采用最坏值法计算损耗受限的再生段距离的计算公式为

$$L = \frac{P_S - P_R - P_P - \sum A_c - M_c}{A_f + A_s} \tag{7-2}$$

式中：P_S 为 S(MPI-S)点寿命终了时的发送光功率(dBm)。P_R 为 R(MPI-R)点寿命终了时的光接收灵敏度(dBm)(BER≤10E-12)。P_P 为最大光通道代价(dB)。在 G.652 光纤上一般对于 STM-1/4 取 1 dB；对于 STM-16，类型为 S-16.1 或 L-16.1 的取 1 dB，类型为 L-16.2、V-16.2、U-16.2 的取 2 dB。$\sum A_c$ 为 S(MPI-S)至 R(MPI-R)间活动连接器损耗之和(dB)，每个活动连接器损耗：$A_c = 0.5$ dB。M_c 为光缆富余度(dB)。再生段长度小于 75 km 时，$M_c = 3$ dB，再生段长度大于 125 km 时，$M_c = 5$ dB。A_f 为光纤平均衰减系数。G.652 光纤为 1310 nm 时，取 $A_f = 0.36$ dB/km 或光纤为 1550 nm 时，取 $A_f = 0.20$ dB/km 或参照光缆厂家的技术指标。A_s 为光纤熔接头平均衰减。对于 2 km 盘长的光缆，$A_s = 0.043$ dB/lan，对于 3 km 盘长的光缆，

$A_s = 0.03$ dB/lan。

当再生段长度在 75～125 km 之间时，采用最坏值法计算损耗受限的再生段距离的计算公式为

$$L = \frac{P_S - P_R - P_P - \sum A_c}{A_f + A_s + M_c} \tag{7-3}$$

式中：M_c 为光缆富余度(dB/km)，$M_c = 0.04$ dB/km。式(7-3)将光缆富余度定义为单位平均值，但当再生段光缆距离较大时(大于 125 km)，该公式计算结果将过于保守，而当再生段光缆距离较小时(小于 75 km)，该公式又把光缆富余度考虑得过小，故当再生段长度小于 75 km 或大于 125 km 时，还应以式(7-2)计算损耗受限的再生段距离。

2. 色散受限再生段距离的计算

色散受限的再生段距离计算公式为

$$L = \frac{D_{max}}{|D|} \tag{7-4}$$

式中：D_{max} 为 S(MPI-S)至 R(MPI-R)间设备允许的最大总色散(ps/nm)；D 为光纤色散系数(ps/nm・km)。G.652 光纤为 1310 nm 时，取 $D = 3.5$ ps/nm・km 或为 1550 nm，取 $D =$ 20 ps/nm・km。

3. 极化模色散(PMD)指标要求

对于速率为 STM-64 的传输系统，再生段极化模色散(PMD)产生的差分群时延 DGD 一般要求小于等于 10 ps，DGD 与 PMD 系数的关系为

$$\text{DGD} = \text{PMD} \times \sqrt{L} \tag{7-5}$$

PMD 系数是由光纤本身的非理想性和外部应用环境对基模(HE11)两个正交分量的传播常数产生的随机影响，进行统计平均后所得到的数值。

PMD 单位为 ps/$\sqrt{\text{km}}$，由式(7-5)可见，DGD 与光纤的 PMD 系数和光纤长度的平方根成正比，在设计 10 Gb/s 的传输系统时，为保证再生段距离不受极化模色散指标的限制，要对光纤的 PMD 系数做出要求，一般的 G.652 和 G.655 光纤，PMD 系数均不大于 0.5 ps/$\sqrt{\text{km}}$，由式（7-5）可知，当全再生段的光纤为均匀光纤时，最大再生段距离可达 400 m。

例： 假设工程在一段中继距离约 100 km 的光缆线路上开通 2.5 Gb/s 传输系统，光纤类型为 G.652 光纤，光缆盘长 3 km，试分析应选用何种光接口。

(1) 判断 1：本工程不必考虑极化模色散的限制要求。

(2) 判断 2：本工程应采用(公式 7-3)计算损耗受限再生段距离。

(3) 判断 3：由表 6.2 可初步选择 V-16.2 光口，并进行验算。

(4) 由相关规范或产品的技术指标可知有关数据：

$P_S = 10$ dBm；$P_R = -25$ dBm；$D_{max} = 2400$ ps/nm；$A_f = 0.21$(dB/km)；

由式(7-3)计算损耗受限再生段距离：

$$L = [10 - (-25) - 2 - 2 \times 0.5]/(0.21 + 0.03 + 0.04) = 114(\text{km})$$

由式(7-4)计算色散受限再生段距离：

$$L = 2400/20 = 120(\text{km})$$

结论：本工程为损耗受限系统，可以选用 V-16.2 光接口。

4. 功率预算

设计中，一般只对传输网络中相邻的两个设备间光传输链路作功率预算，而不对整个网络进行统一的功率预算。将传输网络中相邻的两个设备间的距离(衰耗)称为中继距离(衰耗)，再生段距离计算采用 ITU-T 建议 G.957 的最坏值法，根据设备性能按照下式进行计算：

$$L = \frac{(P_{SM} - P_{RM} - P_P - C)}{(a_f + a_s + M_c)} \tag{7-6}$$

式中：L 为再生段距离；P_{SM} 为 S 参考点处的最小光发送功率，单位为 dBm；P_{RM} 为 R 参考点处的最差光接受灵敏度，单位为 dBm；P_P 为最大光通道功率代价，单位为 dB；C 为光纤配线架或盘上的附加光纤活动连接器的最大损耗，公式中按 2 dB 考虑；a_f 为光纤衰耗系数，单位为 dB/km；a_s 为光纤熔接接头每千米衰减系数，通常取 0.03 dB/km；M_c 光缆线路的富余度，时单位为 dB/km。

通常取发送机富余度 $M_{eT} = 1$ dB，接收机富余度 $M_{eR} = (2\sim4)$dB，光缆线路富余度 $M_c = (0.05\sim0.3)$dB/km，且一个再生段的光缆线路富余度≤4dB，M_{eT} 归入 P_{SM} 内，M_{eR} 归入 P_{RM} 内，所有富余度≤8 dB。

根据工程经验，光缆每千米衰减(含接头和富余度)在 1550 nm 窗口按照 0.29 dB/km 计算，在 1310 nm 窗口按照 0.43 dB/km 计算。

7.3.3 工程设计实例

下面以深圳中兴公司生产 ZXMP-S380 多业务传送节点设备、ZXMP M800 波分复用设备以及 ZXONM E300 操作系统为例介绍光传输设备工程设计。

1. SDH 工程设计

1) 拓扑结构设计

组网包括 A、B、C、D、E、F 六个网元，如图 7-9 所示。

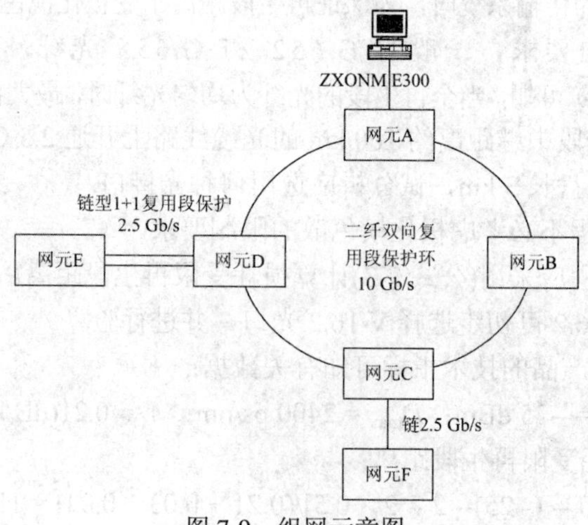

图 7-9 组网示意图

2) 业务要求

(1) 网元A与网元B、网元C、网元D间各有8个STM-1光信号业务，网元E和网元F间有50个2 M双向业务。

(2) 所有网元之间可以通公务电话。

(3) 网元A、网元B、网元C和网元D构成二纤双向复用段保护环，网元D和网元E构成四纤链型1+1复用段保护链。

3) 单板设计

根据组网配置以及业务需要，确定各站点的网元类型以及单板，分别如表7-14、表7-15和表7-16所示。

表7-14 ZXMP S390网元单板配置表

单板		单板数量			
类型	实现功能	网元A	网元B	网元C	网元D
NCP	网元控制	1	1	1	1
SC	完成时钟分配，提供1+1热备份	2	2	2	2
OW	公务电话	1	1	1	1
CSE	完成空分交叉，提供1+1热备份	2	2	2	2
OL64	提供10 Gb/s线路光信号	2	2	2	2
OL16	提供2.5 Gb/s线路光信号	-	-	1	2
OL1×8	STM-1光信号业务	3	1	1	1

表7-15 ZXMP S380网元单板配置表

单板		单板数量
类型	实现功能	网元E
NCP	网元控制	1
SC	完成时钟分配，提供1+1热备份	2
OW	公务电话	1
CSA	完成空分交叉，通过32×32时分模块提供时分交叉功能。提供1+1热备份	2
OL16	提供2.5 Gb/s线路光信号	2
ET1	提供2 M业务	1

表7-16 ZXMP S360网元单板配置表

单板		单板数量
类型	实现功能	网元F
NCP	网元控制	1
PWCK	提供电源并完成时钟分配，提供1+1热备份	2
OHP	公务电话	1
CSC	完成空分交叉，通过8×8时分模块提供时分交叉功能。提供1+1热备份	2
OI16	每个OI16板和2块LP16板提供一个2.5 Gb/s线路光信号	1
LP16		2
EP1A	提供2 M业务	1

4) IP 地址规划

根据组网要求，规划各网元和网管计算机的 IP 地址，如表 7-17 所示。

表 7-17　各网元和网管计算机的 IP 地址规划表

设备	IP 地址	掩码
网元 A	193.55.1.18	255.255.255.0
网元 B	193.55.2.18	255.255.255.0
网元 C	193.55.3.18	255.255.255.0
网元 D	193.55.4.18	255.255.255.0
网元 E	193.55.5.18	255.255.255.0
网元 F	193.55.6.18	255.255.255.0
网管计算机	193.55.1.5	255.255.255.0

注：由于网元 A 直接与网管计算机直接相连，因此网管计算机 IP 地址应与网元 A 在同一网段。

5) 功率计算

可以参考 7.3.2 节的功率计算方法。

6) 工程保护

光线环路和链路采用网络保护，在出现断纤、光板故障等现象时，要求业务能够得到保护，倒换时间小于 50 ms，可以配置二纤双向复用段保护环、复用段保护组、四纤 1+1 复用段保护链等方式实现。

2. DWDM 工程设计

1) DWDM 系统层次

DWDM 系统可划分为光复用段层(OMS)、光传输层(OTS)、光通道层(OCH)和光接入层(OAC)。以一个由光终端复用设备(OTM)和光线路放大设备(OLA)构成的 DWDM 系统为例，各层次在系统中的位置如图 7-10 所示。

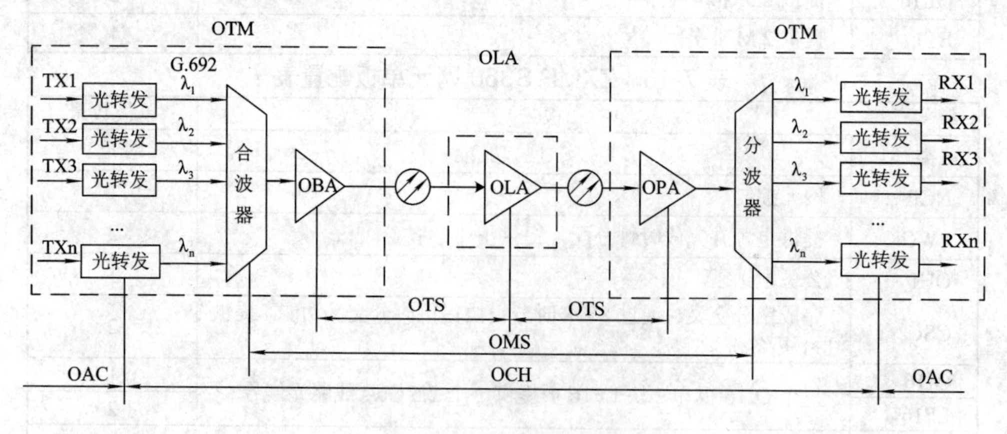

图 7-10　DWDM 系统层次划分

(1) OMS(光复用段层)：位于OTM设备与OTM设备之间，OTM设备与OADM设备之间，或者 OADM 设备与 OADM 设备之间，完成光通道信号与合波光信号的复用与解复用。

(2) OTS(光传输层)：位于OTM设备(或OADM设备)与OLA设备之间、OLA设备与OLA设备之间，完成光信号在各类型光纤上的传输。

(3) OCH(光通道层)：位于光转发平台的线路侧，支持光接入层，将各种客户信号转换为符合G.692规范的光信号传送。

(4) OAC(光接入层)：位于光转发平台的客户侧，能够接入各种业务信号。

注：在WDM系统中，OTM设备与光分插复用设备(OADM)的位置相同。

2) 拓扑结构

有A、B、C、D、E、F六个网元，组网如图7-11所示。

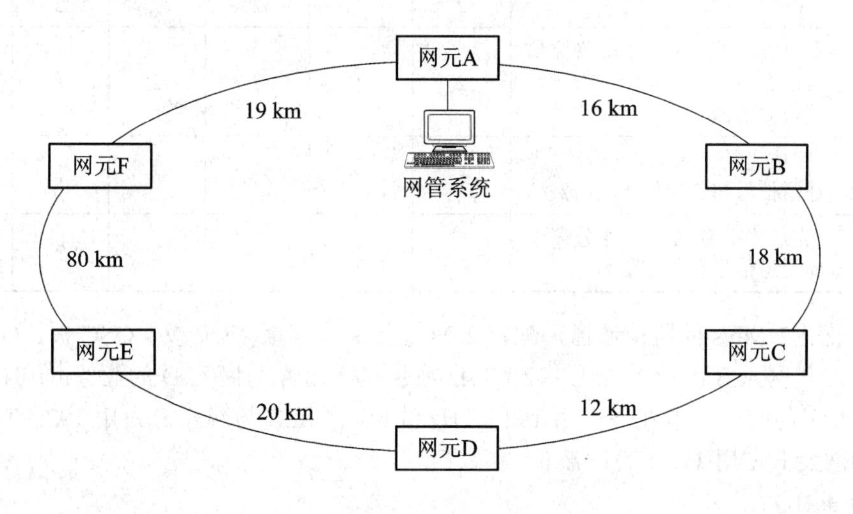

图7-11 组网示意图

3) 业务要求

各网元均连接SDH设备，网元A为中心站。

(1) 网元A与网元C、网元D、网元E间各有4个STM-1光信号业务，通过SDH设备形成长径和短径的保护。

(2) 网元E和网元B、网元F间各有4个STM-1光信号业务，通过SDH设备形成长径和短径的保护。

(3) 选择网元A作为接入网元，网元A、网元E提供全网时钟。

(4) 所有网元之间可以通公务电话。

4) 单板配置

根据组网配置，确定实现业务功能的网元类型和单板。所有网元均采用 ZXMP M800 设备，单板配置如表7-18所示。

表 7-18 单板配置表(DWDM 设备)

单　板		单板数量					
类型	实现功能	网元 A	网元 B	网元 C	网元 D	网元 E	网元 F
NCP	网元控制	1	1	1	1	1	1
OHP	提供公务电话	1	1	1	1	1	1
OSCL	提供 2 个方向的光监控信号	1	1	1	1	1	1
PWSB	完成告警输入、输出等功能	1	1	1	1	1	1
FCB	完成风扇监控功能	9	9	9	9	9	9
SRM42	汇聚接入 STM-1 光信号业务	6	2	2	2	6	2
OMU	完成光合波	2	2	2	2	2	2
ODU	完成光分波	2	2	2	2	2	2
SDMT	完成主光通道信号与监控信号的合波。在短跨距情况下，代替 OBA 板	2	2	2	2	1	1
OBA	完成光功率放大，以及主光通道信号与监控信号的合波	—	—	—	—	1	1
OPA	完成光前置放大，并分离主光通道信号与监控信号	2	2	2	2	2	2

本例采用 2 Mb/s 的监控通道，配置 2 M 监控系统单板(NCP 板、OSC 板、OHP 板)。假设网元 A 和网元 B 的业务占用 192.1 THz 波长，网元 A 与网元 D 的业务占用 192.2 THz 波长，网元 A 与网元 E 的业务占用 192.3 THz 波长，网元 B 与网元 E 占用 192.4 THz 波长，网元 E 和网元 F 占用 192.5 THz 波长。

5) 功率计算

可以参考 7.3.2 节的功率计算方法。

6) 工程保护

光线环路和链路采用网络保护，在出现断纤、光板故障等现象时，要求业务能够得到保护，倒换时间小于 50 ms，可以配置二纤双向复用段保护环、复用段保护组、四纤 1+1 复用段保护链等方式实现。

习　题

1. 光纤通信的基本含义是什么？
2. 光纤通信技术演进历程是什么。
3. 简述 SDH 设备系统结构组成。
4. 光传输系统接口有哪些？
5. 光传输网规划设计原则有哪些？
6. 某光传输系统工作波长采用 1550 nm，发射机功率为 1 mW，接收机灵敏度为−36 dB。

采用G.652光纤，单盘长度2 km，衰减系数为0.25 dB/km@1550 nm，每个接头衰减0.1 dB，活动连接器插入损耗0.5 dB，光缆富余度5 dB，求最大中继距离。

7. 假设某实验室有ZXMP-S380多业务传送节点设备4套，A、B、C、D四个网元构成星型，建立连接。业务要求如下：配置VC12级时隙交叉；BC网元间开通一个TUG-3和3路VC-12；AD网元间开通ET1的第1、2路，AB网元间开通ET1的第3、4路。

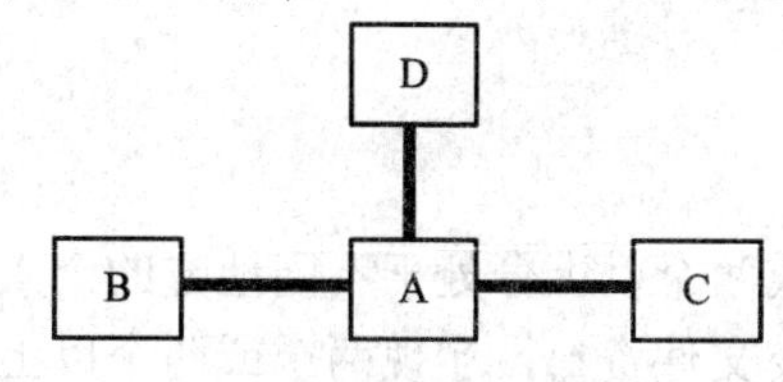

要求：

(1) 创建网元、IP配置。

(2) 配置ZXMP-S380多业务传送节点设备单板。

(3) 时钟配置：A为内时钟，B、C、D线路时钟。

(4) 在AD网元间设置链路保护。

第 8 章　视频会议设备

视频会议系统就是两个或两个以上分处于不同地方的个人或群体，通过传输线路及多媒体设备，互传声音、影像及文件资料，实现两个或两个以上地点的群体或个人会议的系统设备，亦称电视电话会议系统，是集通信技术、计算机技术、微电子技术于一体的远程异地交互式多媒体图像通信系统。

视频会议设备由多点控制单元、视频终端设备、传输网络和网管系统组成。国内主流视频会议设备主要有深圳中兴公司生产的 ZXMVC 8900 系列的视频设备、深圳华为公司生产的 Viewpoint 8000 系列视频设备。我们以华为公司 ViewPoint 8000 综合视频系统为例介绍。

8.1　视频会议设备工作原理

8.1.1　视频系统概述

1. 系统分类

1) 从通信网络(或传输介质)角度

支持视频会议系统的通信网络有很多，而且各种通信网络均有其各自独特的特性，从而导致了在不同通信网络上视频会议系统设计和部署的差异性。包括现有的和未来的，通信网络实际上有很多种，但从其结构的本质来分有四种：公用电话网(PSTN)、局域网(LAN)、宽带综合业务数字网(B-ISDN)和互联网(Internet)。这样就形成了四种视频会议系统，即基于 PSTN、LAN、B-ISDN 和 Internet 的视频会议系统。

2) 从传输内容角度

视频会议系统中根据不同程度的需求和目的，在网络中交互的会议内容也有极大的差别，这样形成了视频会议系统的以下四种不同形式：文件会议系统、数据会议系统、可视会议系统、桌面会议系统。

文件会议系统的特点是与会者共享屏幕上的一个或多个窗口，通过这些窗口交换信息。又称为共享白板，用户在这个白板上进行交互讨论或对文件进行修改等，可以传输图文，但不能传递语音；数据会议系统是在文件会议系统的基础上，在相同的通信线路上增加同时传送声音的功能，这样就成为数据会议系统；可视会议系统是在数据会议系统的基础上，再增加静态图像或准动态图像传输的功能，这样就构成了可视会议系统；桌面会议系统可以支持语音、视频、文本、图形等多种媒体，因此也称为多媒体会议系统。

3) 从终端配置角度

为了同时且实时的提供每个与会者的活动情况，从终端角度可将视频会议系统分为两种：多窗口系统和多监视器系统。

多窗口系统只需要一个监视器，每个会场的活动情况只体现为一个窗口。网络为每一次会议提供一个会议桥(Conference Bridge)，该会议桥收集了从所有会场发送的音频和视频信息，并混合音频信号，合成视频信号，然后再将结果信号分发给每一个会场。

而多监视器系统则恰恰相反，不需要窗口技术，远端每一个会场的活动情况在本地会场都体现为一个单独的监视器，而且还需要若干输入通道来接收所有会场的活动信息，对视频、音频信号也要做较复杂的处理。

4) 从媒体选择角度

为了优化网络连接，从媒体选择角度，可将视频会议系统分为两类：媒体可选系统、媒体固定系统。

媒体可选系统，每一个与会者(或会场)均有权选择(或授权选择和限制)在本地所需观察的特定场点的活动情况，这样，呈现在每个会场面前的会议活动情况是不尽相同的；媒体固定系统中，呈现在每个与会者面前的会议活动情况都是相同的。

5) 根据与会者参加的方式

根据与会者参加的方式，视频会议系统可分为以下四种：单用户系统、拨号群组系统、点到点系统、多点可视系统。

2. 系统功能

视频会议系统有以下这些基本功能及应用：实时音视频广播、查看视频、电子白板、图像编辑器、演讲稿列表区、网页同步、座位列表显示区、屏幕广播、文字讨论、系统消息、会议投票、发送文件、程序共享、主持助理、试听功能、会议录制、远程设置、踢出会议室、设为发言人、系统设置、用户管理。

3. 关键技术

视频会议系统的关键技术主要有高速多媒体通信网络及多媒体传输协议、音视频数据压缩编码技术、视频分层编码与传输技术(媒体缩放)、群组通信、同步机制、差错控制技术和流量控制技术、多点控制单元、会议管理、视频会议系统的性能评价等。

8.1.2　系统组成结构

1. 物理系统结构

视频会议系统的物理系统结构如图 8-1 所示。

1) 多点控制单元(Multipoint Control Unit，MCU)

多点控制单元实现多个会议场点的图像与语音的分配和切换功能，将来自各会议场点的信息流，经过同步分离后，抽取出音频、视频、数据等信息和信令，再将各会议场点的信息和信令，送入同一种处理模块，完成相应的音频混合或切换、视频混合或切换、数据广播和路由选择、定时和会议控制等过程，最后将各会议场点所需的各种信息重新组合起来，送往各自相应的终端设备，实现视频广播、视频选择、音频混合、数据广播等功能，完成各终端信号的汇接与切换。

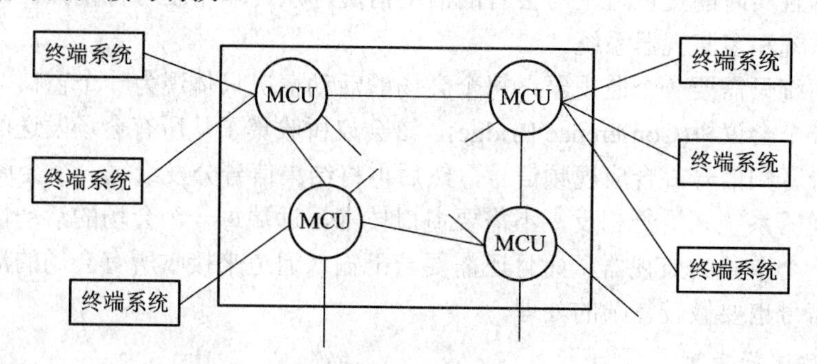

图 8-1　视频会议系统的物理结构

但 MCU 并不是必需的。只有在多个会议场点进行多点视频会议时，才设置一台或多台 MCU，以进行图像与语音的分配和切换。这是由于视频与音频是连续传递的数据流，多个信道之间不能直接并联连接，否则来自不同会场的视频和音频信号将重叠在一起。MCU 通常设置在网络节点处。

2) 视频终端设备(Video Terminal System)

视频终端设备是实现图像、语音、数据与接口信号相互转换的用户设备。主要包括视频输入/输出设备、音频输入/输出设备、视频编码解码器、音频编码解码器、多路复用和解复用设备、用户网络接口等。视频终端设备将会议点的实况图像、语音及数据信号进行采集、压缩编码、多路复用后送到传输信道上去，同时把从信道接收到的会议电视信号进行多路分解，视音频解码，还原成对方会场的图像、语音及数据信号，输出给用户的视听播放设备。该设备还将本点的会议控制信号送到多点控制单元，同时接收其送来的控制信号，执行其对本点的控制指令。

终端系统的配置在同一视频会议系统中并不要求完全一致，对终端系统(包括软件和硬件)的要求比较统一，只需符合一定的国际标准即可。

2. 逻辑系统结构

从功能上看，完整的视频会议系统应具有会议管理、协作处理、视频/音频处理、多点控制、通信服务等功能模块，其逻辑系统结构如图 8-2 所示。

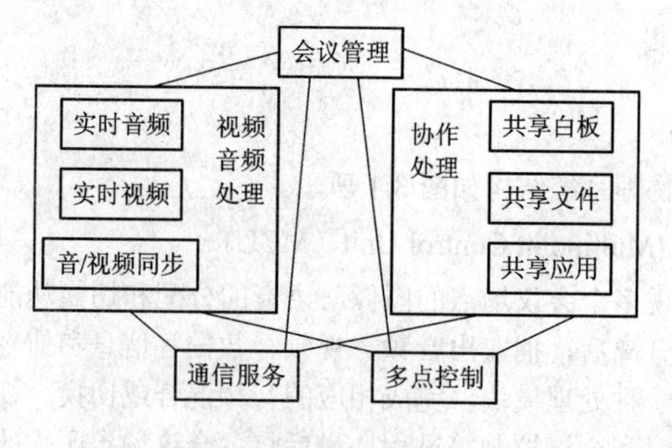

图 8-2　视频会议逻辑结构

1) 会议管理

会议管理完成会议通知，召集任务；初始化会议环境；在会议进行中，协调系统各部分，管理与会者的身份与权力；进行系统各项性能参数的设置和调整。

2) 协作处理

协作处理主要提供共享白板、共享文件、共享应用等形式的协作方式。其中，共享白板的作用是实现与会场人员的公共显示和修改窗口，实时传送修改信息；内含文件等数据的传送功能，完成文件传阅任务；具有 OLE 功能。

3) 视频/音频处理程序

视频/音频处理程序完成视频/音频信息的采集、转化，实时压缩本地媒体产生的数据，实时解压缩和播放远程媒体产生的并经过网络传送过来的数据。

4) 通信服务和多点控制

通信服务和多点控制具有网络管理的功能，能集中处理各种媒体产生信息流的调度、传输等一系列问题，实现点对点、组广播、广播方式等通信方式；完成相应进程的数据的连接；保证网络传输的效率，以维护一定的系统性能。

3. 终端结构

终端系统实际上代表视频会议中的本地会议场点，其结构如图 8-3 所示，主要包括以下几个部分。

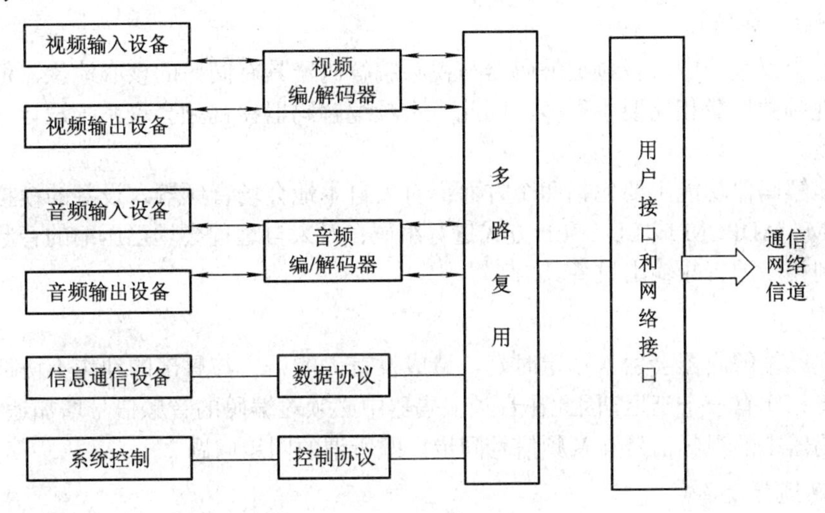

图 8-3　视频会议系统终端结构

1) 视频输入/输出设备

视频输入设备采集的各种视频信号都须经过视频输入口，将视频信号(模拟或数字)送入视频编码器内进行处理(变换、压缩等)。

视频输入设备包括摄像机及录像机。摄像机主要有主摄像机、辅助摄像机和图文摄像机：主摄像机手动或者自动转动，主要用来摄取发言人的特写镜头；辅助摄像机由人工操作控制，主要用来摄取会场全景图像，或不同角度的部分场面镜头，或摄取白板上的内容；图文摄像机一般固定在某一特定位置，用来摄取文件、图表等，其焦距已事先调整好；录像机可播放事先录制好的活动和静止图像。小型视频会议系统一般只采用主摄像机。

视频输出设备包括监视器、投影机、电视墙、多画面视频处理器等。监视器用于显示接收的图像；会议人数较多时，可采用投影机或电视墙。为了在监视器上既可以显示其他会场的图像，同时又可以显示本会场的画面，一般采用多窗口系统，每个会场的情况在屏幕上只表现为一个窗口，并且可以允许这种窗口随意放大缩小，而且不失真。

2) 音频输入/输出设备

音频输入/输出设备主要包括麦克风(话筒)、扬声器、调音设备以及提供语言激励、多麦克风混合、回声抑制器等附加的语音设备。具体会议对音频设备的配备情况主要由会议对音频质量的要求决定。

话筒和扬声器主要用于与会者的发言和收听其他会场的发言；调音设备主要用于调节本会场话筒的音色和音量。

3) 视频编解码器

视频编解码器是视频会议系统的心脏，将来自本地会场视频输入设备的模拟视频信号数字化后进行压缩编码处理，以适应窄带数字信道的传送；将来自远程会场的已压缩视频信号解压缩后，送给相应的视频输出设备。

视频编解码器可对不同电视制式的视频信号进行处理，以使不同电视制式的视频会议系统直接无缝互通，如 PAL 与 NTSC 之间的互通。在多点视频会议通信的环境下，视频编解码器应支持 MCU 进行多点切换控制。

4) 音频编/解码器

在视频会议系统中，音频编解码器与视频编解码器具有同等的核心地位，但由于音频数据量与视频数据量相比要小得多，因此，音频编解码器在视频会议系统设计中并不会成为瓶颈问题。

音频编解码器功能主要包括两个方面：对来自本地会场音频输入设备的模拟信号数字化，以 PCM、ADPCM 或 LDCELP 方式进行编码；对来自远程会场已压缩的音频信号解压缩后，送到相应的音频输出设备。

5) 时延

由于视频编解码器会引入一定时延，造成发言人的语言与唇部的动作不协调，其口形动作与语音相比有一个延迟，因此在音频编码器中必须对编码的音频信号增加适当的时延，以便使解码器中的视频信号和音频信号同步，即所谓的同步问题。

6) 信息通信设备

信息通信设备是视觉的辅助设备，可增强视频通信能力。

信息通信设备包括白板、书写电话、传真机等。白板供本会场与会场人员与对方会场人员进行讨论问题时写字画图用，通过辅助摄像机的摄取而输入编码器，传送到对端，在对方会场的监视器上显示。书写电话为书本大小的电子写字板，供与会场人员将要说的话写在此板上，并变换成电信号输入到视频编解码器，再传送到对方会场，并显示在监视器上。

7) 数据协议

数据协议是所有会场之间进行各种数据通信的基础，它必须支持电子白板、静止图像传输、文件交换及数据库存取等应用类型。

8) 控制协议和系统控制

控制协议提供各终端系统正确运行的端到端信令，在系统之间进行能力交换、发送命令和指示信号，以及提供打开和描述逻辑信道的信息。

系统控制是利用控制协议的控制信令对系统进行控制。视频会议系统各终端系统之间的互通一般是依据一定的步骤和规程通过系统的控制来实现的。每进行一项步骤都由相关的信令信号完成。

9) 多路复用和解复用设备

该设备可将视频、音频、数据、信令等各种多媒体数字信号组合为 64～1920 kb/s 的数字码流，成为与用户/网络接口兼容的信号格式。同时，也可把接收到来自远程会场的比特流分解为各种多媒体信号。此外，其中包含的复用协议还具有对图像序列进行编号、进行误差检测以及采用重传输的方式实现误差校正等功能。

10) 用户/网络接口

用户/网络接口是用户端的终端系统与通信网络信道的连接点，该连接点称为接口。该接口主要解决通信网络与多路复用和解复用模块的匹配问题。

8.2　视频会议设备接口

8.2.1　系统结构

ViewPoint 8000 综合视频系统采用层次化结构，能够向用户提供多种视频业务，包括多点视频会议业务、点对点个人视频业务、流媒体业务以及 PSTN 互通业务等。网络结构可以划分为四层：业务支撑层、网络控制层、媒体交换层、用户接入层，ViewPoint 8000 综合视频系统如图 8-4 所示。

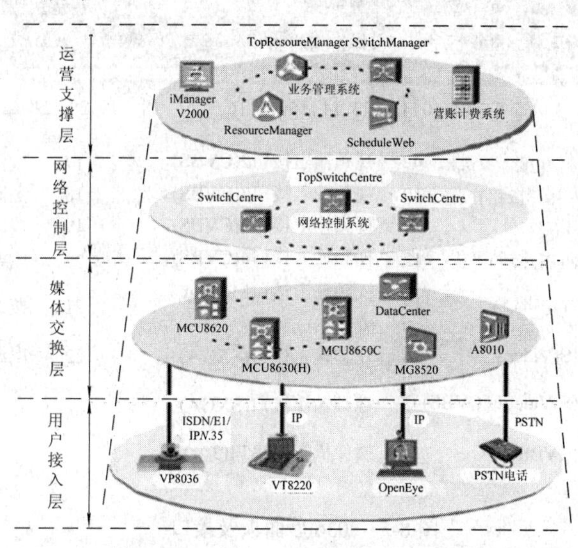

图 8-4　ViewPoint 8000 综合视频系统结构图

8.2.2 终端设备接口

ViewPoint 8036 群组视频终端具有主叫呼集、双流、会议控制、多画面等传统特色功能，为用户提供高质量和快捷方便的视频业务，可应用于 IP、E1、T1、4E1 及 ISDN 网络。

ViewPoint 8036 终端主要包括主机、摄像机、遥控器、电源模块、电源线、视音频线、直通网线、摄像机连接线、接口转接线缆、接口卡、接口卡线缆等，其功能如下：

主机：终端的核心组件，主要进行系统数据的接收、处理和发送。例如，负责图像和声音的数字/模拟双向变换。

摄像机：采集会场视频信号传送给主机。

遥控器：遥控操作终端提供的图形化操作画面。遥控器使用 2 节 AAA 电池。

电源模块：将 90～240 V 的交流电转换为 12 V 的直流电。

电源线：连接电源模块和交流电源插座。

视音频线：传送图像和声音到输出设备，如电视机(TV)。视音频线由黄、白、红 3 根线缆组成，黄、白和红线缆分别传送图像、左声道声音和右声道声音。

直通网线：连接终端主机到 IP 网络。

摄像机连接线：连接摄像机到终端主机。

接口转接线缆：S-Video/CVBS 转接线缆，主要用于视频输出接口 1 连接 TV 的 CVBS 接口。

接口卡：(可选)E1 接口卡或 ISDN 接口卡，接口卡有 1 至 4 个线路接口，用于与 E1 或 ISDN 网络连接。

接口卡线缆：(可选)配套接口卡使用。

Viewpoint 8036 后面板如图 8-5 所示，各个接口说明如下：

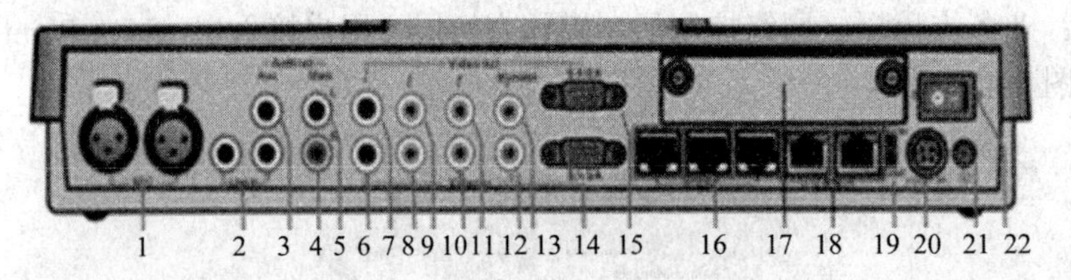

1	平衡音频输入接口(2路)	9	视频输出接口2(CVBS)	17	接口卡插槽
2	非平衡音频输入接口(2路)	10	视频输入接口3(CVBS)	18	主网口、辅助网口
3	辅音频输出接口	11	视频输出接口3(CVBS)	19	拨码开关
4	主音频输出接口(右声道)	12	视频输入接口4(CVBS)	20	电源输入接口
5	主音频输出接口(左声道)	13	视频输出接口Monitor (CVBS)	21	接地端子
6	视频输入接口1(S-Video)	14	视频输入接口(SXGA)	22	电源开关
7	视频输出接口1(S-Video或CVBS)	15	视频输出接口(SXGA)		
8	视频输入接口2(CVBS)	16	摄像机控制串口(3个)		

图 8-5　8036 后面板及接口

1、2 音频输入接口：可接入 2 路平衡或 2 路非平衡接口的音频源。麦克风是典型的平衡方式的音频源。调音台是典型的非平衡方式的音频源。

3、4、5 音频输出接口：同时输出两种音频，3 输出左右声道混合的音频，4、5 输出左右声道分离的音频。

6、8、10、12、14 视频输入接口：终端的视频源接口，同一时刻，终端最多只能选择来自其中 3 路视频源发送给远端。

7、9、11、13、15 视频输出接口：终端提供 5 个视频输出接口，缺省输出规则如下：7 是缺省的视频主输出接口，即建立呼叫前输出本端图像，建立呼叫后输出远端图像或远端主视频流；9 是缺省的视频辅助输出接口，即建立呼叫后显示第 2 路视频流；11 是缺省的视频辅助输出接口，目前仅支持输出遥控器画面；13“Monitor”接口是本地监视接口，缺省显示的图像同“7”一致。可设置为显示来自本地输入和输出的任何一路图像；15 为 VGA 接口，接 VGA 显示设备，如投影仪或液晶显示器，一般用于输出 PC 桌面的图像。

16 控制串口：可连接外置摄像机，用于控制摄像头的转动和镜头缩放。

17 接口卡插槽：插入 E1 接口卡、4E1 接口卡或者是 ISDN 接口卡。

18 网口：2 个 10/100MBase-T 网口，连接 IP 网络。

19 拨码开关：用于终端软件的强制升级，仅标识为“1”的开关有效。正常工作时处于“Norm”状态，强制升级时处于“Load”状态。

20、21、22 电源及地：分别为电源输入接口、电源开关和接地端子。电源输入接口连接终端电源模块的直流输出端；接地端子连接地；电源开关打开/关闭终端电源。

8.2.3　多点控制单元接口

ViewPoint 8650C MCU 完成多点视频系统的视频处理、音频混合、信令交互和网络接口功能，接受多点资源管理中心、网络控制系统的管理，在宽带网上提供视频会议业务和流服务，能快速部署中小型视频网络。

ViewPoint 8650C 前面板如图 8-6 所示。

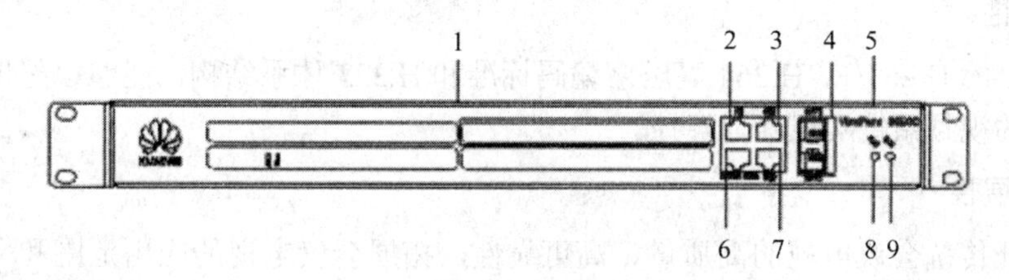

1. 面板　2. FE(维护网口)　3. GE1(可作为GE0的备份网口)
4. 光口：SFP1(上)、SFP0(下)　5. 产品名称　6. RS-232串口(波特率115200 bit/s)(下)
7. GE0(业务网口)　8. ALM指示灯　9. RUN指示灯
D0～D7为媒体处理模块指示灯

图 8-6　前面板

用户可以通过系统状态指示灯的说明及时掌握系统运行状态。

指示灯：ALM(红色)。常灭，说明工作正常；常亮或高频闪烁，说明存在故障。

RUN(绿色)。常亮，说明有电源输入，单板存在故障；常灭，说明无电源输入或单板工作异常；慢闪(约 0.2 Hz)，说明单板已按配置运行，属正常工作运行状态；快闪(约 4 Hz)，说明正在加载程序。

GE/FE 网口(1 个网口 2 个指示灯)：绿色(代表连接状态指示)，亮说明网口连接正常，灭说明网口没有连接或连接异常；橙色(代表数据收发指示)，闪烁说明网口有数据收发，灭说明网口没有数据收发。

媒体处理模块指示灯(D0～D7)：绿色，闪烁(0.5 Hz)，说明该媒体处理模块工作状态正常；其他任何状态均不正常。

后面板如图 8-7 所示。

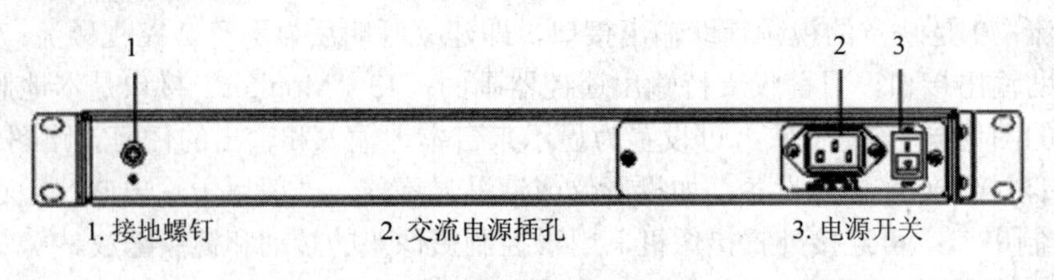

图 8-7　后面板

8.3　视频会议设备工程设计

8.3.1　设计原则

1. 先进性

视频编码技术采用当前先进的能适用于多种带宽条件下的视频压缩算法 H.263/+、H.264 等技术，兼容图像编解码技术，能实现 4CIF 高清晰度画质、高保真 CD 音质，同时延时可控制在 300 ms 以内，充分保证会议电视的高质量。视频通讯协议采用了先进的 H.323 协议平台，这样既满足广域网的带宽要求，又满足在网上开展视频业务的需求。

2. 兼容性

采用标准的 H.263/+、H.264 等压缩编码标准和 H.323 体系结构，能够很好地与其他符合国际标准的视频系统实现互通互控。

3. 可扩展性

充分保证传统会议电视的高质量、高可靠性，拓展会议电视的应用范围和应用内容，充分体现了网络化视频应用的潮流和方向。实现视频会议功能还要求系统能实现包括监控图像传送、远程教育、数字录像、视频点播、可视通话等多种扩展功能。

4. 高可靠性

会议终端和 MCU 同时还具有网络适应能力。当网络出现拥塞时，终端会议优先保证音频流的发送，从而保证会议的不间断性。

5. 可管理性

系统具有直观界面的视频会议管理系统，可直观方便地对系统实现全程网管，大大减轻维护难度。系统提供日志，记录运行过程中出现的异常信息。管理员和工程人员可以通过查询运行日志随时了解设备运行状况。此外，网管还具有告警管理功能，设备运行过程中出现的告警即时反映在网管客户端界面通知用户，同时还将告警信息记录入告警日志数据库中，以备用户查询，支持中文界面。

6. 高安全性

视频终端要支持对系统设置、Web 管理等进行密码认证的访问控制。通过这种方式加强了系统的安全性，有效地阻止了对视频终端设备的非法访问和操作。

8.3.2　设备选型

视频会议系统的主要工作是流媒体传输，流媒体传输对视频会议系统数据处理的实时性要求很高，因此，视频会议系统的每个组成部分和集成后的整体性能优异是现代高质量视频会议召开的重要保障。视频设备工程应用时将从速率范围、音频指标、视频指标、时延指标、稳定性指标、可靠性指标、系统安全性等方面考虑。

1. 速率范围

视频会议系统中每个会场的视频终端的最高会议速率为 2 Mb/s。而且每个会场可以在速率范围为 64 kb/s～2 Mb/s 之间任意选择一种速率召开会议(可选择的速率是 64 kb/s、128 kb/s、384 kb/s、512 kb/s、768 kb/s、1024 kb/s、1.5 M/s、2 M/s)。

根据不同的会议形式，会议速率选择的依据也不相同。例如点对点会议方式，会议速率的选择受到会场网络带宽和 MCU 容量的限制。

召开会议时，在网络带宽和 MCU 容量允许的前提下，选择大的会议速率可实现优质的音、视频效果。

2. 音频指标

视频会议系统使用国际通用的音频编码标准有 G.711A、G.711U、G.722、G.728、G.723.1 等类型。其中 G.711A、G.711U、G.722 占用 64 K 左右带宽；G.728、G.723-5K、G723-6K 占用带宽较低。建议速率在 384 kb/s 以上的会议中，选用 G.711A、G.711U、G.722，此时声音和图像的传送到远端会场后可以达到唇音同步的优质效果，误差应不可察觉，音频视频相对延迟小于 40 ms。在网络端到端丢包率为 3%时，语音质量达到主观评定为 MOS“4”级以上。

3. 视频指标

图像质量问题严重影响了视频会议的效果，传统视频会议所采用的图像编解码格式为 H.261 和 H.263，只能达到 352 × 288(CIF)的分辨精度，即家用 VCD 的水平，而且处理运动图像的能力也比较弱。

为了满足现代视频会议对高质量图像的要求，当视频会议系统运行在 384 kb/s 以上速率时，帧频可自适应调整，提供 25 帧/秒的帧率，同时支持 15-30 帧/秒的帧率变化。在速率达到 2 Mb/s 时图像显示仍可达到 25 帧/秒的帧率。在网络端到端丢包率为 3%时，图像质量主观评定达到“4”级以上。视频传输端到端延时小于 250 ms。

4. 时延指标

网络的通畅是视频会议正常召开的重要保障。但是，网络线路的时延往往是不可避免的。视频会议设备具有一定的抗时延的能力。在网络出现时延情况下，该视频会议系统仍能不间断的召开会议，保证会议的持续、有效地进行。在网络时延 130 ms 以内，系统中配置的设备(MCU 和终端)时延小于 250 ms。

5. 稳定性指标

视频会议设备在召开会议时呼叫成功率和会议进行时会场掉线率是衡量视频会议系统稳定性的重要参考指标。视频终端设备要具有极高的稳定性，在网络和设备无故障，呼叫成功率达到 99.9%，掉线率小于 0.005 次/方/小时。

6. 可靠性指标

此项目选用的中兴 MCU ZXMVC8900 和视频终端设备 ZXV10 T502 采用业界技术上最先进的体系结构和设计理念：控制单元(MC)与处理单元(MP)分离，便于业务和容量的升级扩展；全新分布式交换架构，处理能力和稳定可靠性得到提升，系统可靠性应达到 99.99%。所有硬件模块支持热插拔，软件可在线升级。

7. 系统安全性

视频会议设备要能够有效的阻止各个方面的非法访问和操作，使用户更加安全使用视频会议系统。

8. 视频会议系统服务质量(QoS)

QoS 是指 IP 的服务质量，即 IP 数据流通过网络时的性能。它的目的就是向用户的业务提供端到端的服务质量保证，包括业务可用性、延迟、可变延迟、吞吐量和丢包率等衡量指标。由于全局的 QoS 依赖于网络各部分的 QoS，视频会议系统能够提高系统的每一层的 QoS 保障，亦即端到端系统必须能管理参与传输服务的每一层(从服务层到网络层)。

8.3.3 组网方式

视频会议系统的组网结构随会者参加会议方式的不同有所不同，从整体上看，有两种结构：点对点组网结构和多点会议组网结构。

1. 组网特点和网络接口

1) 网络性质

视频会议要借助于现在的各种通信网络进行传输。组建视频会议网有两种方法，一种是建立自己的专用视频会议通信网，另一种则是租用目前已有的通信网信道(如数字通信网 DDN 等)或拨号网络(如 PSTN、ISDN 等)。

2) 网络接口

视频会议是一种新的通信业务，要具体完成视频会议业务功能，除了靠通信网络以外，主要靠视频会议设备，如视频会议终端、多点控制单元等。这些设备都要和通信网络相连，因此，视频会议设备和网络之间的接口就是一个很重要的技术问题，和不同的通信网络相连接，就要求它们应具有适合各种通信网络的接口。

视频会议终端设备和数字通信网络连接之处就叫做数字接口点，就是通常所称的网络接口。以在数字信道上单向传输的视频会议信号为例，数字接口点所在位置如图 8-8 所示，图中 A、B 两点就是网络接口点，其他网络和视频会议设备连接的数字接口点也可依此类推。

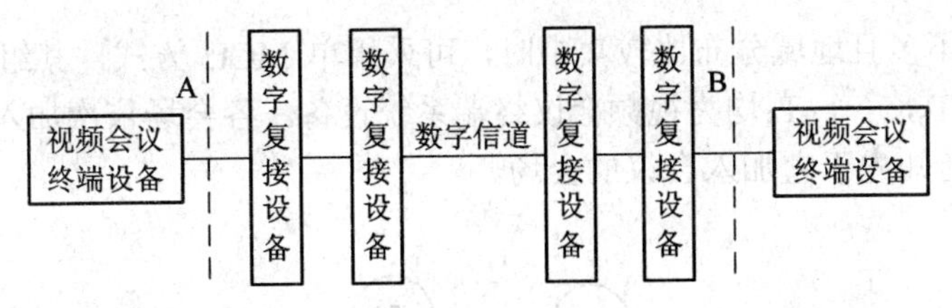

图 8-8　数字接口点示意图

其实，从网络的角度来看，视频会议设备的网络接口与其他通信设备并没有什么不同之处，只要具有标准的网络接口，就可以连接到该网络上，进行正常通信。目前，常用的网络接口有以下几种。

数字通信网、DDN 网的 T1/E1 接口，或 ISDN 的基群接口，它们支持 Px64 kbit/s 速率，不同的基群速率分别是 2.048 Mbit/s 和 1.544 Mbit/s，接口要求可以按 G.703 标准设置，也可以按 V.35 标准设置。

ISDN 的 BRI(128 kbit/s)、2BRI(256 kbit/s)、3BRI(384 kbit/s)以及 Nx64 kbit/s 等速率的用户－网络接口。

ATM 网络的用户－网络接口(UNI)、TMS1(155.2 Mbit/s)速率。

计算机网络接口，如 LAN 的以太网接口等。

2. 点对点组网结构

点对点视频会议系统只涉及到两个会议终端系统，其组网结构非常简单，不需要 MCU，也不需要增加额外的网络设备，只须在终端系统的系统控制模块中增加会议管理功能即可实现。其组网结构如图 8-9 所示，图中控制协议虚线实际上并不存在，其内容也是通过接口相互传递的。

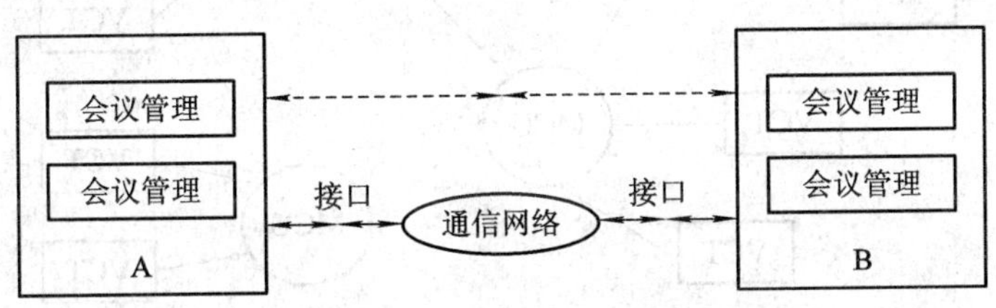

图 8-9　点对点组网结构

两个会场(终端系统)只须相互拨号呼叫对方并得到对方确认后便可召开视频会议。目前比较流行的可视电话的通信网络是 PSTN，实际上这是点对点结构的一种特例。

3. 多点会议组网结构

在多个会场进行多点会议时，必须设置一台或多台 MCU(多点控制单元)。MCU 是一个数字处理单元，通常设置在网络节点处，可供多个会场同时进行相互间的通信。MCU 应在数字域中实现音频、视频、数据信令等数字信号的混合和切换(分配)，但不得影响音频、视频等信号的质量。

多点会议组网结构比较复杂，根据 MCU 数目可分为两类：单 MCU 方式和多 MCU 方式。而多 MCU 方式一般又可分为两种：星型组网结构和层级组网结构。

1) 单 MCU 方式

在会场数目不多且地域分布比较集中时，可采用单 MCU 方式，其组网结构如图 8-10 所示。图中 T_a，T_b，…，T_f 均为视频会议终端系统设备。各会场依次加入会议时，必须经过 MCU 确认并通知先于它加入会议的会场。

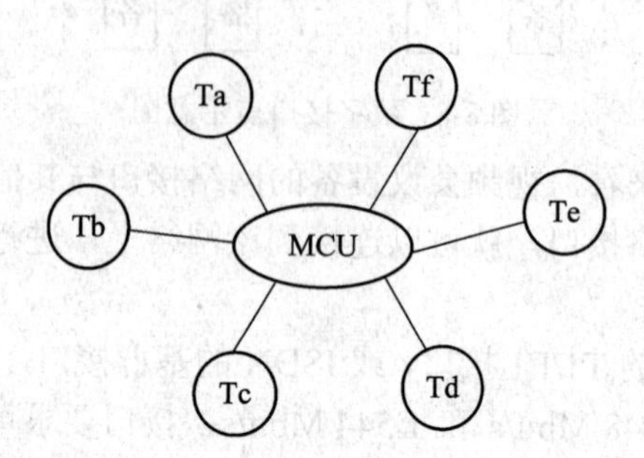

图 8-10　单 MCU 组网结构

2) 星型组网结构

多 MCU 连接的星型组网结构如图 8-11 所示，其中 VCT 是视频会议终端 Video Conference Terminal 的缩写。

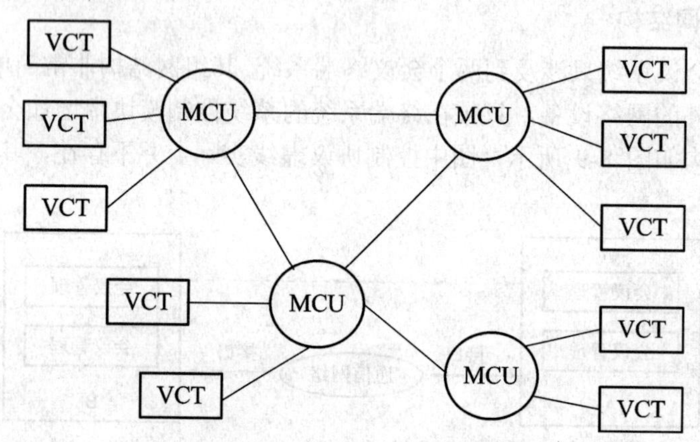

图 8-11　多 MCU 连接的星型组网结构

这种星型结构对会议终端系统要求较低，增加新会场时易扩展。MCU 功能类似于交换机，各 MCU 在这种组网结构中地位平等。由于该组网方式的会场数目较多，其会议控制模式宜采用主席控制模式。

3) 层级组网结构

多 MCU 连接的层级组网结构最适宜于布置在各会场地域上很分散的情况，可利用 ISDN、B-ISDN 或 DDN(长途数字传输网)等通信网络。其组网结构如图 8-12 所示。这种层级结构覆盖的地域很广，也可以进行国际间视频会议，不仅易于扩充，而且更易于管理。多个 MCU 受上层的 MCU 控制和制约。

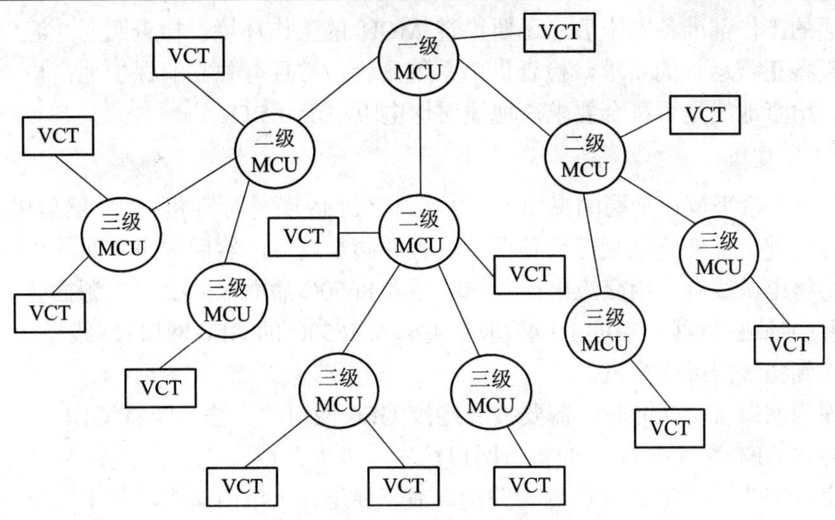

图 8-12 多 MCU 连接的层级组网结构

8.3.4 安装调试

1. 计算机要求

华为视频会议系统对计算机的硬件配置最低要求如下：

CPU 为 Intel PⅢ 1.3 GHz；

内存为 512 MB；

硬盘可用空间为 20 GB；

网卡为 10 M/100 M 以太网卡；

光驱为 8X 以上 CD-ROM。

2. 系统安装流程

视频会议系统安装流程根据两个原则：一是对其他组件的依赖性，依赖性最小的组件放在前面，依赖性较大的组件放在后面描述；二是否安装在同一台服务器上，如果在同一台服务器上，尽量安排在一起。根据以上两条原则，ViewPoint 8000 综合视频系统的安装流程如图 8-13 所示。

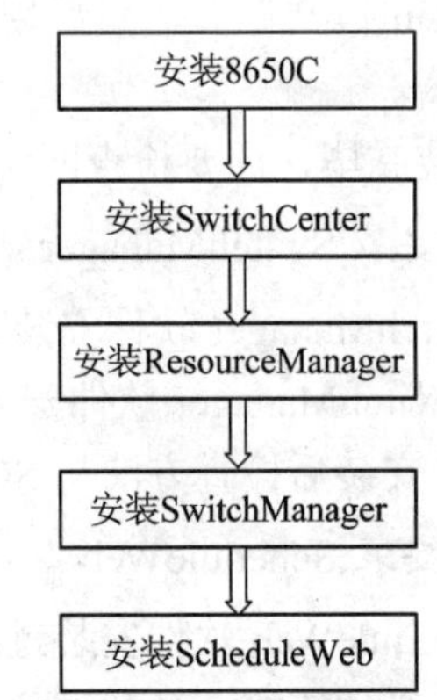

图 8-13 ViewPoint 8000 综合视频系统安装流程图

3. 安装 MCU

1) 安装准备

安装前先要查验和清点货物，检查包装箱外观是否完好；开箱后，找到装箱清单，确认装箱货物同装箱清单相符。

MCU 的安装简单方便，需要准备一字螺丝刀 M3～M6 和十字螺丝刀 M3～M6 等紧固工具、RJ-45 压线钳、电烙铁、焊锡丝、尖嘴钳、斜口钳、万用表、500 伏兆欧表、地阻测量仪等测量仪表等工具。

当前面的工作都准备完毕后，还要检查 MCU 的工作环境。检查照明、温度、湿度等是否满足设备正常运行的要求，检查供电系统是否正常且有独立的保护地；检查通信网络是否正常；检查地线是否符合要求，地线对地电阻小于 0.5 Ω。

2) 安装过程

8650C 可直接平放在平稳的桌面上，也可固定到 19 英寸标准机柜上，然后用螺钉固定。

连接线缆前，需要先规划好设备摆放位置并固定设备，然后按照下面的步骤连接网线和电源线：将电源线有三相交流电插头一端插入 8650C 后面板的交流电源插孔，另一端插入交流电源的插座；网线一端的 RJ-45 水晶头插入 8650C 的 GE0 网口，网线另一端的 RJ-45 水晶头插入到集线器或交换机上。

当要使用网口备份功能时，需要按照连接 GE0 网口的方法，即将 GE1 网口也连接到网络中，并将 GE1 设置成 GE0 的备份网口。

当按实际需要连接完 8650C 的相关接口后，要进行上电前检查，如果完全符合要求，可以上电和进行下一步操作。

3) 配置 MCU

8650C 暂不支持 IPv6 的相关配置，但可以利用 Telnet 命令登录 8650C 后，使用 8650C 内部命令进行参数配置。

4) 安装 SwitchCentre

在安装 SwitchCentre 软件之前，确保计算机上没有运行其他基于 H.323 的应用程序，如 Netmeeting、OpenEye 及其他厂商的 GK 等。将呼叫控制系统安装光盘放入光驱。双击“Install\SwitchCentre”目录下的“SwitchCentre.exe”文件。

5) 安装 ResourceManager

ResourceManager 软件的安装过程可以分为三步走：安装 Oracle 数据库管理系统，并创建 Oracle 数据库服务；运行数据库脚本程序，创建表结构等；安装 ResourceManager 软件以及配置界面。

ResourceManager 软件安装完毕后，在 ResourceManager 软件的安装目录下，查找“RMCC.ini”文件名，然后用记事本打开，用户根据实际情况修改完配置文件，保存并关闭编辑器。

安装完毕，需要检查网络控制系统是否安装成功。

6) 安装 SwitchManager

SwitchManager 软件安装过程分为二步：一是安装业务数据库；二是安装 SwitchManager 软件。SwitchManager 软件安装完毕后，用户根据实际情况修改安装程序自动生成的配置文件，SM 安装后检查方法与 SC 检查方法相同。

7) 安装 ScheduleWeb

ScheduleWeb 软件安装过程分为两步：一是安装业务数据库；二是安装 ScheduleWeb。SW 服务必须连接 SW 数据库才可正常运行，SW 数据库参数在<db-properties>参数段配置，由 SW 数据库和 SW 数据库连接池两部分参数组成。安装完毕，请检查 ScheduleWeb 服务是否安装成功。

8) 系统调测

ViewPoint 8000 综合视频系统安装完毕和基本参数配置完毕后，需要进行调测。调测的目的是为了测试所有的组件能否正常运行并互相配合良好。

ViewPoint 8000 综合视频系统的调测可分为两步：一是进行网络连通性测试，确保各组件之间的网络连接通畅；二是启动系统所有组件，测试各组件是否正常运行，测试各组件互相配合是否正常。

习　题

1. 简述视讯会议系统的概念。
2. 简述视讯会议系统的结构组成。
3. 视讯会议系统的组网方式有哪些？
4. 视讯会议系统工程设计原则有哪些？
5. 简述视讯会议系统设备选型的参考因素。

第9章 软交换设备

作为下一代网络(NGN)的核心技术，软交换(Softswitch)的发展受到越来越多的关注。它为具有实时性要求的业务提供呼叫控制和连接控制功能。本章我们重点以中兴的产品为例介绍软交换设备。典型的中兴软交换设备有 ZXMSG 9000 媒体网关设备、ZXSS10 SS1b 软交换控制设备、ZXSS10 I500/600 综合接入设备等。

9.1 软交换原理

9.1.1 软交换概念

从广义上看，软交换泛指一种体系结构，利用该体系结构可以建立下一代网络框架，其功能涵盖传输接入层、媒体层、控制层和网络服务层 4 个功能层面，主要由软交换设备、信令网关、媒体网关、应用服务器、综合接入设备(Integrated Access Device，IAD)等组成。

从狭义上看，软交换指软交换设备，定位在控制层。我国信息产业部电信传输研究所对软交换的定义是:“软交换是网络演进以及下一代分组网络的核心设备之一，它独立于传送网络，主要完成呼叫控制、资源分配、协议处理、路由、认证、计费等主要功能，同时可以向用户提供现有电路交换机所能提供的所有业务，并向第三方提供可编程能力。”可以说，软交换是 NGN 的司令部，是电路交换网与 IP 网的协调中心，通过对各种媒体网关的控制实现不同网络之间的业务层融合。软交换设备功能结构如图 9-1 所示。

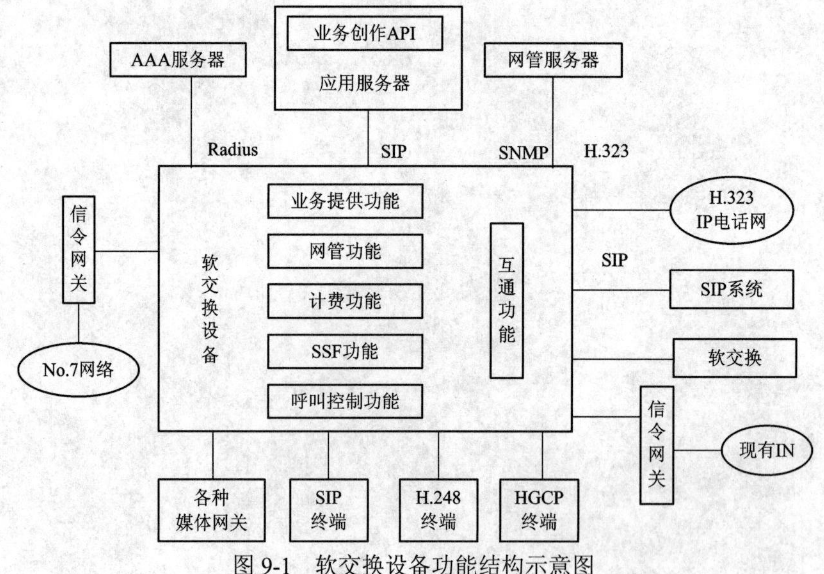

图 9-1 软交换设备功能结构示意图

9.1.2　软交换体系结构

1. 软交换体系结构

软交换体系结构采用分层模型，整个网络分为四层：业务/应用层、控制层、核心传输层、边缘接入层，如图 9-2 所示。

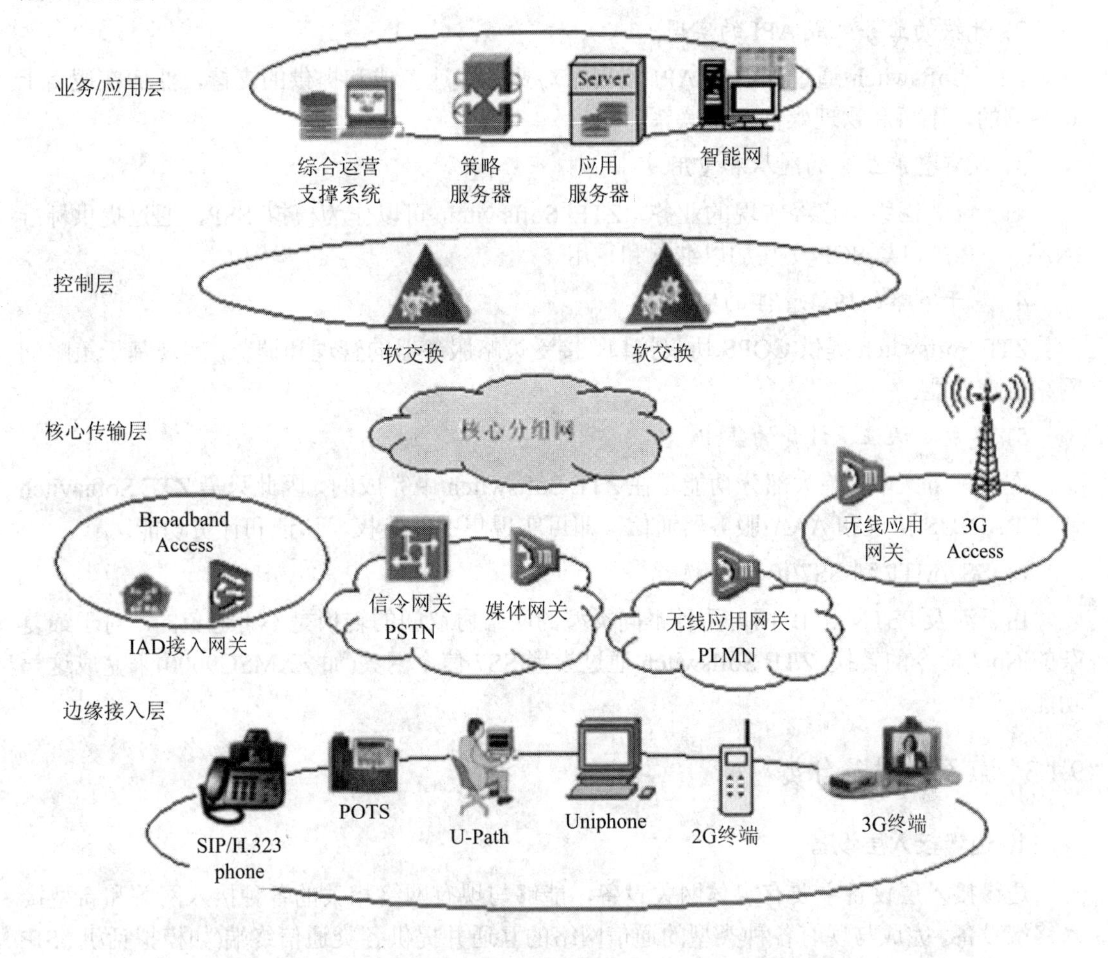

图 9-2　软交换体系结构示意图

(1) 边缘接入层：主要指与现有网络相关的各种接入网关和新型接入终端设备，完成与现有各种类型的通信网络的互通并提供各类通信终端(如模拟话机、SIP Phone、PC Phone 可视终端、智能终端等)到 IP 核心层的接入。

(2) 核心传输层：主要指由 IP 路由器或宽带 ATM 交换机等骨干传输设备组成的软交换网络，是软交换网络的承载基础。

(3) 控制层：指软交换控制单元，完成呼叫的处理控制、接入协议适配、互连互通等综合控制处理功能，提供全网络应用支持平台。

(4) 业务/应用层：为网络提供各种应用和服务，提供面向客户的综合智能业务，提供业务的客户化定制。

2. (ZTE Softwitch)软交换体系结构特点

1) 业务/协议和媒体流的分离

媒体网关完成媒体流转换及相关控制功能，其余所有协议处理、呼叫控制、资源管理、业务实现等功能全部由 ZTE Softswitch 完成。这样，ZTE Softswitch 就可以控制各种网关，实现设备的综合接入。

2) 开放的业务生成 API 的实现

ZTE Softswitch 通过开放的 API 实现了对业务快速生成和提供的支持，业务在逻辑上是独立的，不再和物理媒体发生联系。

3) 原有智能业务的继承和重用

对于 IN 网络中已经实现的业务，ZTE Softswitch 可以作为模拟 SSP，通过提供标准 INAP/CAP 接口与 SCP 交互加以继承和重用。

4) 基于策略的网络管理的实现

ZTE Softswitch 提供 COPS 协议接口，接受策略服务器的管理和调节，实现基于策略的网络管理功能。

5) 鉴权、认证、计费的集中

在这种方案中，绝大部分功能是在 ZTE Softswitch 中完成的，因此只需 ZTE Softswitch 通过 RADIUS 协议和 AAA 服务器通信，即可实现集中的鉴权、认证和计费功能。

6) SS7/MTP 到 SS7/IP 的变换

由于涉及 PSTN 和 IP 网，两种不同类型的网络协议间的转换是不可避免的。对于最复杂的 No.7 信令的转换，ZTE Softswitch 通过设置 SS7 信令网关(如 ZXMSG9000)来完成这一功能。

9.1.3 软交换设备分类

1. 边缘接入层设备

边缘接入层设备主要有媒体网关设备，能够与现有网络相关的各种接入网关和新型接入终端设备，完成与现有各种类型的通信网络的互通并提供各类通信终端(如模拟话机、SIP Phone、PC Phone 可视终端、智能终端等)到 IP 核心层的接入。典型的媒体网关设备有 ZXMSG 9000 媒体网关。

ZXMSG 9000 媒体网关可以通过不同的单板配置实现中继网关(TG)、信令网关(SG)、接入网关(AG)的功能以及三者的综合网关的功能，处于软交换网络架构的边缘层。

作为接入网关使用时，媒体网关处于分组交换网的接入层，主要负责将 PSTN 用户接入 IP 网，能够接入普通的 Z 接口用户、ISDN 数字用户、V5 用户、DSL 用户等，完成 PSTN/ISDN 用户侧的语音/传真与 IP 网侧语音/传真的转换功能。

作为中继网关时，媒体网关处于分组交换网的核心层，能够接入 No.7 中继用户、PRI 用户等，主要负责 PSTN 用户接入 NGN 网络，完成 PSTN/ISDN 中继侧的语音/传真与 IP 网侧语音/传真的转换功能。

作为信令网关功能，媒体网关处于分组交换网的核心层，可以有效实现电路交换网与IP分组网间信令的互通。ZXMSG 9000在电路交换网侧接收和发送标准的SS7信令消息，在分组网侧转换为标准的SIGTRAN协议实现和软交换核心控制设备的互通。

2. 核心传输层设备

核心层组成的包交换网络，是软交换网络的承载基础。核心层设备主要指IP路由器等骨干传输设备，典型的有ZXR10 T64E/T128骨干路由器。

ZXR10 T64E/T128骨干路由器满足企业网络和运营商网络在汇聚层和骨干层的应用，采用模块化的设计思想，将路由器的功能模块化，分别由不同的硬件单板来实现。

3. 控制层设备

控制层指软交换控制单元，完成呼叫的处理控制、接入协议适配、互连互通等综合控制处理功能，提供全网络应用支持平台，典型设备有ZXSS10 SS1b软交换控制设备。

ZXSS10 SS1b软交换控制设备是软交换体系中的核心设备，主要完成呼叫控制、媒体网关接入控制、资源分配、协议处理、路由、认证、计费等功能，可以提供所有PSTN基本呼叫业务及其补充业务、点到点的多媒体业务，还可以通过与业务层设备SCP、应用服务器的协作，向用户提供传统智能业务、IP增值业务以及多样化的第三方增值业务和新型智能业务，可以将用户数据存放在内置的数据库中，也可以将用户数据存放在SHLR中。

4. 业务层设备

业务层主要为网络提供各种应用和服务，提供面向客户的综合智能业务，提供业务的客户化定制。典型的业务层设备有ZXUP10综合系统平台。

ZXUP10综合系统平台以Parlay网关为核心，包括媒体服务器、应用服务器、TTS服务器、操作维护台、信令网关等多种设备。

1) Parlay网关

Parlay网关是ZXUP10产品的核心设备，负责各种底层网络资源的汇聚和封装，并且根据Parlay协议对外提供各种开放的API，为第三方业务的开发提供创作平台。Parlay网关是一个独立的组件，与控制层的软交换无关，从而可实现业务和呼叫控制的分离，有利于新业务的引入。从结构上看，Parlay网关分为协议适配模块(Protocol Adapter)、基本功能模块(Basic Function)、业务控制模块(Service Control)三个功能模块。

2) 应用服务器

应用服务器是运行业务逻辑的服务器，其运行的业务一般由第三方应用提供商进行开发，多台应用服务器可以连到同一台Parlay网关，使用同一台Parlay网关上的资源，但是各自运行相关的业务，在逻辑上互相独立。应用服务器和Parlay网关之间可以分离，也可以合一在同一台服务器上。

应用服务器和Parlay网关之间采用ParlayAPI接口连接。

3) 媒体服务器

媒体服务器是ZXUP10体系中提供专用媒体资源功能的独立设备，提供智能业务中的媒体处理功能，包括DTMF信号的采集与解码、信号音的产生与发送、录音通知的发送、会议、不同编解码算法间的转换等各种资源功能以及通信功能和管理维护功能。

4) TTS 服务器

TTS 服务器(Text To Speech)是用于语音合成的设备，用于将文字信息转化成语音的形式播放给电话用户听。

5) 信令网关

信令网关(Signaling GateWay)是连接 7 号信令网与 IP 网的设备，主要完成 PSTN/ISDN/GSM/CDMA 侧的 7 号信令与 IP 网侧信令的转换，从而使这些传统网络中的设备可以统一接入软交换网络。

9.1.4 软交换设备协议

软交换功能实体之间需要采用标准的通信协议。主要涉及的协议有以下几种。

1. 呼叫控制协议

(1) SIP(会话初始协议)是 IETF 提出的在 IP 网络上进行多媒体通信的应用层控制协议，有较好的扩展能力。

(2) SIP/T 协议是 SIP 协议为承载 ISUP(综合业务数字网用户部分)协议的扩展。

(3) BICC(与承载无关的呼叫控制协议)是 ITU/T 提出的信令协议，基于 N-ISUP 信令。

为了实现与现有网络的互通，软交换设备还需支持 ISUP、H.323 等协议。

2. 媒体网关控制协议

Megaco/H.248 协议是 IETF 和 ITU-T 联合开发的、形成标准的媒体网关控制协议。MGCP 是由 IETF 提出的、目前使用较多的媒体网关控制协议。

3. 基于 IP 的媒体传送协议

软交换使用实时传输协议(Real-time Transport Protocal，RTP)、实时传输控制协议(Real-time Transport Control Protocal，RTCP)作为媒体传送协议。

RTP 是用于 Internet 上针对多媒体数据流的一种传输协议。

RTCP 和 RTP 一起提供流量控制和拥塞控制服务。

RTP 和 RTCP 配合使用，它们能以有效的反馈和最小的开销使传输效率最佳化，因而特别适合传送网上的实时数据。

4. 业务层协议

可使用的业务层协议和 API 包括 SIP、Parlay、JAIN。

为实现传统智能网业务，软交换设备还应支持 INAP。

5. 基于 IP 的信令传送协议

基于 IP 的 PSTN 信令传送协议主要有 IUA、M3UA、M2PA，这些信令协议均基于 SCTP/IP 进行传递。其中信令网关利用 M3UA 协议将 PSTN/ISDN 中的 ISUP、INAP 消息通过 IP 网发送到软交换设备。

6. 其他类型协议

网络管理协议：SMNP。

资源配置管理协议：COPS。

认证、计费、鉴权协议：RADIUS。

网络时间同步协议：NTP。

9.2 软交换设备接口

9.2.1 物理接口

1. ZXSS10 SS1b 软交换控制设备

ZXSS10 SS1b 软交换控制设备与数据网的接口为 100Base-T 以太网(RJ-45)接口，符合以太网标准 IEEE 802.3/IEEE 802.3u。

2. ZXMSG 9000 媒体网关设备

1) 用户侧接口

(1) 模拟 Z 用户接口。ZXMSG 9000 媒体网关设备提供模拟 Z 接口以支持 PSTN 业务接入，其中模拟 Z 接口符合 YDN 065-1997 的要求。

(2) ISDN 基本速率接口(BRI)。ZXMSG 9000 媒体网关设备提供 ISDN BRI 接口以支持 ISDN 业务接入，其线路传输系统符合 ITU-T G.960 建议，采用 2B1Q 编码。

(3) V5 接口。ZXMSG 9000 媒体网关设备提供 V5 接口用于支持模拟电话、ISDN 基群、用于半永久连接不加带外信令信息的其他模拟或数字接入类型。

2) 时钟基准接口

BITS 接口，包括 2 Mb/s、2 MHz 两种。

3) 网络侧接口

(1) PSTN 侧：2 Mb/s TDM 速率数字中继接口。

(2) STM-1、STM-4 接口。

(3) OC-3、OC-12 接口。

(4) 局域网/城域网侧：以太网接口，可以提供 100 M 接口、千兆以太网接口(100 BASE-T 或 1000M BASE-SX)。

3. ZXR10 网络设备

ZXR10 T64E/T128 机箱共有 8/16 个接口板插槽，具有丰富的接口类型，可支持 POS 2.5 G 接口、POS 155M 接口、POS 622M 接口、ATM 622M 接口、ATM 155M 接口、SFP 千兆以太网接口、GBIC 千兆以太网接口、10/100 Base 电接口、10/100Base 光接口、通道化 E1 接口、通道化 CP3 接口、通道化 CE3 接口等。

9.2.2 协议接口

1. ZXSS10 SS1b 软交换控制设备

ZXSS10 SS1b 软交换控制设备是个多协议实体，它通过各种标准协议(接口)与软交换网络中的其他网元进行交互，分工协作，共同完成系统所需要的功能。ZXSS10 SS1b 软交换控制设备可支持的协议如下：

(1) 呼叫处理协议：ISUP、TUP over IP、SIP、SIP-T、SIP-I、H.323、V5.2、Q.931、R2、中国一号信令、PRI、BICC。

(2) 传输控制协议：TCP、UDP、SCTP、TCAP/SCCP/M3UA、IUA、V5UA。

(3) 媒体控制协议：H.248、SIP、MGCP、NCS。

(4) 业务应用协议：INAP(CS2)、TCAP、LDAP、RADIUS、MAP、MAP。

(5) 维护管理协议：SNMP、FTP、Telnet。

2. ZXMSG 媒体网关设备

ZXMSG 9000 媒体网关是个多协议实体，它通过标准协议(接口)与软交换控制中心及其他网元进行信息交互，分工协作，共同完成呼叫控制与媒体传输的功能。

(1) 呼叫控制协议：与软交换控制中心交互，完成网关注册，状态上报，呼叫中的媒体调用、分配等功能。采用协议 H.248、MGCP 实时传输协议，采用 RTP、RTCP 完成媒体流的实时传输控制。

(2) 信令协议：7 号信令网关实现 SCN 网络与 IP 网络的信令互通，其协议包含两部分，SCN 信令侧协议和 IP 网络侧协议。在 SCN 信令侧，ZXMSG 9000 发送和接收 ITU-T 标准的 SS7 信令，而在 IP 网络侧采用的是 IETF 的 Sigtran 协议。

9.2.3 操作维护接口

1. ZXSS10 SS1b 软交换控制设备

(1) 与本地维护管理接口可采用 10 BaseT/100 BaseT 自适应接口。

(2) 与本地计费服务器之间可采用千兆 10/100/1000 BaseT 接口。

(3) 与网管、计费中心接口可采用 10 BaseT/100 BaseT 接口和 10 BaseT/100 BaseT，接口符合标准 IEEE 802.3/IEEE 802.3u。

2. ZXMSG 9000 媒体网关设备

网管遵从 TMN 结构，接口和网管中心采用标准 SNMP 协议接口，能够通过网管平台实现对于设备的维护、配置管理功能，同时可以实现基于 Web 方式的远程登录管理等。

9.3 软交换工程设计

9.3.1 软交换网络的规划

软交换网络的规划是确定下一代网络在未来一段时间内的发展方向、发展目标和发展策略，以及为实现目标而投入的物质资金和采用的解决方案。如何规划和建设软交换网络，已成为软交换网络工程设计中的重要内容。

软交换网络的规划方法主要包括业务建模、网络建模和网络优化算法等几部分。

(1) 业务建模，根据各类业务的特性，采用合适的数学模型进行描述，作为 NGN 模型的输入业务流。

(2) 网络建模。确定各主要网络功能模块以及它们之间的主流信令协议。

(3) 网络优化。主要包括路由技术和网络设备容量的优化配置。

软交换网络的规划步骤包括参数设置、业务量输入、带宽测算、设备容量测算和投资估算等。

1. 网络结构的规划方法

软交换网络结构的规划设计方法如下：

(1) 根据网络覆盖范围和用户地理分布特点，初步设置 POP(运营商网络接入点)数目和范围。

(2) 根据 POP 接入的用户数规模和预测业务量，初步确定各 POP 媒体网关设备的数量，或一个媒体网关设备服务覆盖的 POP 范围。

(3) 视软交换业务量情况和设备容量性能，设置软交换服务区的区域数目、服务区覆盖 POP 范围以及各服务区内软交换设备的数量。

(4) 视软交换业务量情况和设备容量性能，设置信令网关服务区的区域数目、服务区覆盖 POP 范围以及各服务区内信令网关设备的数量。

(5) 在网络结构和业务量都确定后，便可进行网络规模容量的测算，其测算结果可为软交换网络结构方案进一步调整提供定量依据。

(6) 当测算容量规模既能保证现有设备性能的充分利用，又能满足网络结构布局的简洁性和可管理性时，就得到了相对比较合理的网络结构方案。

2. 设备配置和容量计算方法

在业务模式和网络结构的规划方案确定之后，软交换网络的规划重点就是根据规划期内软交换业务的发展目标合理地配置软交换网络设备，确定网络容量和规模。

在软交换网络的规划中，所有网元设备都存在着设备容量测算的问题，而其中最重要的几类设备是软交换、信令网关和媒体网关。设备容量测算的最终目标是实现软交换网络资源的合理组织和利用，使其便于管理和维护。

3. 媒体流带宽的计算方法

软交换接入层设备之间的数据主要是相关设备的寻路、语音媒体链路的建立以及语音和多媒体数据的传送，不仅对传输的安全可靠性、低时延要求较高，而且对于传输带宽的要求也很高。只有分组网提供必要的带宽与 QoS 保证，才能完美地实现基于软交换的语音业务及多媒体业务。而分组网的 QoS 与必要带宽的保证，除了引入新的 QoS 机制外，合理的网络资源配置是基础。这些配置包括分组网节点设备处理能力、端口资源分配和中继电路带宽分配等。网络资源配置的定量依据便是接入层设备间的媒体流端到端带宽需求。媒体流带宽的测算与软交换的业务特性、网络承载特性和业务实施策略都紧密相关。

ZXSS10 软交换系统的网络流量通常包括以下几个方面的内容：话音流量(如 RTP 流)；信令流量，包括 H.248，MGCP，SIP，H.323，ISUP，TCAP 等；CDR 计费流量；网管流量等。

以 ZXSS10 SS1b 带 200 万用户的情况为例，此时 BHCA 约为 2M，CAPS 约为 602。

1) 语音业务流量

语音业务流量在软交换系统的网络流量中所占比例最大。这里我们以占用带宽最多的

G.711 算法为例来介绍。

当采用 G.711 的编解码方式时，其语音速率固定为 64 kb/s，每 IP 包中语音帧长的典型值为 5 ms(40 B)、10 ms(80 B)、15 ms(120 B)、20 ms(160 B)，RTP 协议开销为 MAC 帧(18 B)、IP(20 B)、UDP(8 B)、RTP(12 B)，共 58 byte，另外 RTCP 数据流占用载荷带宽约 5%，据此算得的单向语音带宽分别为

$$602 \times (1000/5) \times (40 + 58)(1 + 5\%) \times 8 = 99113280\ \text{b/s} = 99.1\ \text{Mb/s}$$

$$602 \times (1000/10) \times (80 + 58)(1 + 5\%) \times 8 = 69783840\ \text{b/s} = 69.8\ \text{Mb/s}$$

$$602 \times (1000/15) \times (120 + 58) \times (1 + 5\%) \times 8 = 60007355\ \text{b/s} = 60.0\ \text{Mb/s}$$

$$602 \times (1000/20) \times (160 + 58)(1 + 5\%) \times 8 = 55119120\ \text{b/s} = 55.1\ \text{Mb/s}$$

2) 信令流量

在各种呼叫情况中，以两个 IAD 用户通过 H.248 协议进行呼叫所耗费的网络带宽最大，在协议使用标准文本格式时(此方式所需字节最长)，一次呼叫的信令流量约为 63.36 kb/s。

我们将以此为模型，计算 ZXSS10 SS1b 单框满配置情况下所需的信令流量。以 200 万用户的处理能力计算，而且用户均通过 H.248 协议呼叫(最差情况)。

系统在 CPU 占用率为 55%的情况下，满配置的单框系统每秒处理的呼叫次数为：$46.3 \times 13 \approx 602$，所需的信令流量为：$602 \times 63.36 = 38136.38\ \text{kb/s} \approx 38\ \text{Mb/s}$。

3) CDR 流量

无论呼叫是否成功，ZXSS10 SS1b 都将对它收到的呼叫产生 CDR 文件，一般来说，每个 CDR 传送时，约产生 559 字节的带宽消耗。传送 CDR 所需的带宽为 $602 \times 559 \times 8 = 2\,692\,144\ \text{b/s} \approx 2.7\ \text{Mb/s}$。

4) 网管流量

网管系统采用集中管理模式，即网管系统面向多个网元进行管理，采集性能数据、接收告警等信息。因此带宽瓶颈发生在网管系统侧的网络带宽分配上。另外，网管流量的大小与网络业务流量的大小没有直接的对应关系，但与轮询的频度、告警的密集程度直接相关。因此在分析网管流量时，我们需要以 ZXSS10 NMS 的处理能力为例进行计算。

ZXSS10 NMS 系统的包处理能力指标如下：trap 包的处理能力达到 100 条/s；Mib 变量的检索能力为 100 条/s(轮询)。因此在极端情况下，即系统在同一时刻达到上述处理要求时(密集告警、同时轮询)的带宽要求计算如下：

每条 trap 包平均长度为 300 byte，则 $100 \times 300 = 30000(\text{byte/s}) = 234\ \text{kb/s}$。

轮询采用双向(请求/响应)访问模式，每条轮询(MIB 变量)数据包平均长度为 250 byte，则 $100 \times 250 \times 2 = 50\,000(\text{byte/s}) = 390\ \text{kb/s}$。

故极端情况下，网管系统侧带宽要求为 $234 + 390 = 624\ \text{kb/s}$。

系统正常运行时，密集告警与同时刻大批量数据轮询产生的情况概率较小，故一般乘以 40％～60％的权重，因此网管系统侧带宽要求一般为：250～380 kb/s。被管网元侧带宽要求采用平均算法，一般为 L/N，其中，L 为网管系统侧带宽，N 为被管网元数。

相对于语音业务流量、信令流量来说，网管流量可以忽略不计。

综上所述，软交换系统在带 200 万用户时，极端情况下所需带宽的总和仅是百兆的数量级。考虑到目前数据网的带宽提升很快，骨干网络、城域网、用户桌面可以分别提供千

兆、百兆、十兆的带宽，可以充分满足软交换网络提供综合业务所需的带宽。

对于软交换控制设备来说，业务量包括信令流量、CDR 计费流量以及网管流量。根据前面的分析，我们可以确知在 200 万用户的情况下，最大信令流量为 38 Mb/s，最大 CDR 流量为 2.7 Mb/s。软交换控制设备侧网管流量小于 380 kb/s，可以忽略不计。可见，软交换控制设备在处理 200 万用户的情况下，所需的带宽仅有几十兆，提供百兆的以太网接口已经可以充分满足带宽要求。

9.3.2 软交换的组网方案

在软交换技术的应用中，根据接入方式的不同可分为窄带和宽带两类组网方案：窄带组网方案即利用软交换网络技术为现有的窄带用户提供语音业务，具体包括长途/汇接和本地两类方案；宽带组网方案即为新兴的宽带用户，主要为 DSL 和以太网用户提供语音以及其他增值业务解决方案。

1. 窄带组网方案

所谓窄带组网方案，简单地可以认为是利用软交换、网关等设备替代现有的电话长途/汇接局和端局。它的网络组织中除了包含软交换设备外，还涉及以下两类接入设备：接入网关，是大型接入设备，提供 POTS、PRI/BRI、V5 等窄带接入，与软交换配合可以替代现有的电话端局；中继网关，提供中继接入，可以与软交换以及信令网关配合替代现有的汇接/长途局。

由于窄带组网方案的实质是用软交换网络技术组建现有的电话网，所以提供的业务以传统的语音业务和智能业务为主，主要包括 PSTN 的基本业务和补充业务、ISDN 的基本业务和补充业务以及智能业务等。

2. 宽带组网方案

宽带组网方案，简单地可以认为是利用软交换等设备为 IAD、智能终端用户提供业务。它的网络组织中除了包含软交换等核心网络设备之外，更重要的是终端。

IAD 综合接入设备可提供语音、数据、多媒体业务的综合接入，目前主要采用的技术有 VoIP 和 VoDSL。VoIP 接入技术是指 IAD 的网络侧接口为以太网接口。VoDSL 接入技术是指 IAD 的网络侧采用 DSL 接入方式，通过 DSLAM 接入到网络中。

IAD 可以根据端口容量的大小而提供不同的组网应用方式。对于小容量的 IAD(1 个 Z 接口 +1 个以太网接口)可以放置到最终用户的家中。对于中等容量的 IAD(一般为 5～6 个 Z 接口 +1 个以太网接口)可以放置在小型的办公室。对于大容量的 IAD(一般为十几至几十个 Z 接口)可以放置在小区的楼道和大型的办公室。

智能终端一般分为软终端和硬终端两种，包括 SIP 终端、H.323 终端和 MGCP 终端等。

宽带组网方案中的软交换网络除了可提供传统的语音业务之外，还可以提供新兴的语音与数据相结合的业务、多媒体业务以及通过 API 开发的业务。

9.3.3 软交换网络配置实例

中兴软交换设备支持多种组网形式，根据不同的需求以及网络环境，可以提供 DC0、

DC1 骨干网，汇接局与本地网(Class 5)等组网方式。

1. 长途网组网方式

骨干网(Class 4)组网方式是软交换网络最早的应用方式之一。组网示意图如图 9-3 所示，典型设备配置为 ZXSS10 SS1b+ZXMSG9000。

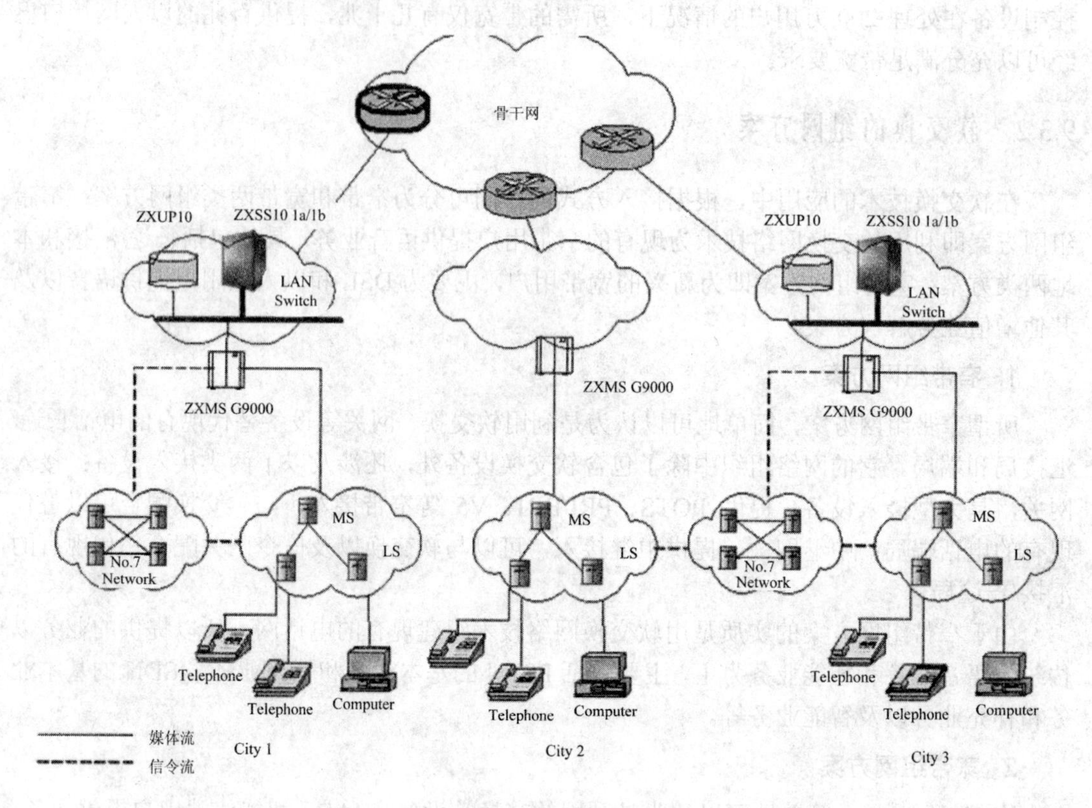

图 9-3 长途骨干网组网方式示意图(Class 4 方案)

(1) ZXSS10 SS1b 软交换控制设备作为控制设备，负责呼叫控制、资源分配、计费管理以及信令协议控制等功能。

(2) ZXMSG9000 媒体网关同时实现 SG 和 TG 的功能，与本地网之间通过 7 号信令互通。

(3) ZXSS10 SS1b 软交换控制设备之间采用 SIP-I 协议，传送 ISUP 消息。

(4) 采用统一的业务平台为全网用户提供各类智能业务。业务平台与软交换之间采用标准的 SIP 接口，业务平台采用标准的 Parlay 实现，迅速地提供新业务。为了保护现有的智能网投资，也可以通过 SG 采用 7 号信令与现有的智能网互通，实现对现有智能网的继承。

2. 本地汇接局组网方式

本地汇接局组网方式如图 9-4 所示。可以在骨干数据网上提供本地/长途电信业务，实现与 PSTN、IN 网络和业务的互通。

(1) 软交换设备作为控制设备，负责呼叫控制、资源分配、计费管理以及信令协议控制等功能。

(2) 如果PSTN网络采用No.7信令，则中继网关TG负责No.7信令的中继接入，信令网关SG负责No.7信令的适配，由SG完成电路承载转换成IP承载。如果PSTN网络采用PRI信令系统，则由MG(TG)统一处理语音媒体与信令，SG可以省略。图9-4中ZXMSG9000和ZXMSG7200同时承担SG和TG的功能，也可承担网关局的功能。

(3) 采用统一的业务平台为全网用户提供各类智能业务。业务平台与软交换之间采用标准的SIP接口，业务平台采用标准的 Parlay 实现，迅速地提供新业务。为了保护现有的智能网投资，也可以通过 SG 采用 7 号信令与现有的智能网互通，实现对现有智能网的继承。

(4) 在本地汇接组网方式中，可以将 PSTN、PHS、软交换中的用户数据统一放置于SHLR中，由SHLR实现全网的用户数据属性统一管理。软交换核心控制设备通过标准的MAP协议或者MAP+协议与SHLR交互，获得用户信息。

当采用MAP协议时，原有PSTN等网络的智能业务触发方式由号码段触发改变为签约触发，便于提供各类现网难以提供的新业务，特别是号码携带、混合放号业务、固网彩铃等业务。

LS用户采用立即热线或者普通呼叫的方式，将所有用户的呼叫指向SS+SG/TG。

SS上内置了VLR功能，并随HLR的前插指令进行LRN和DN对应。接收到LS的呼叫后，根据主叫LRN转换成DN，并进行呼叫鉴权处理。当采用MAP+协议时，LS用户基本业务、补充业务(包括Centrex 群业务)都由端局实现。

端局用户如一号通、彩铃等新业务，通过SHLR查询签约信息，由SS触发至新建省统一业务平台。主、被叫都必须到SHLR中查询，如果主、被叫各有智能业务，需要经过多次查询流程才能完成一次正常呼叫。

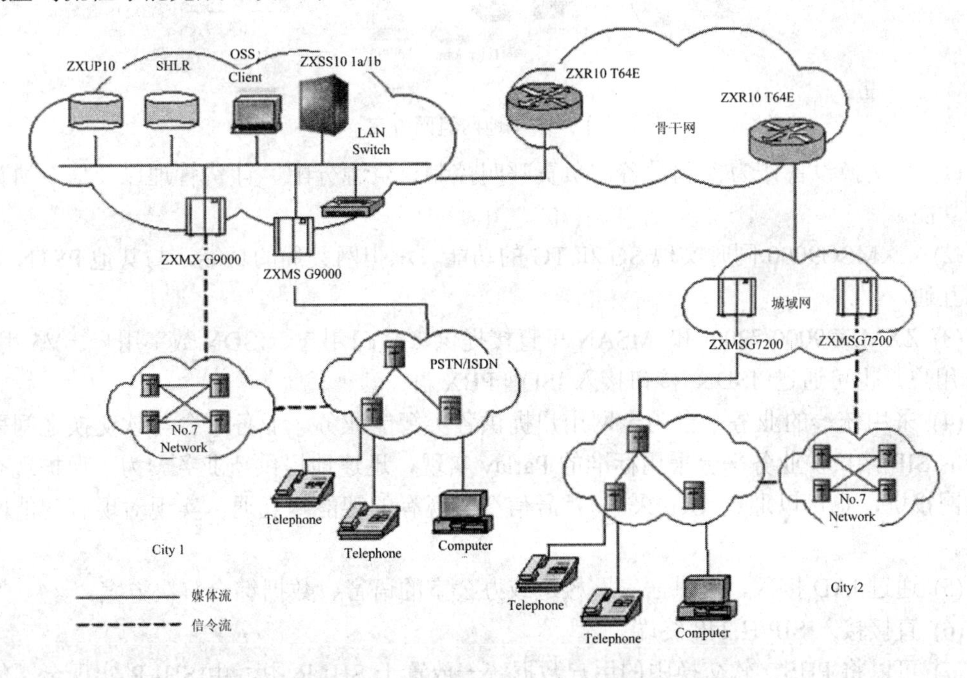

图9-4 本地汇接局组网方式(Class 5)

3. 本地网组网基本方式

典型的本地网组网的基本方式如图 9-5 所示。典型设备配置为 ZXSS10 SS1b+ZXMSG9000 + MSAN + IAD 或智能终端等接入设备。

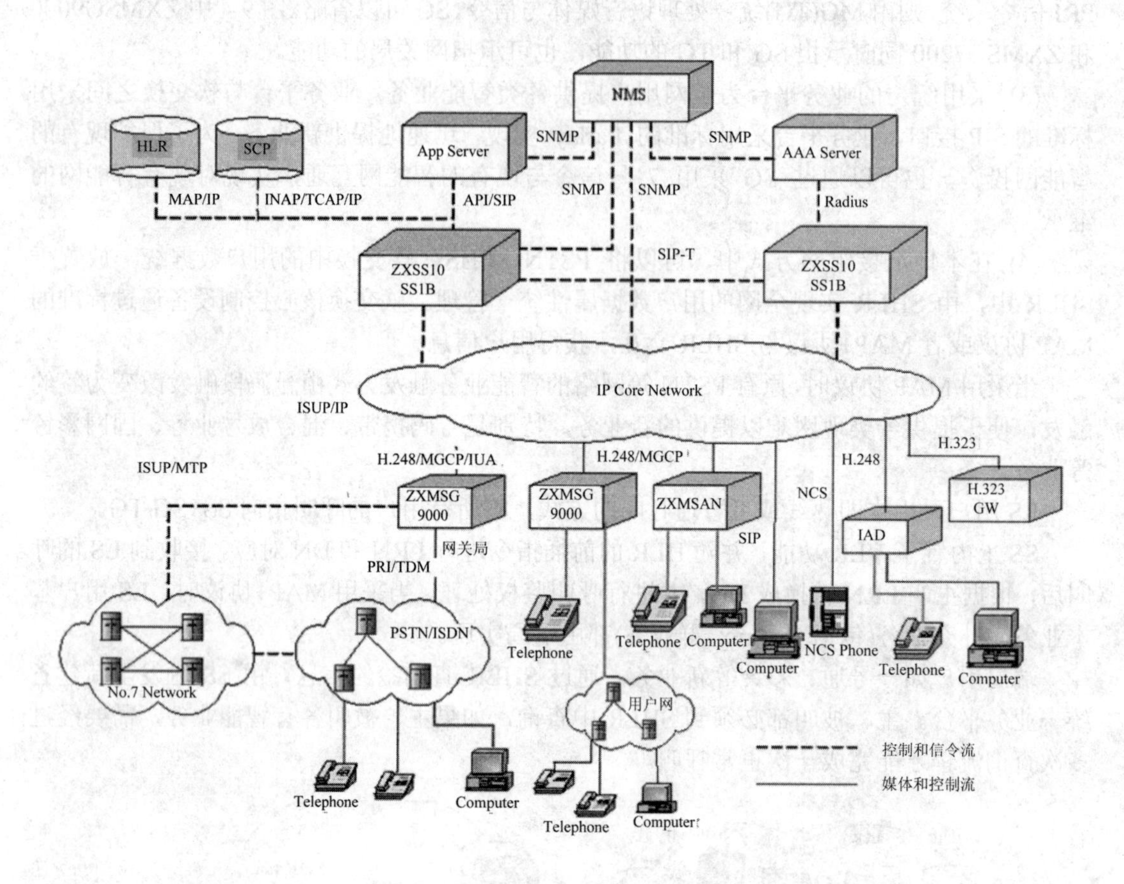

图 9-5　本地网组网方案

(1) 软交换设备作为控制设备，负责呼叫控制、资源分配、计费管理以及信令协议控制等功能。

(2) ZXMSG9000 同时实现 SG 和 TG 的功能，承担网关局的功能，与其他 PSTN 网络之间互通。

(3) ZXMSG9000/7200 和 MSAN 可直接提供 Z 接口用户、ISDN 数字用户、V5 用户、DSL 用户，也可通过 ISDN 接口接入 ISDN PBX 群。

(4) 采用统一的业务平台为全网用户提供各类智能业务。业务平台与软交换之间采用标准的 SIP 接口，业务平台采用标准的 Parlay 实现，迅速地提供新业务。为了保护现有的智能网投资，也可以通过 SG 采用 7 号信令与现有的智能网互通，实现对现有智能网的继承。

(5) 通过 IAD 接入，提供居家、楼道或办公室的语音、数据综合解决方案。

(6) 直接接入 SIP/H.248 终端。

(7) 可以将 PHS、软交换中的用户数据统一放置于 SHLR 中，由 SHLR 实现全网的用户数据属性统一管理。软交换核心控制设备通过标准的 MAP 协议与 SHLR 交互，获得用户信息。

习 题

1. 简述软交换的概念。
2. 软交换网络的体系结构是什么？
3. 软交换设备接口有哪些？
4. 软交换网络是如何规划的？
5. 软交换网络流量通常什么内容？以 ZXSS10 SS1b 带 100 万用户的情况为例，请你计算网络流量。

第10章　计算机网络交换设备

10.1　计算机网络基本原理

10.1.1　计算机网络定义

计算机网络，就是将分散的具有独立功能的多台计算机互相连接在一起，按照一定的网络协议进行数据通信。广义的定义是指将地理位置不同的具有独立功能的多台计算机及其外部设备，通过通信线路连接起来，在网络操作系统、网络管理软件及网络通信协议的管理和协调下，实现资源共享和信息传递的计算机系统。

10.1.2　计算机网络分类与组成

1. 计算机网络分类

计算机网络的分类方法很多，可以从不同的角度对计算机网络进行分类。

1) 按网络覆盖范围分类

(1) 局域网。局域网，即LAN，通常在地域上位于园区或者建筑物内部的有限范围内。局域网被广泛应用于连接企业或者机构内部办公室之间的电脑和打印机等办公设备，实现数据交换和设备共享，它是一种不通过电信线路的网络。

(2) 城域网。城域网，即MAN，在地域分布上比LAN更广。城域网最初是指连接不同园区或者不同建筑之间的计算机网络。城域网不仅具备数据交换功能，还能够进行话音传输，甚至可以与当地的有线电视网络相连接，进行电视信号的广播。

(3) 广域网。广域网，即WAN，用于连接同一国家、不同国家间甚至洲际间的局域网和城域网。广域网可以被视为一个纯粹的通信网络，发送端和接收端主机间的通信与公共电话网中通话方和受话方间的通信非常类似，WAN的网络结构与公共电话网的结构也非常相似，而且两种网络很大程度上是运行在同样传输介质上的。

2) 按网络操作类型分类

(1) 对等网络。对等网表示网络中各主机的地位完全相同。同等地位即网络中没有客户机(Client)和服务器(Server)的区别，网络中的每一台计算机既可充当工作站的角色，又可以充当服务器角色，它们分别管理着自己的用户信息，在不同的主机间相互访问时都要做身份认证。在Windows系列操作系统中，对等网又被称为工作组模式。这种网络的优点是连接和管理都比较简单，通常情况下对等网所包括的主机不超过10台，其缺点是安全性差、效率低，只适用于安全性要求不高的小型网络。

(2) 客户机/服务器网络。在客户机/服务器网络中，主机之间的通信是依照请求/响应模式进行的。当客户机需要访问集中管理的数据资源或者请求特殊的网络服务时，首先向一台管理资源或者提供服务的网络发出请求，该服务器收到请求后，对客户端用户的身份和权限进行认证并做出适当响应。在“客户机/服务器”模式中，由一台服务器集中进行身份的认证和管理，该模式适用于安全性较高的大型网络。

3) 按网络传输方式分类

(1) 点对点网络。点对点模式是指网络连接中的数据接收端被动接收数据的传输模式，目标地址由发送端或中间网络设备确定。应用点对点传输技术的网络称为点对点网络。点对点网络中两点之间都有一条独立的连接，信息是逐点传输的。由于要保证网络中任意一对主机之间可以实现点对点的通信，所以，一个完备的点对点网络包含了所有主机对之间的独立连接。

(2) 广播网络。广播模式是指网络连接中的数据接收端主动接收数据的传输模式，目标地址由接收端进行确认。应用广播传输技术的网络称为广播网络。与点对点网络相反，广播网络中并不需要在任一对主机间建立独立的连接，所有的信道都共享一个信道，网络中一点发送信息，网上其他的节点都能同时听到该消息。数据通过广播的方式从发送端发出，网络中所有主机发现共享信道上的数据后，都要主动对数据的目标地址进行检查以判断是否符合，如果地址一致就接收数据，否则就拒绝接收。

4) 按网络的逻辑功能分类

按网络的逻辑功能分类，计算机网络可分为资源子网和通信子网。资源子网和通信子网是一种逻辑上的划分，它们可能使用相同设备或不同的设备。如在广域网环境下，由电信部门组建的网络常被理解为通信子网，仅用于支持用户之间的数据传输，而用户部门之间的入网设备则被认为属于资源子网的范畴。在局域网环境下，网络设备同时提供数据传输和数据处理的能力，因此只能从功能上对其中的软硬件部分进行这种划分。

5) 按网络的拓扑结构分类

按网络的拓扑结构分类，计算机网络可分为总线型网络、环型网络、星型网络、树型网络和网状型网络等。

6) 按网络具体传输介质分类

按网络具体传输介质分类，计算机网络可分为双绞线网络、同轴电缆网络、光纤网络、微波网络和卫星网络等。

7) 按网络的应用范围和管理性质分类

按网络的应用范围和管理性质分类，计算机网络可分为公用网和专用网。校园网(Campus Network)、企业网等都属于专用网的范畴。校园网主要用于校园内外师生们教学和科研用的信息交流与资源共享。大多数校园网是由多个局域网加上相应的交换和管理设备构成的。企业网(Enterprise Network)主要是指企业用来进行销售、生产过程控制及企业人事、财务管理、行政办公的各种局域网或广域网的组合。

8) 按网络的交换方式分类

按网络的交换方式分类，计算机网络可分为电路交换网、报文交换网、分组交换网、帧中继交换网、ATM 交换网和混合交换网。

2. 计算机网络的组成部分

一个典型的网络应包含以下 4 个部分：服务器，为多个网络用户提供共享资源的设备；客户机(工作站)，使用服务器上共享资源的计算机；网络通信系统，连接客户机和服务器的设备；网络操作系统，管理网络操作的系统软件。

1) 服务器

安装了网络操作系统并提供共享资源的计算机称为服务器(Server)，服务器又指对网络中某种服务进行集中管理和控制的网络主机。服务器在客户机/服务器(Client/Server)网络中扮演主导的角色。网络服务器比普通的计算机拥有更强的处理能力，更多的内存和硬盘空间。它可以是微机、小型机或大中型机。

网络服务器的运行效率和稳定性直接影响着整个网络的工作。根据分工的需要，网上可配置不同数量的服务器，有些服务器提供相同的服务，有些提供不同的服务。在小型网络中，一个服务器可能担当多种角色，所以，做服务器最好是专机专用。

网络中常见的服务器有如下几种。

(1) 域控制器(Domain Controller，DC)。在 Windows 操作系统的客户机/服务器网络中，处于管理和控制核心地位的服务器就是域控制器。域控制器负责建立局域网内部的 DNS 服务器、DHCP 服务器、管理域用户和组、管理域和域之间的信任关系，并提供目录服务。通常 DC、DNS、DHCP 可共用一台计算机。

(2) 文件/打印服务器。通常一个网络至少有一个文件服务器，网络操作系统及其实用程序和共享硬件资源都安装在文件服务器上。文件服务器是局域网中的第一个关于服务器的概念。文件服务器只为网络提供硬盘共享、文件共享、打印机共享等功能。在基于 Windows 操作系统中的客户机/服务器网络中，任何一台网络主机都可以充当文件服务器。文件服务器和打印服务器一般共用一台计算机。

(3) 应用程序服务器。应用程序服务器是实现客户机/服务器网络中的 CPU 资源共享，将原来客户端完成的部分数据处理任务交由服务器处理。应用程序服务器的典型例子就是数据库服务器，以客户端的需要进行数据查询和处理的应用程序为例，客户端将查询、排序等数据处理操作交由服务器上数据库引擎进行处理，从而减轻了客户端的负担。从网络整体角度考虑，专用的应用程序服务器细化了网络主机的分工，并极大地提高了网络的运行效率。一般应用程序服务器的硬件配置较高。

(4) Web 服务器。典型的 Web 服务器安装有 Web 服务器软件和各种服务器组件，服务器上运行页面的脚本和代码。当远程客户端的页面请求通过因特网发送到企业局域网后，Web 服务器调出客户请求的页面代码，并运行服务器端脚本，调用服务器端组件，打开并访问数据库服务器，形成页面后通过因特网返回远程客户端的浏览器。通常 Web 服务器由一台或多台计算机充当。

2) 客户机

在网络中，客户机一般又称为工作站，是网络中请求其他计算机上的资源或服务的计算机。通常客户的硬件配置比服务器低。客户机可以是网络主机或者终端，也可以是无盘工作站。用户通过客户机向局域网请求服务和访问共享资源，并通过网络从服务器中获取数据及应用程序，使用客户的 CPU 和内存进行运算处理。客户机是相对于服务器的概念，客户机与服务器之间是相互依存的，而客户机之间是相对独立的。客户机由普通的 PC 加网卡即可构成，其上可运行具有连网功能的单机操作系统，如 Windows 7 等。

3) 网络通信系统

网络通信系统通常由网卡、通信线缆、交换机或集线器、路由器和 Modem 等组成。

4) 网络操作系统(Network Operation System，NOS)

网络操作系统主要运行在服务器上，它负责管理数据、用户、用户组、安全、应用程序以及其他网络功能。目前最流行的网络操作系统是 Microsoft 的 Windows Server 2008，Linux，UNIX，Novell 的 NetWare 等。

10.1.3　计算机网络体系结构

随着网络的不断发展，人们越来越认识到网络技术在提高生产效率、节约成本方面的重要性。于是，各种机构开始接入 Internet，扩大网络规模。但是，由于很多网络使用不同的硬件和软件，没有统一的标准，结果造成不兼容，很难进行通信。为了解决这些问题，人们迫切希望出台一个统一的国际网络标准。为此，国际标准化组织(International Standards Organization，ISO)和一些科研机构、大的网络公司做了大量的工作，提出了开放式系统互连参考模型(International Standards Organization/Open System Interconnect Reference Model，ISO/OSI RM)和 TCP/IP 体系结构。

1. 开放系统互连参考模型

开放式系统互连参考模型即有名的 OSI/RM，它是两大国际组织 ISO 和前 CCITT 的共同努力下制定出来的。ISO 主要负责工业产品的标准化，小至螺栓、螺母的形状，大至计算机程序设计语言、通信协议等极广范围的标准都属其工作范围。前 CCITT 则主要从事与电报、电话、数据通信有关的协议和标准化。

1) OSI 的结构

OSI 是一个描述网络层次结构的模型，是严格遵循分层模式的典范。其标准保证了各种类型网络技术的兼容性和互操作性。OSI 说明了信息在网络中的传输过程，各层在网络中的功能和它们的架构。

OSI 描述了信息或数据通过网络，是如何从一个系统的一个应用程序到达网络中另一系统的另一个应用程序的。当信息在一个 OSI 中逐层传送的时候，从高层到低层，它与人类语言的距离越来越远，最终变为计算机世界的数字(0 和 1)。在 OSI 中，计算机之间传送信息的问题分为 7 个较小且更容易管理和解决的小问题。每一个小问题都由模型中的一层来解决。OSI 将这 7 层从低到高叫做物理层、数据链路层、网络层、传输层、会话层、表示层和应用层。如图 10-1 所示为 OSI 的 7 层结构和每一层解决的主要问题。

OSI 并非指一个现实的网络，它仅仅规定了每一层的功能，为网络的设计规划出一张蓝图。各个网络设备或软件生产厂家都可以按照这张蓝图来设计和生产自己的网络设备或软件。尽管设计和生产出的网络产品的式样、外观各不相同，但它们应该具有相同的功能。

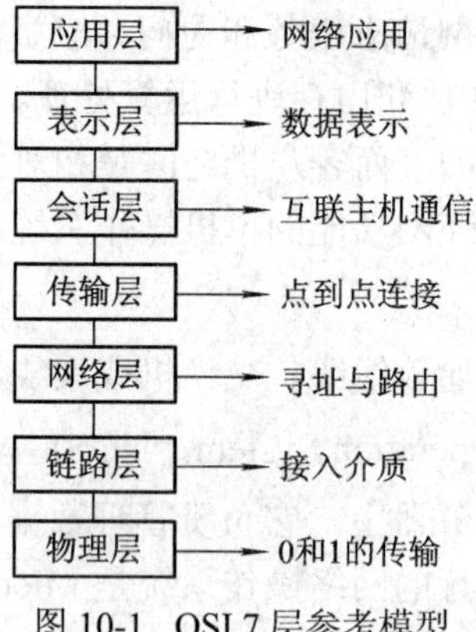

图 10-1 OSI 7 层参考模型

按照 OSI 网络中各节点都有相同的层次，不同节点的同等层次具有相同的功能：同一节点内相邻层之间通过接口通信；每一层可以使用下层提供的服务，并向其上层提供服务；不同节点的同等层按照协议实现对等层之间的通信(虚拟通信)，如图 10-2 所示。

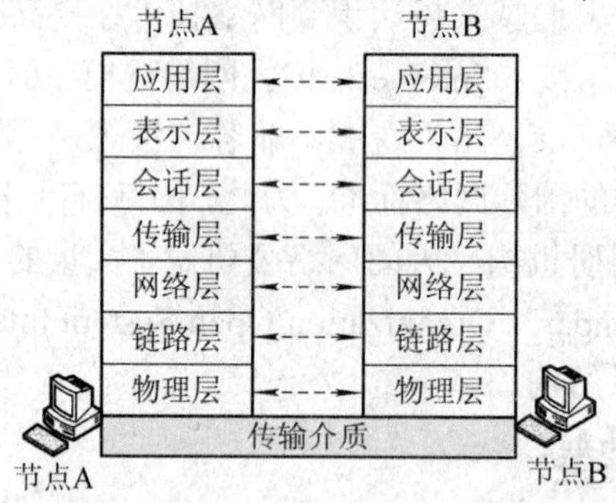

图 10-2 OSI 中两节点的层次结构

2) OSI 7 层功能简介

(1) 物理层(Physical Layer)。物理层是 OSI 的最低一层，也是在同级层之间直接进行信息交换的唯一一层。物理层负责传输二进制位流，它的任务就是为上层(数据链路层)提供一个物理连接，以便在相邻节点之间无差错地传送二进制位流，至于哪几个比特代表什么意义，则不是物理层所要管的，物理层要考虑的是多大电压代表“1”，多大电压代表“0”，连接电缆的插头尺寸多大，有多少根脚管。有一点应该注意的是，传送二进制位流的传输介质，如双绞线、同轴电缆以及光纤等并不属于物理层要考虑的问题。实际上传输介质并不在 OSI 的 7 个层次之内。

(2) 数据链路层(Data Link Layer)。数据链路层负责在两个相邻节点之间，无差错地传送以“帧”为单位的数据。每一帧包括一定数量的数据和若干控制信息。数据链路的任务首先要负责建立、维持和释放数据链路的连接。在传送数据时，如果接收节点发现数据有错，要通知发送方重发这一帧，直到这一帧正确无误地送到为止。这样，数据链路层就把一条可能出错的链路，转变成让网络层看起来就像是一条不出错的理想链路。

(3) 网络层(Network Layer)。网络层的主要功能是为处在不同网络系统中的两个节点设备通信提供一条逻辑通路。其基本任务包括路由选择、拥塞控制与网络互连等功能。通信子网只拥有到网络的低三层。

(4) 传输层(Transport)。传输层的主要任务是向用户提供可靠的端到端(end-to-end)服务，透明地传送报文，它向高层屏蔽了下层数据通信的细节。该层关心的主要问题包括建立、维护和中断虚电路，传输差错校验和恢复以及信息流量控制机制等。

(5) 会话层(Session Layer)。会话层负责通信的双方在正式开始传输前的沟通，目的在于建立传输时所遵循的规则，使传输更顺畅、有效率。沟通的议题包括：使用全双工模式还是半双工模式；如何发起传输；如何结束传输；如何设置传输参数。就像两国元首在见面会晤之前，总会先派人谈好议事规则，正式谈判时就根据这套规则进行一样。

(6) 表示层(Presentation)。表示层处理两个应用实体之间进行数据交换的语法问题，解决数据交换中存在的数据格式不一致以及数据表示方法不同等问题。例如，IBM 系统的用户使用 EBCD 编码，而其他用户使用 ASCII 编码。表示层必须提供这两编码的转换服务。数据加密与解密、数据压缩与恢复等也都是表示层提供的服务。

(7) 应用层(Application Layer)。应用层是 OSI 中最靠近用户的一层，它直接提供文件传输、电子邮件、网页浏览等服务给用户。在实际操作上，大多是化身为成套的应用程序，例如 Internet Explorer、Netscape、Outlook Express 等，而且有些功能强大的应用程序，甚至涵盖了会话层和表示层的功能，因此有人认为 OSI 上 3 层的分界已经模糊，往往很难精确地将产品归类于哪一层。

2. TCP/IP 体系结构

OSI 的提出在计算机网络发展史上具有里程碑的意义，得到广泛支持，以至于提到计算机网络就不能不提 OSI。但是，OSI 也有其缺点：定义过分繁杂、实现困难等。与此同时，TCP/IP 的提出和广泛使用，特别是因特网用户的快速增长，使 TCP/IP 体系结构日益显示出其重要性。

TCP/IP 是目前最流行的商业化网络协议，尽管它不是某一标准化组织提出的正式标准，但它已经被公认为目前的工业标准或“事实标准”。因特网之所以能迅速发展，就是因为 TCP/IP 能够适应和满足世界范围内数据通信的需要。TCP/IP 具有以下几个特点：开放的协议标准，可以免费使用，并且独立于特定的计算机硬件与操作系统；独立于特定的网络硬件，可以运行在局域网、广域网，以及因特网中；统一的网络地址分配方案，使得整个 TCP/IP 设备在网中都有惟一的地址；标准化的高层协议，可以提供多种可靠的用户服务。

与 OSI 不同，TCP/IP 体系结构将网络划分为应用层(Application Layer)、传输层(Transport Layer)、互联层(Internet Layer)和网络接口层(Network Interface Layer)四层，如图 10-3 所示。TCP/IP 的分层体系结构与 OSI 有一定的对应关系。图 10-4 给出了这种对应关系。其中：TCP/IP 体系结构的应用层与 OSI 的应用层、表示层及会话层相对应；TCP/IP 的传输层与 OSI 的传输层相对应；TCP/IP 的互联层与 OSI 的网络层相对应；TCP/IP 的网络接口层与 OSI 的数据链路层及物理层相对应。

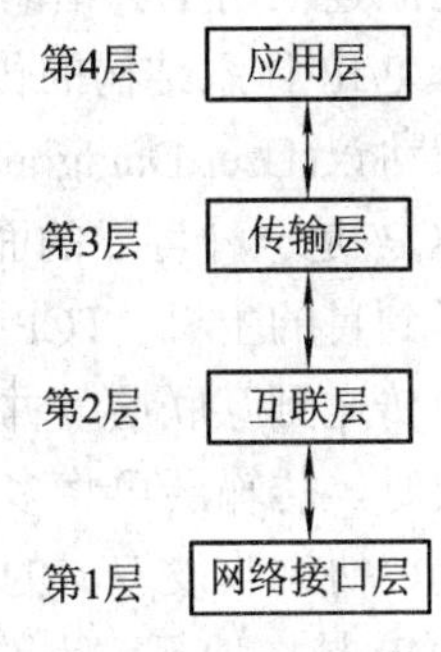

图 10-3　TCP/IP 体系结构

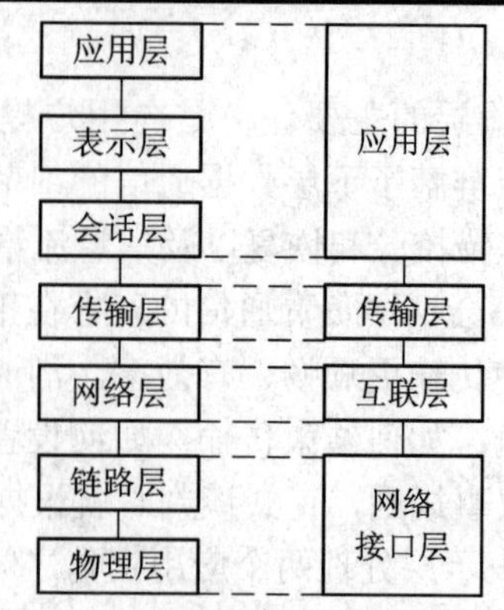

图 10-4　TCP/IP 体系结构与 OSI 参考模型的对应关系

1) 网络接口层

在 TCP/IP 分层体系结构中，最底层是网络接口层，它负责通过网络发送和接收 IP 数据报。TCP/IP 体系结构并未对网络接口层使用权的协议做出强硬的规定，它允许主机连入网络时使用多种现成的和流行的协议，例如局域网协议或其他一些协议。

2) 互联层

互联层是 TCP/IP 体系结构的第二层，它实现的功能相当于 OSI 网络层的无连接网络服务。互联层负责将源主机的报文分组发送到目的主机，源主机与目的主机可以在一个网上，也可以在不同的网上。互联层的主要功能如下：

(1) 处理来自传输层的分组发送请求。在收到分组发送请求之后，将分组装入 IP 数据报，填充报头，选择发送路径，然后将数据报发送到相应的网络输出线。

(2) 处理接收的数据报。在接收到其他主机发送的数据报之后，检查目的地址，如需要转发，则选择发送路径，转发出去。如目的地址为本节点 IP 地址，则除去报头，将分组送交给传输层处理。

(3) 处理互联的路径、流控与拥塞问题。

3) 传输层

互联层之上是传输层，它的主要功能是负责应用进程之间的端-端通信。

在 TCP/IP 体系结构中，设计传输层的主要目的是在互联网中源主机与目的主机的对等实体之间建立用于会话的端-端连接。因此，它与 OSI 的传输层功能相似。

TCP/IP 体系结构的传输层定义了传输控制协议(Transport Control Protocol，TCP)和用户数据报协议(User Datagram Protocol，UDP)两种协议。

TCP 是一种可靠的面向连接的协议，它允许将一台主机的字节流(Byte Stream)无差错地传送到目的主机。TCP 将应用层的字节流分成多个字节段(Byte Segment)，然后将每一个字节段传送到互联层，并利用互联层发送到目的主机。当互联层将接收到的字节段传送给传输层时，传输层再将多个字节段还原成字节流传送到应用层。与此同时，TCP 要完成流量控制、协调收发双方的发送与接收速度等功能，以达到正确传输的目的。

UDP 是一种不可靠的无连接协议，它主要用于不要求分组顺序到达的传输中，分组传输顺序检查与排序由应用层完成。

4) 应用层

在 TCP/IP 体系结构中，应用层是最靠近用户的一层。它包括了所有的高层协议，并且总是不断有新的协议加入。其主要协议包括以下几种。

(1) 网络终端协议(Telnet)，实现互联网中远程登录功能。

(2) 文件传输协议(File Transfer Protocol，FTP)，实现互联网中交互式文件传输功能。

(3) 简单邮件传输协议(Simple Mail Transfer Protocol，SMTP)，用于实现互联网中邮件传送功能。

(4) 域名系统(Domain Name System，DNS)，用于实现互联网设备名字到 IP 地址映射的网络服务。

(5) 超文本传输协议(Hyper Text Transfer Protocol，HTTP)，用于目前广泛使用的 Web 服务。

(6) 路由信息协议(Routing Information Protocol，RIP)，用于网络设备之间交换路由信息。

(7) 简单网络管理协议(Simple Network Manage Protocol，SNMP)，用于管理和监视网络设备。

(8) 网络文件系统(Network File System，NFS)，用于网络中不同主机间的文件共享。

应用层协议有的依赖于面向连接的传输层协议(例如 Telnet 协议、SMTP、FTP 及 HTTP)，有的依赖于面向非连接的传输层协议(例如 SNMP)。还有一些协议(如 DNS)，既可以依赖于 TCP，也可以依赖于 UDP。

10.2　计算机网络设备

在组建计算机网络时，选择好网络设备是至关重要的。网络设备的选择一般有两种含义：一种是从应用需要出发所进行的选择；另一种是从众多厂商的产品中选择性价比高的产品。在组建计算机网络时，通常涉及的网络设备有 LAN 网络接口卡、LAN 的集线器和交换机、LAN 互连的网桥和路由器、服务器、工作站、硬盘、磁带、光盘等存储驱动器，网络打印机等外设，网络传输媒体，网络操作系统，应用系统软件等。

10.2.1　接口卡

网络接口卡简称为网卡，是构成网络的基本部件。计算机通过添加网络接口卡，可将计算机与局域网中的通信介质相连，从而达到将计算机接入网络的目的。网卡工作于 OSI 七层模型的物理层和数据链路层的 MAC 子层，它由网络接口控制和收发单元两部分组成。网卡的工作任务是将计算机与网络从物理上和逻辑上连接起来，一方面它负责接收网络上传过来的数据包，解包后将数据通过主板上的总线传输给计算机，另一方面它将本地计算机上的数据打包后送入网络。

1. 网卡的主要功能

(1) 实现计算机与局域网传输介质之间的物理连接和电信号匹配，接收和执行计算机送来的各种控制命令，完成物理层功能。

(2) 按照使用的介质访问控制方法，实现共享网络的介质访问控制、信息帧的发送与接收、差错校验等数据链路层的基本功能。

(3) 提供数据缓存能力，实现无盘工作站的复位和引导。

2. 网卡的分类

网卡可按接头、总线接口(BUS)以及带宽(Bandwidth)三种方式进行分类。

1) 按接头分类

按接头分类有：AUI 接头、BNC 接头，如图 10-5 所示；RJ-45 接头，如图 10-6 所示；以及 RJ-45＋BNC 双口网卡如图 10-7 所示。它们分别用来连接 AUI 电缆、RG-58 缆线和双绞线。

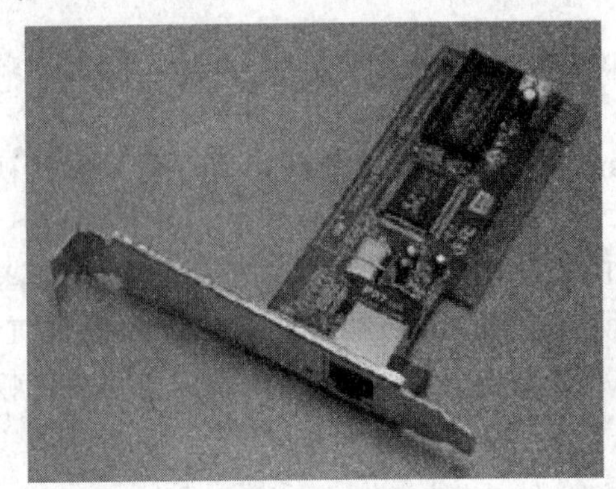

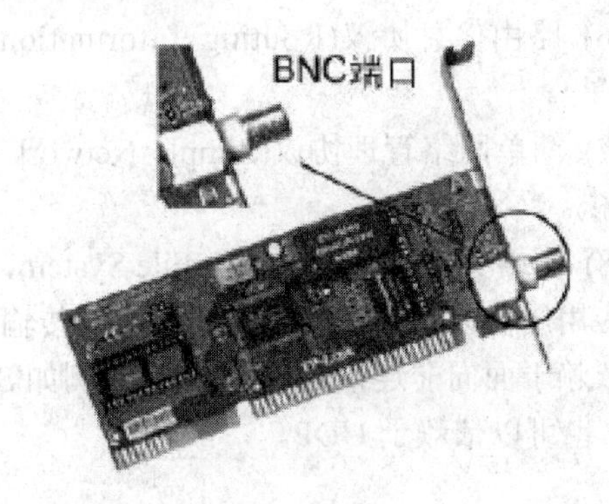

图 10-5　BNC 接头及 100 Mb/s 以太网卡

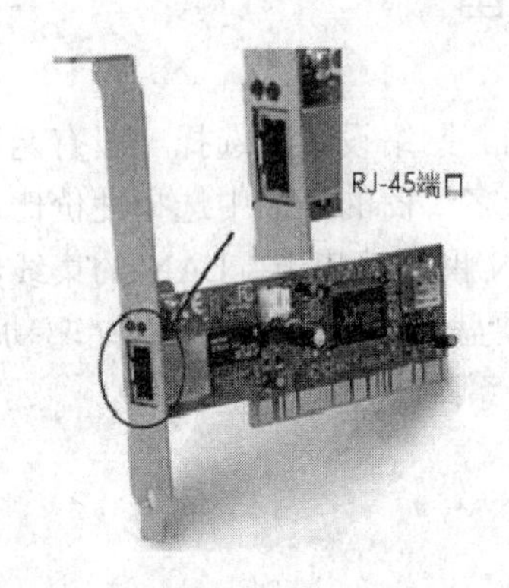

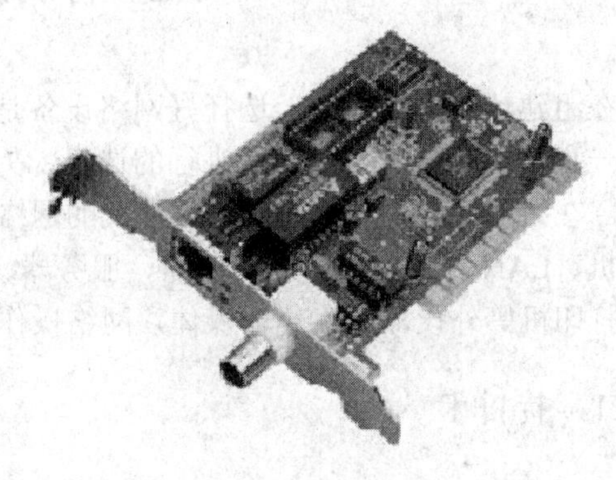

图 10-6　RJ-45 端口的 10/100 Mb/s 网卡　　图 10-7　双端口以太网卡

AUI 接头由于布线施工麻烦已被淘汰。这三种线材与接头，无论在外观、机械规格和电气特性等方面都截然不同，可以一眼就能识别出来。

2) 按总线接口分类

按总线接口划分有以下四种：ISA 接口、PCI 接口、USB 接口和 PCMCIA 接口。

(1) ISA 总线。随着 PC 架构的演化，ISA 总线因速度缓慢、安装复杂等自身难以克服的问题，完成了历史使命后，ISA 总线的网卡也随之消失了。一般来讲，10 Mb/s 网卡多为 ISA 总线，大多用于低档的电脑中。

(2) PCI 总线。PCI 总线在服务器和桌面机中有不可替代的地位。32 位 33 MHz 下的 PCI，数据传输率可达到 132 Mb/s，而 64 位 66 MHz 的 PCI，最大数据传输率可达到 267 Mb/s，从而适应了电脑高速 CPU 对数据处理的需求和多媒体应用的需求，所以，现在的网卡几乎都是 PCI 总线，如图 10-8 所示。

图 10-8　PCI 接口网卡

(3) PCMCIA 总线。PCMCIA 网卡是用于笔记本电脑的一种网卡，大小与扑克牌差不多，只是厚度厚一些，在 3～4 mm 左右。PCMCIA 是笔记本电脑使用的总线，PCMCIA 插槽是笔记本电脑用于扩展功能使用的扩展槽。PCMCIA 总线分为两类，一类为 16 位的 PCMCIA，另一类为 32 位的 CardBus。CardBus 是一种用于笔记本电脑的新的高性能 PC 卡总线接口标准，不仅能提供更快的传输速率，而且可以独立于主 CPU，与电脑内存间直接交换数据，减轻了 CPU 负担，如图 10-9 所示。

图 10-9　32-bit CarBus

(4) USB 接口。USB 作为一种新型的总线技术，由于传输速率远远大于传统的并行口和串行口，设备安装简单又支持热插拔，已被广泛应用于鼠标、键盘、打印机、扫描仪、Modem、音箱等各式设备，网络适配器自然也不例外。

USB 网络适配器其实是一种外置式网卡，如图 10-10 所示。网卡对外要连接网线，对内则是插在计算机的扩展槽上，通过“总线”(Bus)与计算机沟通。而总线的不同，会直接影响到网卡的传输速率。

图 10-10　USB 接口的网卡

3) 按照带宽分类

按照传输速率不同，网卡可以分为 10 M，100 M，1000 M，10 M/100 M 自适应网卡等几类。带有 RJ-45 接口的 10 M 网卡可以组建 10 M 的以太网，通常与符合 10 BASE-T 的以太网集线器相连。而带有 RJ-45 接口的 100 M 的以太网网卡，通常与符合 100 BASE-TX 的以太网集线器相连组建 100 M 以太网。对于 10 M/100 M 自适应网卡，则可以根据网络中使用的以太网集线器的类型，自动适应网络的速率。

10.2.2　集线器与交换机

1. 集线器(Hub)

集线器是中继器的一种，其区别仅在于集线器能够提供更多的端口服务，所以集线器又叫多口中继器。集线器的主要功能是对接收到的信号进行再生整形放大，以扩大网络的传输距离，同时把所有节点集中在以它为中心的节点上。它工作于 OSI 参考模型物理层，即数据链路层。集线器主要以优化网络布线结构，简化网络管理为目标而设计。

依据总线带宽的不同，集线器分为 10 M，100 M 和 10 M/100 M 自适应三种。若按配置形式的不同可分为独立型集线器、模块化集线器和堆叠式集线器三种。根据管理方式可分为智能型集线器和非智能型集线器两种。目前所使用的集线器基本是以上三种分类的组合，例如我们经常所讲的 10M/100M 自适应智能型可堆叠式集线器等。集线器根据端口数目的不同主要有 8 口、16 口和 24 口等，如图 10-11 为 16 口集线器。

图 10-11　16 口集线器

然而随着网络技术的发展，集线器的缺点越来越突出，后来发展起来的一种技术更先进的数据交换设备——交换机逐渐取代了部分集线器的高端应用。

2. 交换机

交换机工作在 OSI 参考模型的第二层。交换机与集线器的区别在于它能根据所要传递数据中包含的目的物理地址做出转发到相应端口的操作，而集线器根本不作任何决定，就直接向所有端口进行“广播”。

交换机的运行机制使得局域网的运行速度大大提高，由于只把数据交换到正确主机的连接端口，所以大大提高了局域网的数据传输效率，杜绝了由于“广播”效应而造成的数据传输效率低的现象。交换机的工作原理在下一章还作详细讨论。

10.2.3　路由器

路由器是局域网与广域网之间进行互连的关键设备，通常的路由器都具有负载平衡、阻止广播风暴、控制网络流量以及提高系统容错能力等功能。一般说来，路由器大都支持多协议，提供多种不同的物理接口，从而使不同厂家、不同规格的网络产品之间，以及不同协议之间可以进行非常有效的网络互连。

10.2.4　防火墙

网络互连使资源共享成为可能，但共享的数据可能是机密的信息也可能是危险的病毒，这就需要一种技术或者设备，使进入网络的数据都是安全和必要的，而输出网络的数据不会有安全隐患，防火墙(Firewall)正是解决这个问题的方法。防火墙的名字形象地体现了它的功能，传统的防火墙是在两个区域之间设置的关卡，起隔离或阻隔火灾的作用，而网络中的防火墙则被安装在受保护的内部网络与外部网络的连接点上，负责监测过往的数据，将不利网络安全的数据阻拦下来，允许合法的数据通过。防火墙结构如图 10-12 所示。

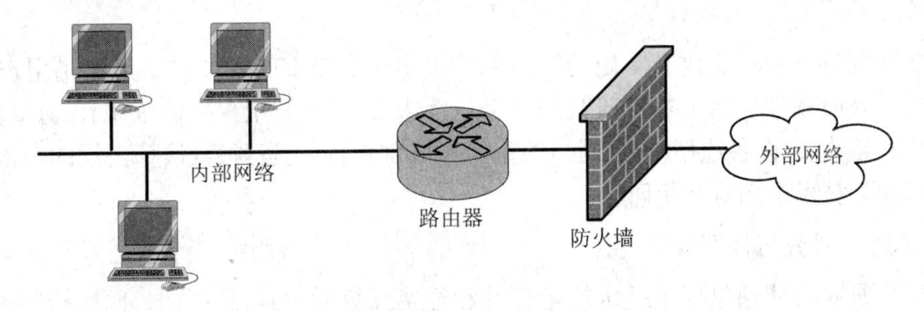

图 10-12　防火墙结构

如果没有防火墙，外部网络的计算机可以通过网络的 IP 地址访问未受保护的网络内部的各台计算机，因而网络中的每台计算机都要设置安全机制，这样开销很大。而运用防火墙则可以使外部网络计算机只能访问本网络的一小部分计算机，其余大部分计算机无须特别设置安全机制，大大节约了开销。防火墙要在彻底杜绝非法通信的同时保证合法通信的畅通，二者存在一定的矛盾，因此就要折中安全与风险，选择合适的策略构建防火墙。

防火墙的内部设置一般包括两个分组过滤路由器和一个应用网关，如图 10-13 为防火墙内部设置。两个分组过滤路由器可以进行分工，靠近内部网的路由器负责检查输出的分组，靠近外部网的路由器则检查进入的分组。系统管理员配置标准的路由表，存储合法的和非法的源地址和目的地址，定默认规则，由路由表驱动路由器对符合预定标准的分组进

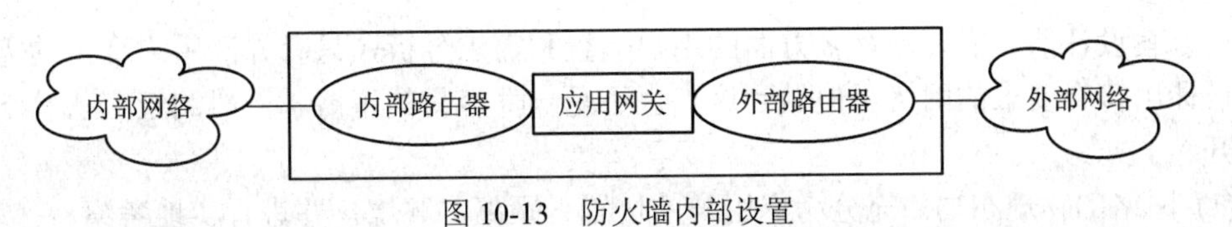

图 10-13　防火墙内部设置

行转发，对于非法的分组进行拦截并丢弃。位于两个分组过滤路由器之间的应用网关负责进一步检查分组，在应用程序级审查分组。例如，一个邮件应用网关可以对每条信息的头字段、长度和内容进行检查，对源端及目的端的非法或超长的信息进行拦截，对信息内容进行约束，使存在非法内容的信息不能通过。特殊的应用程序可以对应一个或多个应用网关，通常的机构只对邮件程序和万维网(World Wide Web，WWW)程序设置网关以保证内部网络的安全。

防火墙虽然可以有效地保证网络的安全，记录网络通信的信息，但也存在一些不足，如不能防止内部知情者携带导致的信息泄露，不能对其他无防火墙的网络连接方式起作用，对病毒无能为力，只能保证相对的安全。

随着计算机网络技术的发展，防火墙的应用融合了包过滤技术、代理服务器技术等新技术，在现有的IP地址数目已不能满足需要而推出新一代的 IP 地址规范IPv6的情况下，防火墙的设置也将对应128位二进制码进行变更。

10.3 综合组网设计

10.3.1 综合组网规划

网络规划就是为将要建立实施的网络系统提出一套完整的设计方案，满足用户提出的建网要求。一般规划包括可行性研究与计划、需求分析(了解用户实际需求)、方案设计(构建网络基本结构)、设备选型(选定网络的每个组成部件)、投资预算(估算工程的全部开销)、编写网络规划技术文档等几个阶段。

1. 可行性研究与计划

可行性研究与计划包括了技术的可行性和经费预算的可行性。在技术上应该根据实际需要，考虑所选的网络技术本身是否能够得到技术和基础条件的保证，以及整个网络的传输通道、用户接口、管理能力和所采用的服务器等。在这个阶段，应避免使用可能与某个具体厂家产品有关的功能术语，增强网络后期选择设备的灵活性。找出目前系统的局限性及原因，提出备选的方案。

在进行经费预算可行性分析时，要考虑建网的软/硬件设备投资、安装投资、培训和用户支持以及运行和维护的费用。尤其是应该估算出用户培训和运行维护的费用，这是维持整个网络生命周期最关键的部分。有的单位往往只注重硬件投资，而忽略了软件投资。一个网络建立起来后，如果没有可在网上运行的软件，实际上毫无价值。软件投资比例应为硬件设备投入的1/3～2/3。

2. 需求分析

在方案设计前，需要进行多方面的用户调查和需求分析，只有弄清用户真正的需求，才能设计出符合要求的网络。但做到这点也不是一件容易的事情。一般调查应从以下几方面展开。

(1) 网络的物理布局：充分考虑用户的位置、距离、环境，并进行实地考察。

(2) 用户设备的类型和配置：调查现有的物理设备，包括个人计算机、主机、服务器和外设。

(3) 通信类型及负载：根据数据、语音、视频及多媒体信号的流量等因素进行估算。

(4) 网络应提供的应用服务：包括电子邮件、共享数据及数据库、共享外设、WWW 应用及办公自动化。

(5) 网络要求的安全程度：根据需要选用不同类型的防火墙和安全措施。

3. 方案设计

方案设计主要由规划设计人员综合考虑前两项的调查情况制定出来。在总的设计思想指导下，选择合适的网络拓扑结构、网络产品、开发方法，并进行原有系统的升级改造；同时引入竞争机制。这样可降低投资成本，并得到多种可供选择的方案。一般在进行方案设计时，应遵守如下几条原则。

(1) 实用性：只有实用的网络才能维护用户自身的利益。

(2) 先进性：计算机及网络技术的发展非常迅速，在设计新的网络系统时，应保证采用先进技术。技术的寿命越长越好，一般应为 3～5 年或更长。

(3) 开放性：只有建设一个开放的网络系统，才能有更多的厂商支持，才能同其他网络进行互连，保持与常规网络良好的互通性。

(4) 可靠性：从选用的网络设备到网络结构上都要以可靠运行为前提，而且要留有一定的冗余，保证在有故障情况下仍能够满足用户需求。

(5) 安全性：安全性是现在网络中，尤其是与其他网络互连时最重要、最突出的问题，通过设置各种安全防护措施，保证从网络用户级到数据传输中各个环节的安全。

(6) 经济性：在新建网络的同时，注意保护原有网络的投资，更不能超前投入大量资金。

(7) 可扩充性：能为将来网络的发展及扩充留有接口。

4. 设备选型

组成一个网络系统所需的设备很多，有电缆、光纤、插头插座、连接器、中继器、网桥、集线器、交换器、路由器、网关施工工具以及附属设备(如电源、机柜、空调、消防设备等)，需要认真填制设备配置清单。在选择设备时应选用主流产品，这样可以保证技术及发展的可维持性。

5. 投资预算

当方案定下来后，就要进行最后的投资预算，预算中除了包括网络硬件设备投资预算外，应有网络工程施工、软件购置、安装调试、人员培训、售后服务、运行维护及应用软件开发等费用的预算。

6. 编写技术文档

为了使网络规划的工作正常有序地进行，应对网络规划工作归纳总结，写成一个完整的网络规划技术性文档。它包括网络总体规划、可行性报告、用户需求、技术分析、网络基本体系结构和选型、网络建设达到的目的和费用预算等。

10.3.2 综合设计原则

综合组网设计时应采用先进成熟的技术和设计思想，运用先进的集成技术路线，以先进、实用、开放、安全、使用方便和易于操作为原则，突出系统功能的实用性，尽快投入使用，发挥较好的效能。一般设计原则如下：

1. 先进性

世界上计算机技术的发展十分迅速，更新换代周期越来越短。所以，选购设备要充分注意先进性，选择硬件要预测到未来发展方向，选择软件要考虑开放性、工具性和软件集成优势。网络设计要考虑通信发展要求，因此，关键设备需要具有很高的性价比。

2. 实用性

系统的设计既要在相当长的时间内保证其先进性，还应本着实用的原则，在实用的基础上追求先进性，使系统便于联网，实现信息资源共享，易于维护管理，具有广泛兼容性，同时为适应我国实际情况，设备应具有使用灵活、操作方便的汉字、图形处理功能。

3. 安全性

目前，计算机网络与外部网络互连互通日益增加，都直接或间接与国际互联网连接。因此，系统方案设计需考虑到系统的可靠性、信息安全性和保密性的要求。

4. 可扩充性

系统规模及档次要易于扩展，可以方便地进行设备扩充和适应工程的变化，以及灵活地进行软件版本的更新和升级，保护用户的投资。

目前，网络向多平台、多协议、异种机、异构型网络共存的方向发展，其目标是将不同机器、不同操作系统、不同的网络类型连成一个可协同工作的一个整体。所以所选网络的通迅协议要符合国际标准，为将来系统的升级、扩展打下良好的基础。

5. 灵活性

采用结构化、模块化的设计形式，满足系统及用户各种不同的应用要求，适应业务调整变化。

6. 规范性

采用的技术标准按照国际标准和国家标准与规范，保证系统的延续性和可靠性。

7. 综合性

满足系统目标与功能目标，总体方案设计合理，满足用户的应用要求，便于系统维护，以及系统二次开发与移植。

10.3.3 结构化布线

具体参见第 3 章相关内容。

10.3.4 网络系统方案

网络系统一般由网络平台、服务平台、用户平台、开发平台、数据库平台、应用平台、网管平台、安全平台和环境平台等组成，其构成如图 10-14 所示。

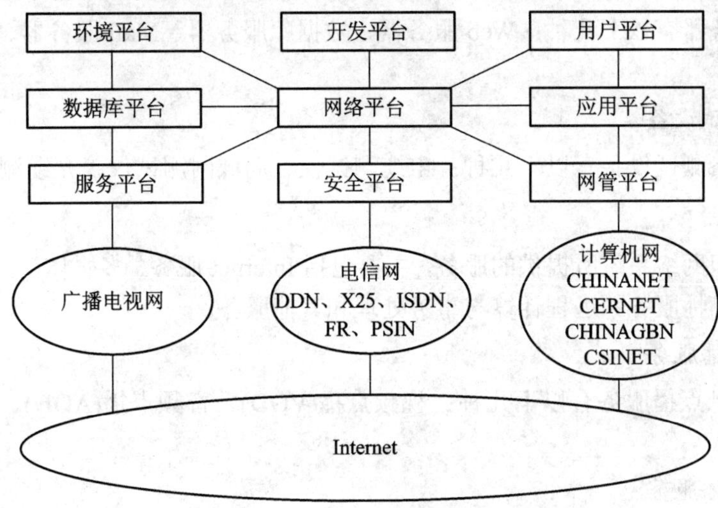

图 10-14　网络系统的组成

1. 网络平台

网络平台是网络系统的中枢神经系统，由传输设备、交换设备、接入设备、网络互连设备、布线系统、网络操作系统、服务器和测试设备等组成。

1) 传输技术

常用的网络传输技术主要有以下几种：同步数字体系(SDH)、准同步数字体系(PDH)、数字微波传输系统、数字卫星通信(VSAT)、有线电视网((CATV)等。

2) 交换技术

常用的网络交换技术主要有以下几种：异步传输模式(ATM)、光纤分布式数据接口(FDDI)、以太网(Ethernet)、快速以太网(Fast Ethernet)、千兆位以太网等。

3) 接入技术

常用的网络接入方式主要有以下几种：调制解调器(Modem)接入、电缆调制解调器(Cable Modem)接入、数字用户环路(XDSL)接入、综合业务数字网(ISDN)接入、TDMA 和 CDMA 无线接入等。

4) 布线系统

目前，建筑物通常采用综合布线系统，主要内容包括：光缆、双绞线、同轴电缆和无线传输介质；信息插座、端口设备、跳接设备、适配器、信号传输设备、电气保护设备和支持工具等综合布线设备；桥架、金属槽、塑料槽、金属管、塑料管等。

5) 网络互连设备

常用的网络互连设备有以下几种：路由器、网桥、中继器、集线器、网关、交换器、防火墙等。

6) 网络操作系统

(1) 常用的网络操作系统有以下几种：Novell NetWare、Unix、Microsoft Windows NT、IBM LAN Server 等。

7) 服务器

常用的服务器有以下几种：Web 服务器、数据库服务器、Mail 服务器、域名服务器、文件服务器等。

8) 网络测试设备

常用的网络测试设备有以下几种：电缆测试仪、局域网测试仪、光缆测试仪等。

2. 服务平台

服务平台即网络系统所提供的服务，主要包括 Internet 服务、多媒体信息检索、信息点播服务、信息广播服务、远程计算与事务处理和其他服务。

1) 信息点播服务

常用的信息点播服务有以下几种：视频点播(VOD)、音频点播(AOD)、多媒体信息点播(MOD)。

2) 信息广播服务

常用的信息广播服务有以下几种：视频广播、音频广播、数据广播等。

3) Internet 服务

常用的 Internet 服务有以下几种：万维网(WWW)、电子邮件(E-mail)、新闻服务(News)、文件传输(FTP)、远程登录(Telnet)、信息查询(Archie, Gopher, WAIS)等。

4) 远程计算与事务处理服务

远程计算与事务处理服务有以下几种：软件共享、远程 CAD、远程数据处理、联机服务等。

5) 其他服务

其他服务常见的形式有会议电视、可视电话、IP 电话、远程医疗、远程教学、监测控制、多媒体综合信息服务等。

3. 应用平台

应用平台主要包括网络上开展的各种应用，例如远程教育、远程医疗、电子数据交换(EDI)、管理信息系统(MIS)、计算机集成制造系统(CIMS)、电子商务、办公自动化、多媒体监控系统等。

4. 开发平台

开发平台主要由数据库开发工具、Web 开发工具、多媒体创作工具、通用类开发工具等组成。

5. 数据库平台

目前，广泛使用的小型数据库主要包括 Access、Visual FoxPro.Approach 等，广泛使用的大型数据库主要包括 Oracle. Informix、Sybase、DB2、SQL Server。

6. 网络管理平台

作为管理者的网络管理平台主要有以下几种：HP Open View、IBM Tivoli TMElO、CA Uni-center TNG、Sun NetManager、Cabletron Spectium 等。

(2) 作为代理的网络管理工具主要有以下几种：Cisco Works、3Com Transcend、Bay Networks Optivity 等。

7. 安全平台

目前，广泛使用的网络安全技术有以下几种：防火墙，如 Checkpoint 的 FireWall-1 等；分组过滤，通常由路由器来实现；代理服务器，如 Microsoft Proxy Server 等；加密与认证技术，如 Windows NT Server 等都包括加密和认证技术。

8. 用户平台

(1) PC+浏览器。用户使用个人计算机，需安装 Web 浏览器软件。目前，广泛使用的浏览器软件有以下几种：Netscape Navigator、Communicator、Microsoft Internet Explorer 等。

(2) 电视机 + 机顶盒。用户使用机顶盒，通过电视机来浏览信息，既可使用电话线，也可使用有线电视网(CATV)，如 Web TV 等。

(3) 办公软件。用户常用的办公软件有字处理、数据库、表格、简报等，如金山的 WPS 系列、Corel 的 WordPerfect 系列、Microsoft 的 Office 系列等。

9. 环境平台

环境平台主要包括机房、电源、防火设备和其他辅助设备等。

(1) 机房。机房装修应符合国家标准 GB 2887-89《计算站场地技术条件》中的主要技术指标。空调建议采用上送风恒温恒湿型。

(2) 电源。网络电源设备是确保网络运行最重要的设施之一。通常采用智能型不间断电源 UPS，应包括网络监控软件和控制插件。

(3) 其他辅助设备。其他辅助设备包括网络打印机、扫描仪、磁带机等。

10.3.5　网络工程案例

1. 用户需求

校园网用户需求主要有以下几点。

(1) 建立一个连接多媒体教室、图书馆和各实验室等地的校园网。光纤千兆主干连接学校办公楼群、教学实验楼、图书馆等主要建筑，采用超 5 类双绞线系统连接各楼楼层网间设备与用户信息设备，使计算机系统信息传输时达到百兆速率，要保证骨干网通信可靠。

(2) 联入校园网的计算机都可以访问大学的各个网站，在授权情况下，教师通过 VPN 在任何地方都可以访问校内信息和图书馆资源，支持教师的移动办公。

(3) 建立学校本身的 WWW 服务器，提供学校的主页。

(4) 提供学校图书馆书目和论文资料的联机查询。

(5) 建立电子邮件服务器，为全校师生提供电子邮件服务。

(6) 提供文件传输服务。

(7) 网络要有足够的扩展能力，当网络扩大时，网络性能不会大幅度下降。

(8) 网络要易于维护和管理，有方便的网络管理工具。

(9) 网络应有一定的安全机制，防止滥用网络资源。

2. 用户需求分析

根据某大学地理环境和各楼宇的位置及计算机设备的分布情况，在结构化布线方案中，信息主干线采用单模光纤，构成园区的一级网络链路。楼宇内采用超 5 类结构化双绞线布线系统，这是因为超 5 类结构化双绞线布线系统具有高可靠性，确保系统完全满足语音、高速数据网络的通信需求，且结构灵活、方便，对建筑物内不同系统应用提供完全开放式的支持。

1) 一般状况需求调查

一般状况需求调查主要包括如下几个方面。

(1) 大学组织结构。确定哪些用户配置哪些应用及权限。本校园网主要是为学校的教师、学生教学管理和学校行政管理部门服务的，其中的教务系统需要区别教师和学生的权限，并且不同学院和各部门要分开。而图书馆资源需要共享，这在设计配置的时候需要具体考虑。

(2) 网络系统地理位置分布。这包括设计系统的拓扑结构和传输介质选择以及连接方式、交换节点的安排等。

(3) 人员组成和分布。具体的人员分布决定了软硬件的配置。

(4) 外网连接。能够访问外公用网，支持与 Internet 的连接。

(5) 发展状况。随着网络化教学的日益普及，本校园网要求充分考虑到未来学校对网络资源的要求。

(6) 其他方面。合理布置无线接入点，支持无线接入功能。

2) 性能需求调查

用户对性能的要求主要体现在终端用户接入速率、响应时间、稳定性、可扩展性和并发用户支持等几个方面，关系到整个网络的技术选择、网络传输介质和网络设备的选择。

(1) 接入速率需求分析。为了满足多媒体教学的要求，校园网对普通用户的接入速率要求支持 10 Mb/s/100 Mb/s，目前的以太网交换机基本都支持，过去的 10 Mb/s 以太网已经淘汰。但是由于访问量大，系统服务器都要求至少支持 1000 Mb/s，以免形成带宽瓶颈。为了支持大量访问层的带宽要求，在汇聚层交换机需要支持 1000 Mb/s 的速率。而核心层应该采用万兆以太网，这样才能避免两个校区交叉访问带来的带宽瓶颈。为了支持这样的接入速率，访问层一般的接入介质采用常见的 5 类双绞线就可以了，但是 1000 Mb/s 的接入最好用 6 类以上的双绞线。而核心系统中交换机互连则采用光纤更好，以满足长距离的高带宽传输要求。校园网的师生常常需要从外界获取大量的资料，以满足日常的教学科研和娱乐需要，因此广域网的接入速率皆采用光纤 GEPON。作为校园网，有两个广域网出口，一个连接教育网，一个连接公用网，给学生提供良好的网络资源。

(2) 响应时间需求分析。响应时间受到传输延迟、排队延迟、传播延迟和处理延迟四个因素的影响。在实际网络中，如果服务器周围带宽不够，服务器本身硬件配置不高或者网络结构不合理会导致 TCP 的往返时延大等。本校园网通过合理设计和优化服务器配置来满足响应时间的要求。

(3) 吞吐性能需求分析。吞吐量的大小由路由器、防火墙、网卡、程序算法的效率等因素确定，同时也和一些内部服务器的布置有关，如 WWW 服务器、FTP 服务器等。如果配置不合理，将会在某些地方产生瓶颈，最后导致整体性能下降。为了满足校园网吞吐量的要求，在本校园网设计中采用性能良好的路由器和防火墙等产品，并将网内主要服务器置于主干网上，满足带宽要求。

(4) 系统可用性需求分析。可用性是通过系统运行的可靠性、稳定性、无故障工作时间和故障恢复时间等决定的。本校园网要满足大学师生的日常教学工作要求，需要高可靠性和稳定性，为此需要采用冗余设计，确保系统长时间稳定可靠的工作。

(5) 可扩展性需求分析。网络可扩展性是为了满足用户未来的网络需求。本校园网需要比较好的可扩展性。因为随着经济的发展，越来越多的师生会购买计算机，会利用网络从事更多的教学和科研工作，会选择无线网络接入校园网。因此，在校园网设计过程中，不仅要在访问层留下足够的接口，以便更多的无线 AP 和师生计算机接入，在汇聚层和核心层都需要预留足够的高速端口，以备新增加的服务器和交换机的连接。而服务器也要考虑使用更强的 CPU、更多的内存和更高速的总线插槽，以满足更多人的服务需求。

3) 功能要求分析

功能要求主要是指系统需要提供的网络管理功能、各种服务功能、数据备份、容灾功能、共享上网和访问控制等功能。

(1) 网络管理功能。作为一个几万人的大型校园网，配置一个专业的网络管理系统是非常有必要的。比较成熟的网络管理协议有 SNMP，RMON，CMIS/CMIP 等。可以采用 SNMP 协议和对应的网管软件来对整个系统进行管理。

(2) 服务器管理系统的需求。校园网具有多个不同类型的服务器，如何有效管理这些服务器，需要专门的服务器管理统。服务器远程管理系统可以管理服务器的程序、CPU、内存、进程等信息，还可以对各种服务进行管理，如 HTTP、DNS、SMTP、POP3.、FTP 等，还能对多种数据库进行管理，并能提供性能分析和告警服务。

(3) 数据备份和容灾分析。作为一个大型的网络系统，上面有校园内师生的各种教学和科研数据信息，提供数据备份和容灾处理是非常有必要的。

3. 设计目标

(1) 建立宿舍区网络系统。

(2) 建立全校区骨干网络系统。

(3) 开展网络应用，如视频点播、综合 OA 系统等。

(4) 建立应用辅助系统，如网管系统、认证系统、计费系统。

4. 设计标准、规范和原则

1) 设计标准

EIAITTA568：商用建筑物的电信布线标准。

EIA/TIA569：商用建筑标准中对电信路由和空间的规定。

EIA/TIA606：配线间的管理。

TSB67：商用建筑标准中对电信路径的建议规定。

CECS72.97：建筑与建筑群结构化布线系统设计规范。

IEEEE 802.3：10 Mb/s/100 Mb/s/1000 Mb/s 以太网标准。

IEEEE 802.5：TOKEN RING 4M/16M 令牌环网标准。

IEEEE 802.7：FDDI 网络标准。

IEEEE 802.4：ARCNET 网络标准。

2) 设计规范

(1) 水平和骨干电缆系统采用星型拓扑结构，水平电缆线和设备电缆线，最长不能超过 90 m，如果考虑跳线、接插线的长度，应从水平配线系统的 90 m 限额中减去。保证整个链路长度不超过 100 m。

(2) 对于每个建筑物，所选择的骨干电缆媒介(铜缆/光纤)应满足业务和距离的要求。如使用光缆，每个配线间至少有一条光纤。

(3) 每个主配线终端和通信配线间的语音和数据终端应分开。

(4) 每个工作站或工作区域应有一条四对专用水平电缆。考虑到将来建筑物布线的需求，用于所有的水平配线场合，推荐安装相关的超 5 类元件。

(5) 对于使用全光纤网络的水平配线，每个工作站至少有一条光纤。

3) 设计原则

(1) 技术先进。尽量采用当前国际上最先进最成熟的技术，使网络性能达到最佳，根据客户的应用需求选择有远大前途和强大生命力技术。

(2) 高性能。校园网主干系统要求具有较高的数据通信能力和较大的带宽；在各学院的工作组中采用交换技术，以保证在工作中网络的快速响应速度，用于提高工作效率；服务器应能快速处理大量的网络请求，有较大的数据吞吐能力和较高的运算能力。

(3) 高可靠性。应用是校园网建设的最终目标，这对网络的健壮性提出了很高的要求，也许短时间的中断就会造成很大的损失。因此我们在设计方案时充分考虑到了网络的可靠性，如线路冗余、端口冗余等以防不测，同时在服务器选择上也采用了在可靠性方面具有最优表现的品牌。整个网络能够满足长时间重负荷运行的需要。

(4) 可管理性。良好的组织和管理对网络的正常运转和高效使用有很大帮助，网络应该能够提供方便、灵活、有力的工具，使得无论是安装、操作还是使用对用户来说都轻而易举。便于进行网络的配置和管理，易于发现网络中的故障。

(5) 可扩展性。

由于计算机技术和网络技术在不断的飞速发展，所以在方案设计的时候不能只看到目前的应用需求，而应充分考虑到用户业务量的增多和网络带宽以及端口数目的增加，使用户在扩大网络规模时不需改动现有设备，充分保护用户的初期投资。

(6) 符合国际标准。本方案的所有部分都遵循国际上最为流行和最具代表性的标准，以保证整个体系统的开放性和对其他厂家产品的兼容，给用户留下更为广泛的选择余地。如布线系统遵循 EIA/TIA—568A 标准、网管遵循 SNMP 和 RMON 等协议、快速以太网遵循 802.3 标准等。

(7) 最佳的性价比。本方案在技术选型时，在满足用户应用需求的基础上尽量采用性价比较好的产品，使用户的投资发挥到最大的作用。

5. 设计规划

(1) 数据主配线间设在主楼。

(2) 数据主干系统采用光缆。

(3) 楼宇内数据水平布线系统全部采用超 5 类非屏蔽双绞线(UTP. CATS)。

(4) 数据系统采用模块化连接系统。

(5) 楼层水平主线槽采用 PVC 线槽敷设至各房间顶部。

(6) 垂直主干由主配线间沿通信竖井分别敷设至各水平配线间。

6. 拓扑结构

依据用户综合布线要求及系统集成建筑物设计的标准等级要求，对数据交换系统采用结构化布线系统的集中式和分布式网络管理相结合的方法进行设计，即把所有主要网络设备集中放置在主楼的计算机机房内，同时利用分配线间(TC)和主配线间(Main Distribution Terminal，MDT)的可任意组合性，兼顾各部门独立组网及距离的限制。

针对用户建筑物结构本身以及相应的功能需求，在主楼内设计一个计算机主配线终端室，该主配线终端室在用户结构化布线系统中构成相应的主干终端系统，是整个校园数据、语音、影像传输系统的信息接口。在其他楼宇内各设置分配线间。根据实用性、灵活性及满足需求的原则，每栋楼一般设置 1～3 个分配线间，分配线间用于连接主干线缆和水平线缆。由主楼网络中心分别同宿舍区、东大楼、西大楼、科技楼、图书馆、家属区等分别用光纤进行连接，拓扑图如图 10-15 所示。

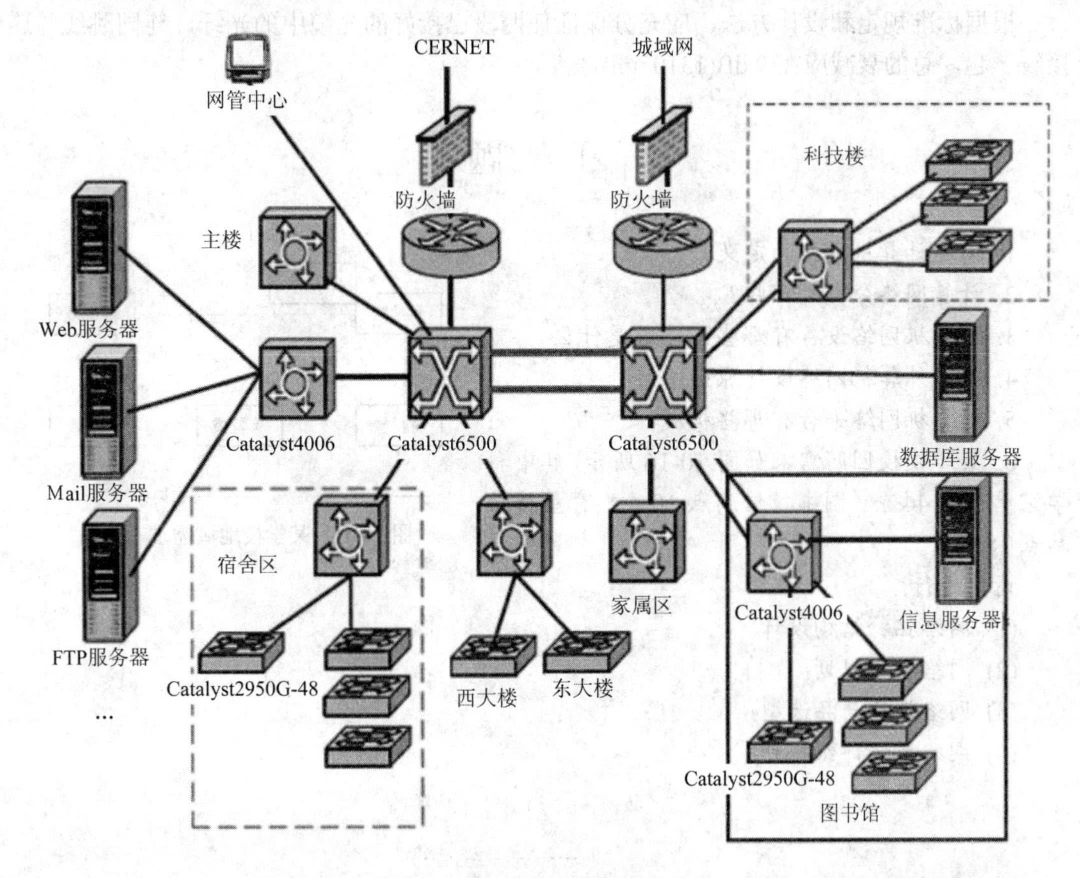

图 10-15　某学校校园网拓扑结构

7. 工程测试与验收

1) 测试

(1) 测试仪器：FLUCK 网络电缆测试仪。

(2) 测试指标：近端串扰、衰减、阻抗、长度、ACR 值等指标。

2) 综合布线系统验收

(1) 外观验收：墙壁上信息插座安装是否美观，各层配线架是否平稳牢靠。

(2) 主配线间验收：双绞线布线系统测试包括连续性测试、开路、短路和连接正确性测试、衰减测试、近端串扰测试。

(3) 测试标准：TIA/EIA 568 标准。

(4) 测试仪器：FLUCK 网络电缆测试仪。

(5) 光纤系统中光纤衰减的测试：在光纤系统的实施过程中，涉及到光纤的敷设、光缆的弯曲半径、光纤的熔接以及光纤的跳线，因设计的方法及物理布线结构的不同，网络设备间的光纤路径上光信号的传输衰减有很大不同。

在此案例中，完全遵循 TIA/EIA 568 标准进行设计，使用星型的物理拓扑结构，使任意两个网络设备连接时，光信号的传输可绝对限制在 FDDI 或 IEEE 802.2 FOIRL(Fiber Optic Inter-Repeater Link)规定的范围之内。

根据标准规定和设计方法，应充分保证任两段已接好的光缆中的光纤，连同跳线与连接线一起，总的衰减应在 9 dB(1310 nm)之内。

习　题

1. 简述计算机网络的定义。
2. 计算网络分类有哪些？
3. 计算机网络设备有哪些？作用是什么
4. 简述计算机网络设计原则。
5. 计算机网络平台有哪些构成？
6. 某学校校园网需求如图 10-16 所示，其中科学馆信息点 44 个；图书馆信息点 10 个；育星楼信息点 18 个。

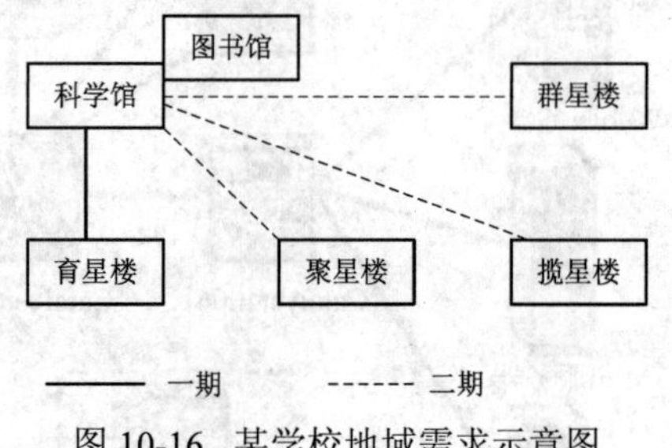

图 10-16　某学校地域需求示意图

请你进行:

(1) 网络拓扑结构设计。

(2) 网络技术规划。

(3) 网络设备产品选型。

(4) 网络系统详细规划。

第 11 章　集群移动通信设备

集群移动通信系统是多个用户(部门、群体)共用一组无线电信道，具有自动选择、动态使用信道，采用资源共享、费用分担，并向用户提供优良服务的多用途和高效能而又先进的高级无线电指挥调度通信系统，是一种专用的移动通信系统。

11.1　集群移动通信设备工作原理

11.1.1　概 念

集群移动通信系统一般由下列设备或单元组成：基站、集群交换机、移动台、网管、有线调度台，如图 11-1 所示。集群移动通信系统按照技术体制可分为模拟集群移动通信系统和数字集群移动通信系统两大类。

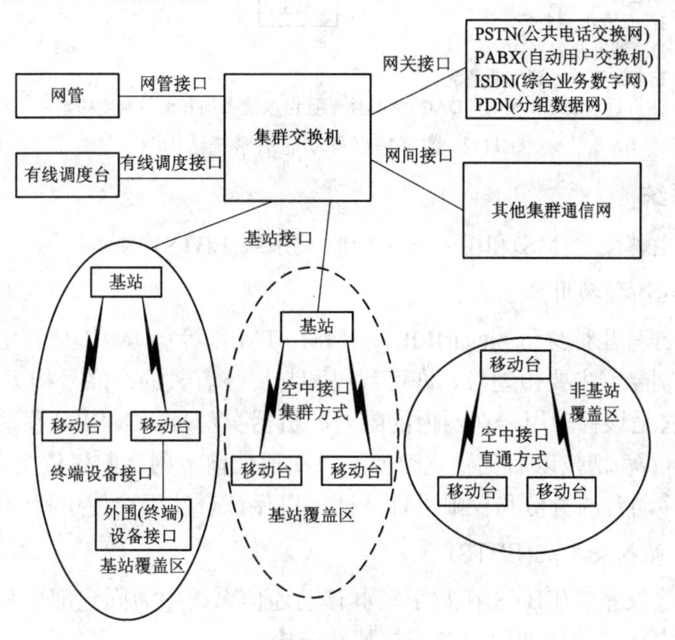

图 11-1　集群移动通信系统网络组织图

11.1.2　系统结构

数字集群移动通信系统一般可分为三个主要部分，即射频子系统(RFSS)、调度子系统

(DSS)和互联子系统(ISS)。数字集群移动通信系统结构如图 11-2 所示。

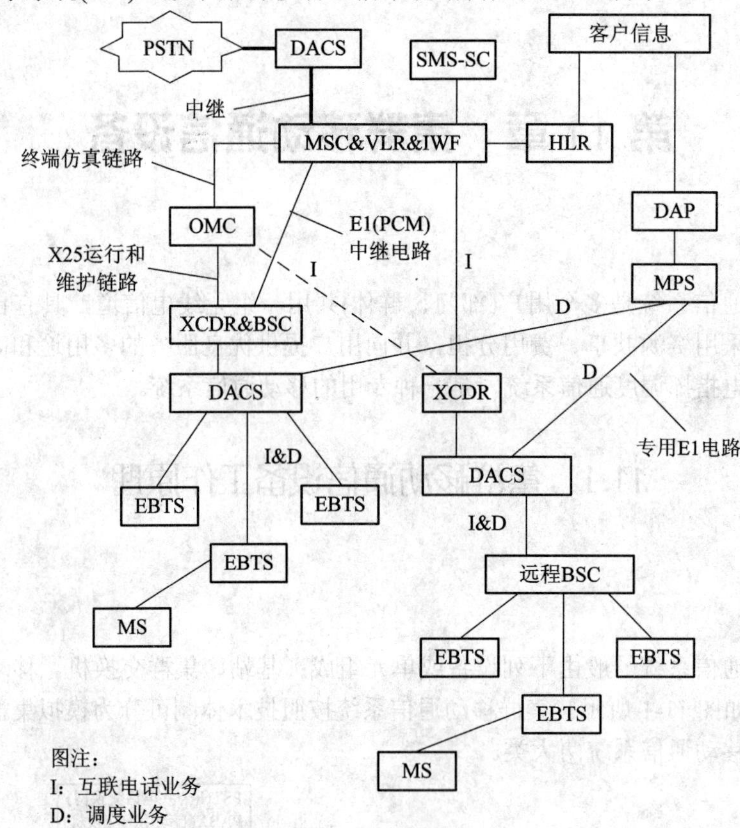

图 11-2　数字集群移动通信系统结构图

1. 射频子系统

射频子系统由移动台(MS)和增强型基地收发系统(EBTS)组成。

1) *移动台(MS)/移动用户*

每一个移动台有几种身份码(如 IMEI、IMSI. TMSI 等)。IMEI 是一出厂时就定下的国际移动台设备识别号，主要由型号、许可代码和与厂家有关的产品号构成；IMSI 是国际移动用户识别码，它是该移动用户在网内的唯一的机器身份号；TMSI 是移动台当前所在的区(窝)内的代码，区(窝)切换以后代码就改变。每次通信前，网络归属位置寄存器(HLR)的鉴权中心(AUC)对移动台的身份和权限进行认证，以保证合法用户使用移动网。

2) *增强型基站收发系统(EBTS)*

增强型基站收发系统(EBTS)在数字集群移动通信系统中为固定部分和无线部分之间提供中继，通过空中接口使移动用户能够与基站连接。

基站将 800 MHz 系统的 25 kHz 的信道划分为六个时隙，即六条语音或控制信道，多个信道中除用一个信道作为控制信道外，其余信道都可作为 VSELP 编码的语音信道。

EBTS 由出入控制器通路(ACG)、时间频率基准(TFR)和信道服务单元(CSV)组成。

出入控制器通路(ACG)是 EBTS 的核心部分，控制和跟踪基站的频率和时隙，负责移动台资源的分配，通过 E1 线路负责和网络进行通信联络；时间频率基准(TFR)提供高确定度的 5 MHz 频率和高准确度的时钟参考；信道服务单元(CSV)为 EBTS 提供直接与 E1 线路连接的接口。CSV 是符合全部工业标准参数的 E1 接口，提供 EBTS 和交换机之间的接口。

2. 调度子系统

调度子系统由数字交换系统(DACS)、网内分组交换(MPS)、调度应用处理机(DAP)和操作维护中心(OMC)四部分组成。

1) 数字交换系统(DACS)

DACS 是移动交换机与 EBTS 或者 PSTN 之间的数字信号转接设备。为了适应传输的要求，需要将信号填充整理成宽带结构的形式。

DACS 的输入信号有两种，一种是调度处理机经过分组交换机 MPS 得到的调度信息，另一种是经 MSC 和 OMC(网络操作维护中心)得到的语音信息。

DACS 的输出是到 EBTS 或远方的基站控制器(BSC)的数字干线。

2) 网内分组交换(MPS)

MPS 是数字集群移动通信系统内高速数字 E1 型节点处理机。它为网内 EBTS 终端节点提供调度业务和有关控制信息的连接电路。它由分组备份(PD)、分组交换(PS)及分组交换工作站组成。

3) 调度应用处理机(DAP)

DAP 是为调度通信业务的控制实现所用的网络控制机。DAP 中存储了移动用户的原始资料、MS 的数据库、业务范围、通路以及呼叫处理等。DAP 具有单独调度呼叫、组呼通话、组呼选择通话、空中诊断功能。

4) 操作维护中心(OMC)

OMC 是全网操作维护的中心。它为工程管理和计划提供各种数据，并经过分组网对调度处理机(DAP)、基站(EBTS)、基站控制器(BSC)、语音编码转换器(XCDR)进行管理，通过异步通信端口对 DMC-MSC、HLR 和 MPS 进行状态管理和控制。

3. 互联子系统

集群移动通信系统的互联子系统主要包括基站控制器、语音编码转换器、移动交换中心、访问位置寄存器、归属位置寄存器和短信息业务中心等。

1) 基站控制器(BSC)

BSC 是移动交换中心(MSC)与基站(EBTS)之间的控制交换设备，以使数字集群移动通信系统能扩大覆盖范围和节约线路造价。它可以近置或远置，MSC 通过 XCDR 控制 BSC。

BSC 的主要功能是管理无线信道以及 MS 和 MSC 之间的信令传输。EBTS 负责无线信道的选择，而 MSC 负责有线信道的选择，两者通过 BSC 的内部矩阵连接，在越区切换时由 BSC 负责。

2) 语音编码转换器(XCDR)

XCDR 是完成语音编码转换的设备。由于 MSC 接口的语音编码与用户端语音编码器采用的编码方式不同，因此需将 EBTS/BSC 送来的语音编码变换成用户端编码后送至 MSC

交换机。XCDR 还负责将来自 MS 的 DTMP 二次拨号数字再生成新的双音多频信号。

3) *移动交换中心*(MSC)

MSC 是网络的核心，它提供 PSTN 和移动网络之间的接口，MSC 是用于向移动台 MS 发起或终止话务互连的电话交换局。每个 MSC 对某一地理覆盖区域内的移动台提供服务，同时一个网络可包括多个 MSC，MSC 提供到 PSTN 的接口和到 BSC 的接口以及与其他 MSC 的互连接口。

4) *访问位置寄存器*(VLR)

VLR 存储其覆盖区内的移动用户的全部有关信息，以便 MSC 能够建立呼叫。VLR 从该移动用户的归属位置寄存器中获取并存储有关该用户的数据，一旦移动用户离开该 VLR 的控制区域，则需要重新在另一 VLR 登记，原 VLR 将取消临时记录的该移动用户的数据，因此可以把 VLR 看成是一个动态用户数据库。

5) *归属位置寄存器*(HLR)

HLR 是数字集群系统的中央数据库。它存储着该 HLR 控制的所有的移动用户的相关数据，这些相关数据包括：MS 的操作数据，如 IMEI，IMSI 和 MS-ISDN 识别数据、验证密钥、MS 用户类别和补充业务等；MS 的服务状况，如电话转移号码、特别路由信息等；MS 的活动情况等，如其所处区域。

6) *短信息业务中心*(SMS-SC)

SMS-SC 是数字集群移动通信系统的一个特色，它可以通过多种渠道传递多达上百个字符到一个 MS，这称为短信息字条功能。短信息字条包括字母和数字信息，通过 DTMF-IVR 数字集合从 FSTN 中得来的数字信息，从连接的声音传送系统得来的声音传送信息等。

SMS-SC 显著的特点是存储信息，并把信息传送到 MS 的移动用户中去。如果信息不能传递到 MS，SMS-SC 就暂时存储该信息，以便当 MS 工作时，SMS-SC 再次发送信息。

11.1.3 系统组网

集群通信系统最早是基本系统的单区网，因为它的用户数要比公用网少得多，通常采用大区制小容量网络。当覆盖范围达不到要求时，就将基本系统的单基站设计为多基站。而当覆盖区域再扩大，用户增加，就发展成以基本系统为基本模块，把基本模块叠加成为多区的区域网，甚至成为多区、多层次网络，这就构成了一个或几个大区域，甚至全国或跨国连网。

集群通信的控制方式主要有两种，即集中式控制方式和分散控制式方式。两种方式的系统基本上都由基地台(转发器)、系统管理终端、系统集群逻辑控制、调度台和用户台(车载台和手持机)组成。只不过集中式控制方式的系统，其集群逻辑控制是由系统控制器承担，而分散式控制方式的系统无系统控制器由每个转发器上的逻辑单元分散处理。

1. 集中式控制方式的单区单基站系统

单基站系统是一个基本集群通信系统，只有一个系统控制器和一个基站。单基站系统主要包括基站、系统控制器、系统管理终端、调度台、移动台 5 个部分，如图 11-3 所示。

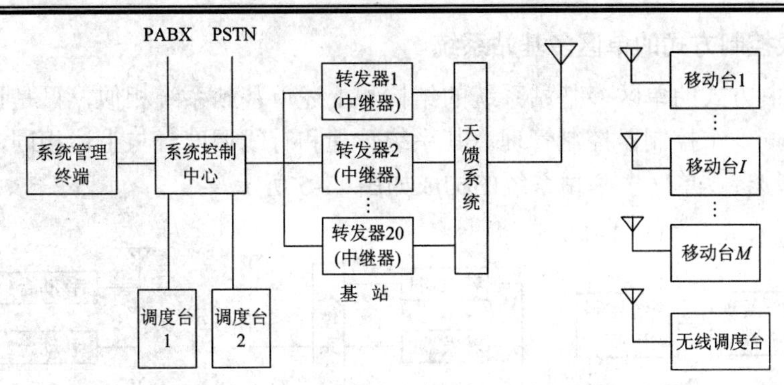

图 11-3　单区单基站系统

基站主要由若干个转发器和天馈系统组成。每个信道一个转发器，通常单基站模拟集群通信系统有 5～20 个信道。每个信道的转发器是一部全双工的收发信机(含功放和电源)，而天馈系统则有发信机合路器、收信机分路器、馈线、发信天线和收信天线等。

系统控制器主要由集群控制管理模块、转发器接口电路、电话互连器、交换单元及电源等组成。其功能主要是管理和控制整个系统的运行，包括选择和分配信道、监视话音信道状态、安排信令信道、监测系统运行和故障告警等。

系统管理终端主要由一台计算机(微机或小型机)及系统管理软件组成，并与系统控制器连接(一般通过 RS-232C 接口)。值机员可通过此终端对系统进行管理控制，包括输入修改运行方式、无等级修改、信道状态报告、用户入网控制、设备状态控制、告警及信息打印输出等。

调度台分为有线调度台和无线调度台。有线调度台可接到控制器上的电话机，也可与操作台相连。无线调度台则由收发信机、控制单元、天线、电源和操作台组成。通常一个群用户有一个调度台。

移动台主要是车载台和手持机。手持机现在有单工和双工两种。移动台也由收发信机、天线、电源(电池)和控制单元组成。

有时由于覆盖地域过大或受地形限制，移动台能接收基地台信号(下行)，但由于其发射功率小，上行接收比较困难。于是可增设若干个接收站，以获得较大通信范围和较好通信效果。各接收站通过有线或无线方式与基地台系统控制器相连，并受控制器控制管理，如图 11-4 所示。对一些特殊地区(如某些延伸部分)，由一个基站覆盖不到(有山或有成排高大建造群阻隔)，则可建立直放站，也称同频转发站。

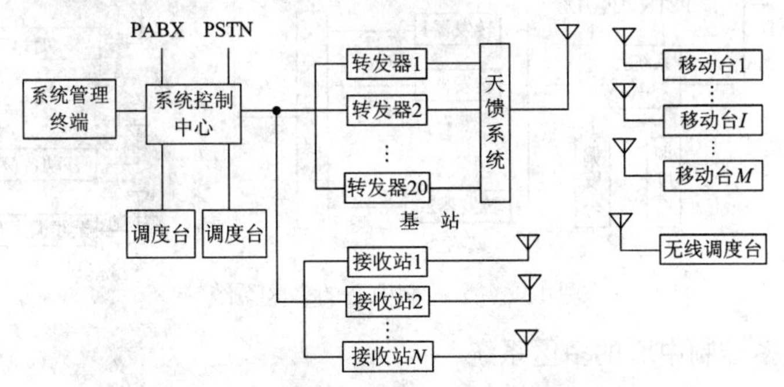

图 11-4　有接收站的单区单基站系统

2. 集中式控制方式的单区多基站系统

集中式控制方式的单区多基站系统的结构和上述单基站系统相似，只是设多个基站，多个基站均受同一个控制器控制管理。其系统管理和有线调度台与上述相同，只是各基站都有各自的移动台。单区多基站系统的构成如图 11-5 所示。

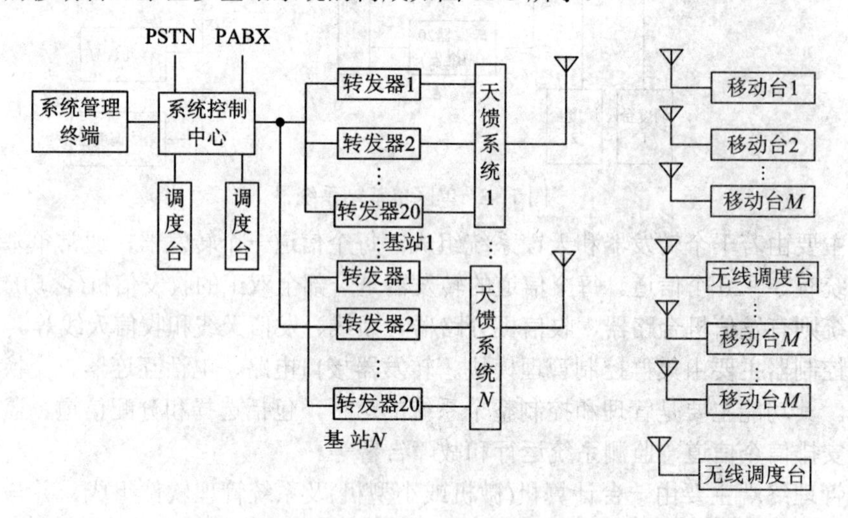

图 11-5 集中式控制方式的单区多基站系统

3. 集中式控制方式的多中心多区系统

集体式控制方式的多中心多区系统由多个单区网通过一个区域控制器连接而成的分级管理区域网。这样，在一个地域中可以有多个不一定相邻接的区，各区设单区网。各单区网的控制中心通过有线与区域控制中心(区域控制器)相连，并受其控制和管理。区域控制中心主要负责越区用户的身份登记、不同区间业务的管理、控制信道的分配和管理以及区间用户的漫游业务等，其简要组成如图 11-6 所示。

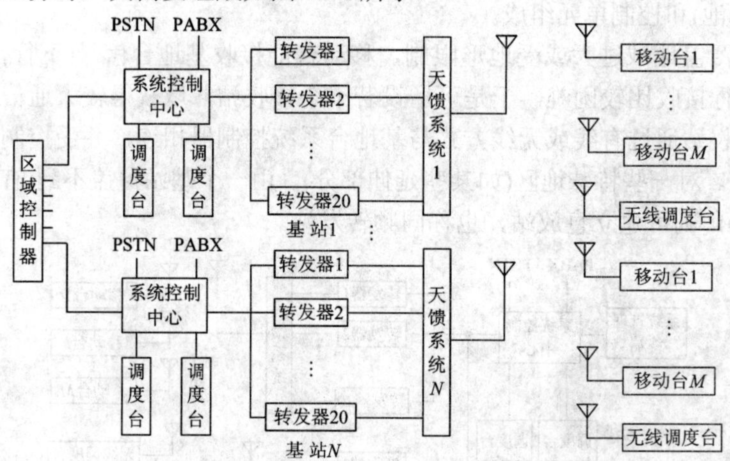

图 11-6 多控制中心的多区系统

4. 多层次、多控制中心的多区系统

从集群通信系统的发展来看，在一个较大区域甚至全国建立一个专业部门(如铁道、交

通、电力、石油、公安、军队等部门)的大型集群通信网是有可能的。这样的网络结构，若仍局限于上述一些组成是不敷应用的，需要构成多层次、多控制中心的多区系统。

图 11-7 为多层次多区系统简单示意图。这种系统的基本单元为单基站(或多基站)和单控制中心构成的基本区，并直接管理控制和处理区内的用户业务。区域管理中心与各基本区相连，负责基本区间的用户业务，如用户过区登记、过区用户呼叫建立和对过区用户的控制管理、对各基本区中心站的管理和监控等。最高级(全国)管理中心连接各区域管理中心，处理各区域间的过区域用户登记、呼叫建立、控制管理，对各区域中心进行控制、管理和监控。

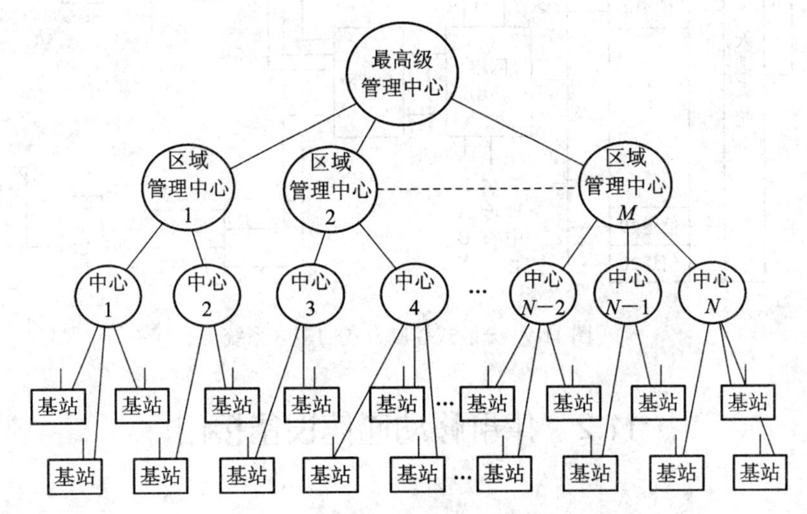

图 11-7　多层次、多控制中心的多区系统

5. 分散式控制方式的单区单基站系统

分散式控制方式的单区单基站系统也是一个基本系统，与集中式控制方式的单区单基站系统不同的是控制器和基站合在一起，而基站的若干个转发器都带有相同数量的控制器。每个信道也是一个转发器(含有集群控制逻辑模块)。其他的几个部分(如系统管理终端、调度台及移动台)的作用也与集中式控制方式单区网相同，不再赘述。这种单区网的结构如图 11-8 所示。

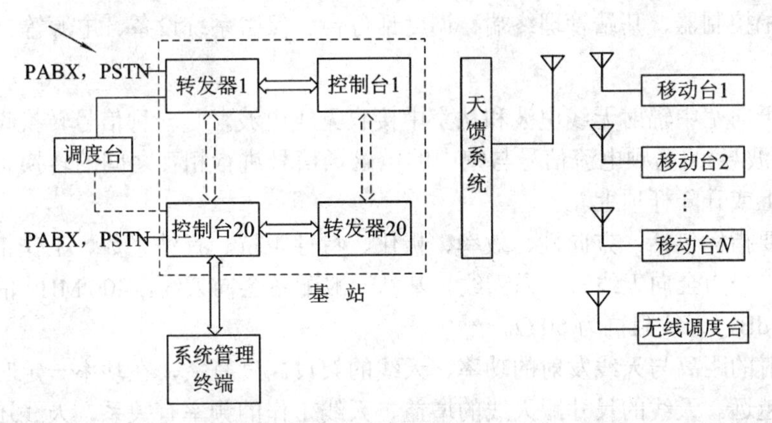

图 11-8　分散式控制方式的单区单基站系统

6. 分散式控制方式的多区系统

分散式控制方式的多区系统是由多个单区系统相连，并由网络交换中心控制构成的多区系统，如图 11-9 所示。这种网络结构通常要以一个网络交换中心来进行各区网的连接和交换，以构成全区的联通及用户的漫游。网内所有各部分都与上述相同。

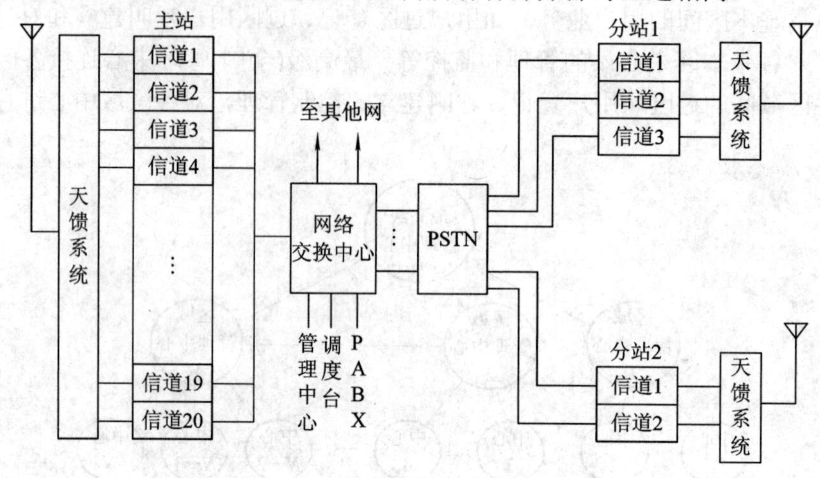

图 11-9　分散式控制方式的多区系统

11.2　集群移动通信设备接口

11.2.1　基站设备

基站设备是集群移动通信系统的核心，为系统内的所有用户(包括手持机、车载台、有线用户)提供控制管理、无线信道分配、呼叫处理、信号转接、参数设置、数据通信等功能，所有用户通过基站建立相互之间的联系。

1. 基站设备的组成

典型的基站设备一般由下列设备组成：天线、馈线、双工器、合分路器、收发信机(信道机)、(基站)控制器、基站管理终端、调度话务台、保密系统设备、电源等。

1) 天线

天线用于向空中辐射无线电波和从空中接收无线电波，是一种信号转换设备，实现导体内(馈线、波导)的高频电流信号与空中的电磁场信号进行相互之间的转换。天线一般安装在铁塔顶上或升降杆顶上。

天线主要指标包括：方向性、效率、极化、特性阻抗、行波系数、工作带宽等。天线具有方向性，分为全向天线和定向天线。基站一般配备全向天线，400 MHz 的基站天线增益一般为 10 dB，天线阻抗为 50 Ω。

天线辐射的距离与天线发射的功率、天线的架设高度有关，在功率一定时，高度越高辐射的距离越远。天线的尺寸跟天线的增益、天线工作的频率有关系。天线还有其他技术指标，例如机械强度、防水性、抗腐蚀、承受功率等。

2) 馈线

馈线是连接天线和基站收发信机(信道机)或双工器(合分路器)的传输导体。

在 VHF 和 UHF 集群移动通信系统中，主要使用由内外导体组成，外导体屏蔽接地的不对称同轴电缆。同轴电缆的主要参数是特性阻抗、传输衰耗和功率容限。对馈线性能主要要求是传输衰耗小、传输效率高、功率容限大。同轴电缆的阻抗一般为 50 Ω，根据直径分为 7/8 英寸、1/2 英寸等规格。

3) 双工器和合分路器

双工器和合分路器是多路射频信号的合并、分解和放大的设备，通过它来实现天线、馈线的共用。

4) 收发信机(信道机)

收发信机(信道机)起到无线通道的作用，每个信道机必须设定一对频率，即一个发射频率和一个接收频率，发射频率通常比接收频率高，一对频率就是一个无线信道。因此，信道机就是产生无线信道的设备，它起到无线信号转接的作用，接受(基站)控制器对其控制，同时将移动台发出的信息通过控制器传送给其他移动台或其他用户设备(终端)。收发信机(信道机)通常又称为基地台。

5) (基站)控制器

控制器是起控制和管理作用的设备，它主要完成信道的选取与分配、信道监视、监测与告警、交换、信令处理、加密、联网等功能，一般由主控单元、无线控制单元、用户单元、模拟中继单元、E1 中继接口单元等组成。

主控单元包括主控 CPU 部分、交换网络部分、时钟部分。它负责各种类型呼叫的接续处理，对系统内各个告警源的告警信息进行集中统一处理，做出判断，同时统一管理系统数据。

无线控制单元用于对信道机的控制和管理，负责对无线呼叫中的信令和话音进行处理。

用户单元一般是指内部有线用户单元，通常集群移动通信系统提供少量的内部有线用户接口。

模拟中继单元是指外线接口单元，提供与外部设备(如 PSTN)连接的环路接口。

E1 中继接口单元实现基站之间、基站与交换机之间 E1 数字中继连接。

6) 基站管理终端

基站管理终端一般是由计算机、管理软件等组成，是系统的最高管理层，它对系统及用户参数进行设置维护，实时监控系统各单元模块的运行情况。

基站管理终端与基站控制器通常有两种连接方式即 RS-232 型串行接口连接和以太网 RJ-45 型网络接口连接。

7) 调度话务台

调度话务台属于基站内部有线用户单元，通常通过基站管理终端对基站控制器发出指令，进行常规调度呼叫、调度控制、调度管理等。

8) 保密系统设备

在军事、公共安全等领域应用场合，需要对信息进行加密，因此，根据用户要求，集群移动通信系统可配备保密系统设备。集群移动通信系统的保密系统设备一般由密分中心及其管理终端、信道保密机和移动台保密模块组成。密分中心作用是设置信道保密机和移动台保密模块的工作状态，产生密钥，并把密钥分配给信道保密机和移动台保密机。密分中心管理终端对密分中心进行配置与管理。信道保密机主要是给信道机的数字语音信号进行加密和解密，一个信道机配一个信道保密机。移动台保密模块功能与信道保密机功能相同。

9) 电源

电源是为基站其他设备(模块)提供电力能源的装置，一般情况下电源的供电电压值是固定的，在设备设计的时候确定，通常用功率的大小来衡量它的负载能力。集群移动通信系统电源一般分为信道电源和综合电源。由于收发信机(信道机)的需要单元的功率较大，通常单独设置信道电源为收发信机(信道机)供电。综合电源则分别为基站控制器、密分中心、信道保密机等设备提供电源。

2. 基站射频接口

基站射频接口通常用于天线、馈线、双工器、合分路器、收发信机之间的相互连接。

射频连接器有多种型号，常用的连接器为 N 型或 L16。常用射频同轴电缆来传输射频信号。

3. 基站接口

基站控制器与集群交换机相连时基站控制器侧的接口称为基站接口。

1) 数字集群移动通信系统基站接口

对于数字集群移动通信系统，基站一般情况下不能独立于集群交换机而单独工作，其与集群交换机相连的基站接口采用标准 ITU-T G.703 建议的数字接口，接口信号传输速率为 2048 kb/s，常称为 E1 接口。E1 接口有平衡和非平衡两种接口形式，信号的帧结构符合 ITU-T G. 704 建议。E1 非平衡接口采用同轴电缆传输信号，接口物理连接采用同轴型连接器 SMZ 或 BNC，阻抗 75 Ω；在采用 SYV-75-5 同轴电缆时，传输距离不小于 300 m。E1 平衡接口采用对称电缆线对传输信号，接口物理连接采用 D 型连接器、RJ-45 连接器等形式，阻抗 120 Ω；在采用 0.5 mm 线径的对称电缆线对时，传输距离不小于 800 m。通常情况下，多使用 E1 非平衡接口。

2) 模拟集群移动通信系统基站接口

模拟集群移动通信系统的基站接口以音频 4 线方式来实现，其接口物理连接多采用 D 型连接器或 RJ-45 连接器，阻抗 600 Ω。在该接口上，通常传输语音信号，或者调制后的基站控制器与集群交换机之间信令信号。在采用 0.5 mm 线径的对称电缆线对时，传输距离不小于 4 km。

4. 空中接口

空中接口指的是一条无线电路径，它规定了基站和移动台的工作频率、带宽、调制解调方式、数据速率、定时、时隙结构、差错保护、信号质量测量、功率控制、业务类型、移动性管理、身份管理、信令协议等参数和内容。在集群移动通信系统中，定义了集群方式空中接口和直通方式空中接口两种类型的空中接口。

移动台与基站之间的空中接口称为集群方式空中接口，经过该接口，在集群交换机控制下实现移动台与移动台之间，移动台与 PSTN、ISDN、PDN 和 PABX 用户之间的通信。在没有基站、集群交换机等集群网络基础设施情况下，移动台与移动台之间直接进行通信的空中接口，称为直通方式空中接口。

集群方式空中接口应用在集群基站覆盖的范围内，是移动台主要工作模式；直通方式空中接口主要应用于移动台脱离集群基站覆盖范围而相互直接进行的通信。在集群基站覆盖范围，移动台之间也可通过直通方式空中接口进行通信。

5. 基站加密设备接口

为了解决集群网络系统中的保密问题，可在基站和移动台配备保密设备，对所传输的信息进行加密。通常情况下，集群网络系统不参与密钥的产生和管理，只为加密信号提供透明的传输通道。

基站加密设备包括密分中心和信道保密机。

1) 密分中心有关接口

密分中心通常有三种类型的接口即与信道保密机互连的控制接口、与基站控制器互连的控制接口和与密分中心管理终端互连的控制接口。

密分中心与信道保密机和基站控制器互连的控制接口通常属于内部接口，不同技术体制的集群通信系统接口也不相同。

密分中心与密分中心管理终端(计算机)互连的控制接口通常称为密分中心管理终端接口，该接口采用 RS-232 异步串行接口，传输速率 9600 b/s。使用“数据接收”、“数据发送”、“信号地”三个电路，接口连接器通常采用 DB9，航空插头等类型连接器，使用带屏蔽的信号电缆，传输距离最大 15 m。密分中心管理终端接口通常为 DCE 端。

2) 信道保密机有关接口

信道保密机有三种类型接口即明文接口、密文接口和控制接口。明文接口是信息加密前的接口，密文接口是信息加密后的接口，控制接口用于接收密分中心对信道保密机的控制，三种接口均属于系统内部接口。

不同类型的集群移动通信系统，无论是模拟集群移动通信系统还是数字集群移动通信系统，由于其信道保密机各不相同，接口当然也不相同。即使相同体制的集群移动通信系统，由于生产厂商对设备(例如基站)具体电路设计的不同，所采用的信道保密机接口也会有差别。

数字集群移动通信系统直接对数字信息加密。模拟集群移动通信系统信道保密机通常包含话音编码解码(例如 16 b/sCVSD)和调制解调(例如 GMSK 调制)，使加密后的语音信息能够在模拟射频信道上传输。

11.2.2 集群交换设备

集群交换机用于实现基站之间、集群移动通信系统与其他网络(PSTN，PBX)的互连，处理基站、移动台、调度台用户信令并对其进行有效控制，完成用户身份识别、鉴权，建立移动台、调度台用户以及与其他通信网络用户之间的连接。

集群交换机通常由交换单元、控制单元、位置寄存器(数据库)单元、接口单元、电源单元、操作和维护单元等组成。虽然不同技术体制、不同生产厂商的集群移动通信系统交换机设备组成的差异很大，但对外的接口主要有几大类，即网间接口、网管接口、网关接口、有线调度接口、基站接口(与基站互连的接口)。

1. 网间接口

为了实现相同技术体制不同集群通信网络之间能够互联互通，并支持移动台用户的漫游以及集群通信系统功能，集群通信网络(系统)之间相互连接的接口，称为网间接口，又称系统间接口，主要是指集群交换机之间的连接接口。

1) 模拟集群移动通信系统网间接口

对于模拟集群移动通信系统，网间接口多以 4 线 E/M 中继方式来实现，其接口物理连接多采用 D 型连接器或航空插头。4 线 E/M 中继接口由语音接口电路和 E&M 信令接口电路组成，语音接口电路性能和特性符合 ITU-T G 712 建议，E&M 信令电路接口有五种类型即 Bell Ⅰ型、Ⅱ型、Ⅲ型、Ⅳ型、Ⅴ型，最常见的、应用最广的是 Bell Ⅴ型 E&M 信令电路接口。

Bell Ⅴ型 4 线 E/M 中继接口由语音接口电路音频输入 a2 和 b2、音频输出 al 和 b1、信令接口电路 E 和 M 共 6 个信号线组成。该接口语音接口电路阻抗 600 Ω。该接口常采用屏蔽的对称电缆线对传输信号，在采用 0.5 mm 线径的对称电缆线对时，传输距离不小于 4 km。

2) 数字集群移动通信系统网间接口

对于数字集群移动通信系统，网间采用标准 ITU-T 6.703 建议的数字接口，接口信号传输速率 2048 kb/s，常称为 E1 接口。E1 接口有平衡和非平衡两种接口形式，信号的帧结构符合 ITU-T 6.704 建议。E1 非平衡接口采用同轴电缆传输信号，接口物理连接采用同轴型连接器 SMZ 或 BNC，阻抗 75 Ω；在采用 SYV 75-5 同轴电缆时，传输距离不小于 300m。E1 平衡接口采用对称电缆线对传输信号，接口物理连接采用 D 型连接器、R1-45 连接器等形式，阻抗 120 Ω；在采用 0.5 mm 线径的对称电缆线对时，传输距离不小于 800 m。网间接口多使用 E1 非平衡接口。

2. 网管接口

集群通信网络管理系统是保证集群通信系统正常、高效和安全运行而对其进行管理的系统，通常包括性能管理、配置管理、用户管理、计费管理、安全管理和故障管理等部分。网管计算机与集群交换机或基站控制器相连时，集群交换机或基站控制器侧的接口称为网管接口。

网管接口通常有两种类型即异步串行 RS-232 接口和以太网网络接口。

1) 异步串行 RS-232 接口

异步串行 RS-232 接口是最常见的网管接口，通常传输速率 9600 b/s。使用“数据接收”、“数据发送”、“信号地”三个电路，接口连接器通常采用 DB9、航空插头等类型连接器，使用带屏蔽的信号电缆，传输距离最大为 15 m。集群交换机和基站控制器的网管接口通常为 DCE 端。

2) 以太网网络接口

随着技术的发展，设备越来越多开始采用以太网网络接口作为网管接口。

该接口常采用 10 Base-T/100 Base-T 接口，一般采用 RJ-45 连接器，又称为水晶头，在特殊设备(例如军用设备)中，也使用航空插头类型的连接器，匹配电阻 120 Ω，使用 8 芯双绞线电缆，最大有效传输距离 100 m，使用高质量的 5 类双绞线则能达到 150 m。

RJ-45 接头和 8 芯双绞线电缆连接方式有 T568A 和 T568B 两种标准，形成了直连线和交叉线两种类型的电缆。

(1) 直连线。线缆两端 RJ-45 接头和 8 芯双绞线电缆连接方式均采用 T568B 标准。

(2) 交叉线。线缆一端 RJ-45 接头和 8 芯双绞线电缆连接方式采用 T568B 标准。线缆另一端 RJ-45 接头和 8 芯双绞线电缆连接方式采用 T568A 标准。

3. 网关接口

集群移动通信系统除了集群移动通信系统内部通信外，通常还要与其他通信网络(如 PSTN、ISDN、PDN、PABX)相互连接、互联互通。集群交换机(或者基站控制器)与其他通信网络实现互联互通的接口，就称为集群移动通信系统的网关接口。

集群交换机(或者基站控制器)通常主要有以下几种网关接口：用户侧二线模拟用户接口(Z 接口)、中继侧二线模拟接口(C2 接口)、中继侧四线 E/M 接口、中继侧数字接口 A，接口速率 2048 kb/s。

1) 用户侧二线模拟用户接口(Z 接口)

用户侧二线模拟用户接口是二线音频接口，它是电话通信中最基本、最常用的接口。用于集群交换机与电话单机、三类传真机、用户小交换机等设备之间的连接，又称为 Z 接口。

Z 接口主要功能是馈电、过压保护、振铃控制、摘机和挂机监视、编码和解码、混合电路以及测试。该接口除了传输 300～3400 Hz 语音信号外，还与 Z2 接口配合使用用户信令信号(直流脉冲信号、双音多频信号、振铃信号、信号音)。

用户侧二线模拟用户接口通过二线音频电缆来实现物理连接，集群交换机侧的物理接口通常采用 DB 型连接器或航空插头型连接器。该语音接口电路阻抗 600 Ω，常采用普通电缆线对传输信号，在采用 0.5 mm 线径的对称电缆线对时，传输距离不小于 4 km。

2) 中继侧二线模拟接口(C2 接口)

中继侧二线模拟接口主要用于实现集群交换机和局用电话交换机的模拟用户侧二线模拟用户接口之间连接，通常称为 C2 接口或模拟二线环路中继接口。

C2 接口主要功能是过压保护、振铃控制、摘机和挂机监视、编码和解码、混合电路以及测试。该接口能够传输 300～3400 Hz 语音信号，也可以传送用户线信令信号，如直流脉冲信号、双音多频信号、振铃信号。

中继侧二线模拟接口通过二线音频电缆来实现物理连接，集群交换机侧的物理接口通常采用 DB 型连接器或航空插头型连接器。该语音接口电路阻抗 600 Ω，常采用普通电缆线对传输信号，在采用 0.5 mm 线径的对称电缆线对时，传输距离不小于 4 km。

3) 中继侧四线 E/M 接口

中继侧四线 E/M 中继接口，又称模拟四线 E/M 中继接口，主要用于实现集群交换机和局用电话交换机之间连接。

4) 中继侧数字接口 A

中继侧数字接口 A 是速率为 2048 kb/s 的 PCM 复用中继接口，主要用于集群移动通信系统与数字程控交换机之间的连接。

4. 有线调度接口

集群移动通信系统与其他公网移动通信系统最大的区别在于它是一种移动指挥调度系统，因此，通常配备调度话务台，利用网管计算机(或者是利用基站管理终端)进行常规调度呼叫、调度控制、调度管理等。调度话务台属于集群移动通信系统(或者基站)内部有线用户单元，在集群系统中具有更多扩展功能，例如，发起开放信道呼叫、呼叫插入、转接呼叫、呼叫保持、用户动态重组等。

调度话务台一般是一个带有键盘、显示器、话筒和耳机的特殊电话机，一般情况下必须和网管计算机配合使用。

集群交换机(或基站控制器)与调度话务台的接口，称为有线调度接口。有线调度接口通常为二线音频接口或四线音频接口，其接口物理连接多采用 D 型连接器或 RJ-45 连接器，阻抗为 600 Ω。在该接口上，除了传输语音信号外，还要传输调度话务台与集群交换机(基站控制器)之间的信令信号。在采用 0.5 mm 线径的对称电缆线对时，传输距离不小于 4 km。

11.2.3 移动台设备

移动台是集群移动通信系统中的用户终端，是集群移动通信系统的重要组成部分，是直接面向用户的终端设备，通常分为手持机和车载台两大类型。

移动台由无线电部分、基带处理单元、信令处理单元、CPU、存储单元等组成，为了便于操作，移动台还有各种控制按钮、显示部件。为了保证信息的安全，在某些应用场合，移动台还配备加密单元，完成对用户信息的加密。

移动台对外接口通常包括移动台射频接口、移动台编程接口、移动台加密接口、终端设备接口。

1. 移动台射频接口

移动台收发信机和天线、馈线之间的界面连接处接口称为移动台射频接口。

手持机一般采用小型鞭状天线，与手持机的连接采用类似与螺栓螺帽的连接方式，没有馈线。车载台一般采用吸盘天线，多将吸盘天线放置于车顶，也可将车载台当做固定台使用，采用棒状全向天线。天线和车载台一般采用射频同轴型接口，射频同轴型接口常采用 N 型连接器，采用射频同轴电缆来传输射频信号。接口阻抗为 50 Ω。

2. 移动台编程接口

移动台要正常工作，必须使用计算机和相应的管理软件对移动台的有关参数(如用户号码、群组号码、工作频率或波道、优先级别、呼叫权限等)和功能进行设置，并将参数存储在移动台的存储器上。随着技术的发展，目前越来越多的移动台具有使用 SIM 卡的能力，移动台的某些参数，例如用户号码、服务等级、安全和算法等内容，则存储在 SIM 卡上。而这些设置和存储工作通常是通过移动台编程接口来实现的。

移动台编程接口通常采用 RS-232 异步串行接口，传输速率 9600 b/s。由于移动台体积小，其编程接口为专用或者非标准接口，一般均配置专用编程连接线，一端与移动台连接，一端与计算机连接。

3. 移动台加密接口

为了解决集群网络系统中无线电传播的保密问题，需要在基站和移动台同时配备保密设备。移动台配备的保密机与信道保密机所要完成的任务相同、功能相同，都要接受密分中心对其控制。

移动台保密机有三种类型接口：明文接口、密文接口和控制接口。明文接口是信息加密前的接口，密文接口是信息加密后的接口，控制接口用于接收密分中心对移动台保密机的控制，三种类型接口均属于系统内部接口。

无论是模拟集群移动通信系统还是数字集群移动通信系统，其移动台保密机各不相同，接口当然也不相同。即使相同体制的集群移动通信系统，由于生产厂商对设备(例如基站)具体电路设计的不同，所采用的移动台保密机接口也会有差别。

数字集群移动通信系统直接对数字信息加密。模拟集群移动通信系统移动台保密机通常包含语音编码解码(例如 16 kb/s CVSD)和调制解调(例如 GMSK 调制)，使加密后的语音信息能够在模拟射频信道上传输。

4. 终端设备接口

终端设备接口是指移动台与外围终端设备(如计算机、传真机、图像设备等)相连时，能够提供承载业务的接口，包含数据接口和模拟接口两种类型。

对于直接提供数据业务的移动台终端设备接口(数据接口)，受限于移动台体积、使用环境等因素限制，其终端设备接口通常为专用或者非标准接口，一般均配置专用数据连接线，一端与数字移动台连接，一端与计算机连接，与计算机连接的接口通常为 DB9 型连接器。接口采用 RS-232 串行接口，数字集群终端设备接口传输速率目前可以达到 28.8 kb/s，而对于模拟集群系统，接口传输速率一般为 4800 b/s 以下。

对于需要提供模拟接口的终端设备接口，通常需要外置电话适配器，移动台和电话适配器之间为专用连接线和接口。电话适配器另外一端与普通话机或传真机相连，采用二线实线方式，接头采用 RJ-11 连接器。

11.3　集群移动网工程设计

11.3.1　工程设计总体要求

为了规范数字集群通信工程设计，我国信息产业部要求数字集群通信工程设计必须满足《数字集群通信工程设计暂行规定》的要求。具体而言，数字集群通信工程的设计要满足以下总体要求。

(1) 数字集群通信系统适用于调度专用网或调度共用网，不宜作为公用移动电话网使用。

(2) 数字集群通信网应以实现网内调度电话和少量互联电话业务为主，也可提供传送数据、图像和传真等非话业务。

(3) 无线工作方式以基站双工、移动台单工为主，有线调度台和少量有权接入有线电话网的移动用户可采用全双工的工作方式。

(4) 数字集群通信网可采用强制性通话时限的办法，缩短通话时间，保证信道有效利用，通话时限可根据工程实际情沉确定。

(5) 数字集群通信专用网宜与部门专用电话网相连，在满足公用电话网进网要求的条件下，可经用户线或中继线直接或间接地接入公用电信网，数字集群通信共用网宜直接与公用电信网相连。

(6) 根据数字集群制式的特点，可采用 TETRA 数字集群移动通信系统网络结构，iDEN 数字集群移动通信系统网络结构、基于 GSM 技术的 GT-800 数字集群通信系统网络结构和基于 CDMA 技术的 Gota 数字集群通信系统网络结构等四种结构。

11.3.2 交换网络设计

1. 网络设计原则

交换网络是数字集群通信工程设计的核心部分，其设计应遵循以下原则。

(1) 根据各地区经济发展情况，考虑运营商或各部门集群通信发展规划，确定网络组织方案。

(2) 既要考虑目前实现的可能性，又要兼顾今后的发展。

(3) 接入公用电话网时，应满足公用电话网的进网要求。

(4) 组建区域网时，应考虑完成越区调度通信和漫游通信的功能。

(5) 建网要考虑科学性、经济性。

数字集群通信网的交换网络可采用单区间和区域间两种结构。其中，单区间由若干个基站组成，服务范围一般宜限于使用部门正常业务的活动区域，不宜超过一个地级市的行政管理范围。区域网由多个单区网联网构成，在较大区域内建立跨省、跨区的集群通信网。

2. 路由计划

集群通信网的移动交换机与本部门专用网交换机之间，应以用户线或中继线方式连接，其间的中继路由应按低呼损路由设计。

集群通信网的移动交换机与公用电话网本地交换机之间，应以市话用户线或中继线方式连接，路由设计可分为两种情况考虑。

(1) 移动交换机只与公用电话网本地交换机连接，其间的中继路由应按低呼损路由设计。

(2) 移动交换机与公用电话网之间设两条通路，即经专用电话网交换机与公用电话网间接连接和直接与公用电话网交换机连接。

路由选择应首选高效直达路由，然后选低呼损路由。

基站控制器与基站设备之间最好用专用中继线路，并设计成直达路由，不考虑迂回备用路由，中继电路容量应按基站所需频道总数进行配置。

当需要实现越区调度通信和自动漫游通信时，在移动交换机之间宜设置中继电路。

3. 网络容量估测

网络容量是指集群移动通信系统所能容纳的用户数，它是决定一个移动通信系统规模大小的决定性参数。从技术角度更确切地说，网络容量是指系统中各基站所包含的无线信道数和移动电话交换局的交换和控制能力。

系统的信道数主要取决于系统的无线用户数、每个用户的话务量(包括来去话务量)及无线系统的呼损率等。系统的无线用户数一般应由设计单位和网络的建设单位合作，根据网络所在地区的近期、远期经济发展规划，综合各方面的需要进行合理的预测后提供。系统的呼损率和每个用户的话务量应根据体制规定和移动通信技术发展状况，结合实践经验予以确定。

在确定系统容量时，不仅仅要考虑目前的用户数，还应根据未来发展需要，考虑到系统的扩容能力，在初次投资和再次投资的经济可行性与合理性方面进行权衡，据此来确定无线交换机的容量和所需中继线的数目及收、发信设备的数量。

11.3.3　无线网络设计

对于规模较小的数字集群通信网，可采用大区制的网络结构。对于较大规模的数字集群通信网，可采用中小区制的蜂窝网络结构。

1. 设计原则

(1) 满足覆盖目标的要求。

(2) 满足容量目标的要求。

(3) 满足服务质量指标的要求。

(4) 考虑技术方案和投资效益的合理性。

(5) 考虑网络演进和后续工程扩容的便利。

2. 设计步骤

(1) 选择传播模型，进行传播模型校正。

(2) 通过链路顶算，计算无线传播路径损耗。

(3) 预测基站覆盖范围。

(4) 根据设计目标，确定基站、基站控制器的初始布置方案。

(5) 频率或 Ph1 码偏置设置和复用。

(6) 系统仿真。

(7) 根据仿真结果，对初始布置方案进行调整。

3. 注意事项

对于需要覆盖而增设基站不经济或不方便的局部区域或基站区内的盲区，可采用直放站来满足覆盖要求。

无线直放站的设计应满足干扰指标的要求，并结合所选用的设备，考虑延时影响和收发隔离度指标。

为了均衡上行和下行无线链路，扩大手持机的通信范围，可以采用如下措施：基站采用分集接收；提高基站接收机灵敏度，在基站周围环境噪声小，天线与基站收发信机之间馈线较长时，可设置塔顶放大器；采用不同增益的基站收、发天线，接收天线可选用高增益定向天线。

在行政区边界处，当双方均建设集群通信网时，边界处的基站应避免采用全向站或高山站，注意调整基站天线高度、方向和俯仰角，将边界基站的覆盖范围限制在本地区内，并进行必要的频道或 PN 码偏置协调。

11.3.4 集群移动网工程设计实例

本节以某城市建设的 800 M 数字集群移动通信网为例，简要介绍该网的组网设计方案。

该网选用美国 MOTOROLA 公司的 iDEN 系统，设计移动用户总容量 10 万用户，基站 28 个，微波链路 28E1(不含备用和预留)，市话数字中继容量 40E1，在移动交换中心安装加拿大北方电讯公司的移动业务交换机 MSC。系统采用蜂窝技术的七小区模型和频率利用方式组网，具有漫游和越区切换功能。移动通信网通过数字中继传输通道接入市话汇接局，与公众网联网，实现对公众开放电话业务、数据业务和调度通信业务。

1. 系统构成

系统由移动台(MS)、基站(BS)、微波链路、移动业务交换中心(包括基站控制器 BSC、换码器 XCDR、移动业务交换机 MSC、分组交换机 MPS、调度应用处理器 DAP，网管终端 OMC、寄存器、计费设备等)和数字中继传输设备构成。

基站设备与微波链路设备同在一处，分机房安装。各基站到中心交换机的微波链路采用中小容量数字微波设备。基站设备与微波终端之间用 E1 接口。为保证链路的可靠性，链路系统设备采用 1+1 配置。在移动交换中心的微波终端共有 28E1 接到基站控制器。各基站及扇区的频率按七小区模型四次复用方式配置。基站控制器、语言换码器与信息交换机安装在同一机房，不需中继传输链路。信息交换机与市话汇接局之间用光数字传输设备实现中继连接，需 40E1。考虑备份和扩容，可采用 SDH 155Mb/s STM-1 模块将该网的端机等级接入公用通信网。

设计基本数据：电话互连用户与调度用户数之比为 9:1；全网总共 100 000 用户；电话互连用户忙时话务量为 0.013 爱尔兰；调度用户忙时话务量为 0.007 爱尔兰；电话互连用户呼损率为 5%；调度用户呼损率为 5%；调度区域为 2 个；BSC、XCDR 的阻塞率取 5‰；MSC 的阻塞率为 5‰。

该网按 28 个基站、每基站三扇区设计。

2. 话务量计算

蜂窝小区的话务量与小区的话音信道数、服务等级和用户忙时话务量有关。该系统采用 VSELP 编码和 M-16QAM 调制技术，每 25 kHz 信道可容纳 6 个话音通道，显然，每个小区都要有控制信道用于呼叫建立、过网等信息的交换。对电话业务，用户完成一次通话只在一个小区的控制信道上完成通话呼叫接续，通话也只占用一个话音信道。对调度业务，通话组成员可能是几个或几十个，且可能分布在不同的小区，接续会占用多个控制信道，通话也会占用多个通话信道。因此每个小区话音信道数的多少取决于电话业务与调度业务的比例，在该系统中，电话业务占 90%，调度业务占 10%。话音信道数与频道数的关系如

表11-1所示。

表11-1　RF信道数与话音信道数的关系

RF信道数	话音信道数
1ch	6扇区/全向小区
2ch	11扇区/全向小区
3ch	16扇区/全向小区
4ch	22扇区/全向小区
5ch	28全向小区
6ch	34全向小区
7ch	39全向小区
8ch	45全向小区
9ch	51全向小区
10ch	57全向小区

用户忙时话务量与人口密度、经济发展水平等因素有关，在实际系统建立之前，很难做到准确预测。参考一般统计规律，在做蜂窝电话系统设计时，日本取 0.01 Erl，美国取0.026 Erl，澳大利亚取 0.029 Erl。在我国，原邮电部移动电话网路体制规定用户忙时话务量为0. 03～0.01 Erl。从北京、上海蜂窝电话的抽样使用情况看，话务量在0.03 Erl左右。调度所占话务量则由于用户业务不同，差别很大，便通常调度通话主要用于发布命令，做简单应答，通话时间短，从国外统计资料看，一般为0.005～0.01 Erl。

移动电话网路体制规定用户服务等级为5%，因此系统设计基本上取5%。对于调度通信服务等级视用户的重要性还应相应提高。

该网具有调度和电话两种功能，电话用户忙时话务量按0. 013 Erl计，调度通话忙时话务量按0.008 Erl计，电话业务占90%，调度业务占10%，呼损率为10%。在这里，用户忙时话务量体制规定和一般统计规律一致，只是服务等级偏低。本网建设前期投人42对频点，终期达84对频点。设计中，对扇区基站按每扇区基站2对频点和4对频点，对全向基站按每小区5对频点和10对频点，分别计算出服务等级为5%和10%用户数，如表11-2和表11-3所示，其中电话业务按Erl-B公式计算，调度业务按Erl-C计算。

表11-2　10%呼损率

频点数	电话用户	调度用户	总用户
2/扇区	587	42	629
4/扇区	1363	98	1461
5/扇区	1800	130	1930
10/扇区	3955	232	4257

表 11-3　5%呼损率

频点数	电话用户	调度用户	总用户
2/扇区	490	37	527
4/扇区	1183	91	1274
5/扇区	1585	121	1706
10/扇区	3565	279	3844

按 28 个基站均为三扇区结构组网；表 11-2 服务等级为 10%时，42 对频点(每扇区 2 对频点)可容纳用户 52 836 个，84 对频点可容纳 122 724 个；表 11-3 服务等级为 5%时 42 对频点可容纳 44 268 个用户，84 对频点可容纳 107 016 个用户。

如果用户忙时话务量增加，将对系统容量产生很大影响，若按电话用户忙时话务量 0.03 Erl 计算，可得表 11-4，可以看出，42 对频点系统用户为 20 916 个，84 对频点系统用户为 55 524 个，是话务量为 0.013 Erl 时的一半，那么如果出现这种情况，只能采取增加基站数量的办法，来解决容量问题。

表 11-4　5%呼损率忙时话务量 0.03 Erl

频点数	电话用户	调度用户	总用户
2/扇区	212	37	249
4/扇区	570	91	661
5/扇区	687	121	808
10/扇区	1545	279	1824

3. 基站布置

基站覆盖的大小与话务量分布、无线电波传播特性和系统设备技术指标有关。话务量的大小主要与人口密度有关，该系统应主要服务于占全市人口 70%的城市公民，因此基站大多数应布置在市区；近郊区则在县政府所在地布置。该网 28 个基站城内建 18 个基站，远郊区县设 10 个基站。

系统设备技术指标如下：

(1) 手机功率 30 dbm。

(2) 4RF 信道机输出功率 42.6 dbm(在双工器端口)。

(3) 2RF 信道机输出功率 45.6 dBm(在双工器端口)。

(4) 5RF 信道机输出功率 44 dbm。

(5) 手机接收灵敏度−112.5 dbm。

(6) 基站接收灵敏度−114.5 dBm(双工端口)。

(7) 基站天线增益 58.11 dB(可选)。

(8) 手机天线增益−6.8 dB。

(9) 分集增益 4.7 dB。

(10) 馈线损耗 3.9 dB/100 m。

(11) 塔项放大器−114.5 dBm(无线端口)。

由于移动台移动产生多径传输影响按瑞利分布考虑取−9 dB，对地形及建筑物影响按对数正态分布取−8 dB，在北京地区穿透损耗按 15 dB 计，上述基站无线增益定为 8 dB，馈线长度暂计 50 m，移动台在车内时天线增益定为−9 dB，根据这些条件及系统指标可确定系统值，选择 OKumura 模型作为该网电波传播的预测模型，通过测试验证这一模型的选择是合理的。基站高度按 70 m 计，移动天线按 1.6 m 计，根据 OKumura 模型的空间传播衰耗经验公式及前述系统值，可确定市区内小区租盖半径为 2.5 km 远郊区县扭盖半径为 6～10 km。

要使系统可靠工作，除保证覆盖半径外，还要克服系统内的同频干扰。该网的同频干扰主要发生在市区的 18 个基站之间，按 OKumura 经验正式，当只有一个干扰源时，C/Z = 21 dB，满足该网 C/Z≥19 dB 的要求；当有 2 个干扰源时，C/Z = 16.2 dB，不能满足该网要求，因此在市区频率分配时应尽量减少干扰源数，同时采取其他手段使 C/Z≥19 dB。

4. 频率分配

该网按 7 小区复用，每个小区分成 120° 扇区，首期 42 对频点时，每个扇区有 2 对频点，终期 84 对频点时，每个扇区增至 4 对频点。

频率分配时要考虑小区内使用的频道间隔满足天馈系统的要求，并克服邻近小区之间的干扰。

频率分配采用如下原则：对蜂窝式移动电话网采用等间隔的频道分配方法；采用 7 个基站区、21 扇形小区为一群的频道组配置，在扇形小区内，频率组按其序号 n、n + 7，n + 14 的规律配置。

习　题

1. 简述集群通信系统的概念。
2. 简述视讯会议系统系统结构组成。
3. 基站设备接口有哪些？
4. 集群交换设备接口有哪些？
5. 移动台设备接口有哪些？
6. 数字集群通信工程设计要求有哪些？
7. 数字集群通信交换网络设计原则是什么？

附录1　通信工程设计中常用的标准规范名称

GB 50348—2004　安全防范工程技术规范
GB 50343—2004　建筑物电子信息系统防雷技术规范
GB 50303—2002　建筑电气工程施工质量验收规范
GB 50254—96　电气装置安装工程低压电器施工及验收规范
GB 50258—96　电气装置安装工程 1 kV 及以下配线工程施工验收规范
GB 50259—96　电气装置安装上程电气照明装置施工及验收规范
GB 50174—93　电子计算机机房设计规范
GB 50169—92　电气装置安装工程接地装置施上及验收规范
GB 50166—92　火灾自动报警系统施工及验收规范
GB 50057—94　建筑物防雷设计规范
GB 50054—95　低压配电设计规范
GB/T 16946—1997　短波单边带通信设备通用规范
GB/T 6879—1995　2 048 kb/s 30 路 PCM 复用设备技术要求和测试方法
GBJ 79—85　工业企业通信接地设计规范
GBJ 42—81　工业企业通信设计规范
GJB 880—90　军用短波单边带通信系统接口
GJB 2076—94　短波自适应通信系统自适应控制器的功能特性
GJB 2077—94　短波自适应通信系统自动线路建立规程
GBJ 149—90　电气装置安装工程母线装置施 T 及验收规范
YDJ 10—84　无线电短波通信工程设训规范
YDJ 40—84　无线电短波通信工程施工及验收技术规范
YD5032—97　会议电视系统工程设计规范
YD5033—97　会议电视系统工程验收规范
YD5027—96　通信电源集中监控系统工程设计暂行规定
YD5052—98　通信电源集中监控系统工程验收规范
YD/T 944—1998　通信电源设备的防雷技术要求和测试方法
YD 5002—94　邮电建筑防火设计标准
YD 5070—98　公用计算机互联网工程验收规范
YD/T 693—93　程控交换机基础电源技术要求
YD/T 1110—2001　900/1800 MHz TDMA 数字蜂窝移动通信网通用分组无线业务(GPRS)设备技术规范：基站子系统
YD 5091—2000　SDH 光通信设备抗地震性能检测暂行规定
YD/T 1045—2000　网络接入服务器(NAS)技术规范
YD/T 1051—2000　通信局(站)电源系统总技术要求
YD 2011—93　微波站防雷与接地设计规范

YD 5069—98 移动数据通信网工程设计暂行规定
YDJ26—89 通信局(站)接地设计暂行技术规定(综合楼部分)
YD/T 5001—94 长、市话交换局房设计参考平面图册
YD5026—96 长途通信传输机房铁架槽道安装设计标准
YD/T 939—1997 传输设备用直流电源分配列柜
YD5003—94 电信专用房屋设计规范
YDN 070—1997 (内部标准)光缆通信无人值守电源技术要求
YD5066—98 光缆线路自动监测系统工程设计暂行规定
YDN023—1996 (内部标准)通信电源和空调集中监控系统技术要求、暂行规定
YD/T 5095—2000 同步数字系列(SDH)长途光缆传输工程设计规范
YD/T 1174—2001 通信电缆—局用同轴电缆
YD/T 5095—2005 SDH 长途光缆传输系统工程设计规范
YD/T 5119—2005 基于 SDH 的多业务传送节点(MSTP)本地网光缆传输工程设计规范
YD/T 1051—2000 通信局(站)电源系统总技术要求
YD/T 983—1998 通信电源设备电磁兼容性限值及测量方法
YD/T 799—2002 通信用阀控式密封铅酸蓄电池
YD 5004—94 数字微波(PDH 部分)接力通信工程设计规范
YD 5079—99 通信电源设备安装工程验收规范
YD 5040—97 通信电源设备安装设计规范
YDJ 26—89 通信局(站)接地设计暂行技术规范(综合楼部分)
SJ/T 11228—2000 数字集群移动通信系统体制

附录 2 通信系统设备互联及接口图

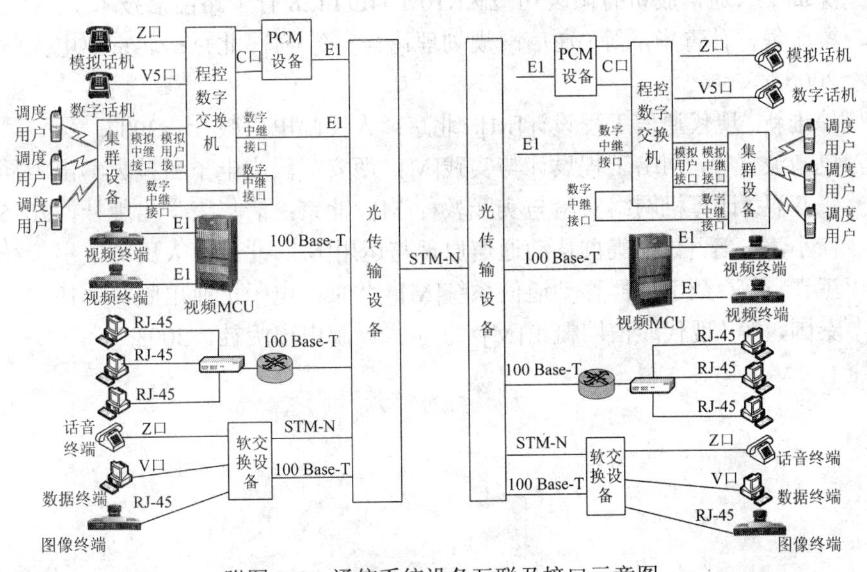

附图 B.1 通信系统设备互联及接口示意图

参 考 文 献

[1] 杜思深，等. 通信工程设计与案例[M]. 北京：电子工业出版社，2009.
[2] 方海鹰. 现代通信网络工程设计理论与实践[M]. 北京：人民邮电出版社，2004.
[3] 穆维新. 现代通信网[M]. 北京：人民邮电出版社，2010.
[4] 解相吾. 通信工程设计制图[M]. 北京：电子工业出版社，2010.
[5] 杜思深，等. 综合布线[M]. 2 版. 北京：清华大学出版社，2010.
[6] 武文彦，等. 军事通信网电源系统与维护[M]. 北京：电子工业出版社，2009.
[7] 朱雄世，等.通信电源设计及应用[M]. 北京：中国电力出版社，2005.
[10] 深圳中兴通信股份有限公司.ZXDU-75 直流电源设备技术手册，2005.
[8] 深圳中兴通信股份有限公司.ZXJ10(V10.0)数字程控交换设备技术手册，2005.
[9] 朱世华. 程控数字交换原理与应用. 西安：西安交通大学出版社，1998.
[10] 深圳中兴通信股份有限公司.ZXMP-380 多业务传送节点设备技术手册，2003.
[11] 深圳中兴通信股份有限公司. ZXMP M800 波分复用设备技术手册，2006.
[12] 深圳中兴通信股份有限公司. ZXONM E300 操作系统说明书，2005.
[13] 深圳中兴通信股份有限公司. ZXONE 8000 系列产品规范书手册，2011.
[14] 深圳华为通信股份有限公司. ViewPoint 8036 终端技术手册，2006.
[15] 深圳华为通信股份有限公司. ViewPoint 8650C MCU 技术手册，2006.
[16] 桂海源，张碧玲，等. 软交换与 NGN [M]. 北京：人民邮电出版社，2009.
[17] 童晓渝，李安渝，等. 软交换技术与实现[M]. 成都：西南交通大学出版社，2004.
[18] 深圳中兴通信股份有限公司. ZXMSG 9000(V1.0)媒体网关技术手册，2005.
[19] 深圳中兴通信股份有限公司. ZXSS10 SS1b 软交换控制设备技术手册，2006.
[20] 深圳中兴通信股份有限公司. ZXR10 T64E/T128 骨干路由器技术手册，2006.
[21] 梁雄健，孙青华，等. 通信网规划理论与实务[M]. 北京：北京邮电大学出版社，2006.
[22] 穆维新. 现代通信工程设计[M]. 北京：人民邮电出版社，2007.
[23] 夏靖波，等. 网络工程设计与实践[M]. 西安：西安电子科技大学出版社，2006.
[24] 张基温. 计算机网络实验与实践教程[M]. 北京：清华大学出版社，2005.
[25] 徐小涛，等. 数字集群移动通信原理与运用[M]. 北京：人民邮电出版社，2008.
[26] 王青，等. 数字集群移动通信系统[M]. 北京：电子工业出版社，1997.
[27] 秦国，等. 现代通信网概论[M]. 北京人民邮电出版社，2003.